Ruby原理剖析

Ruby Under a Microscope

〔美〕Patrick Shaughnessy 著

张汉东 译

秦凡鹏 审校

华中科技大学出版社

内容简介

本书解开 Ruby 编程语言的魔法面纱。全书图文并茂、深入浅出地剖析了 Ruby 编程语言的核心工作原理。作者本着科学实证的精神，设计了一系列实验，帮助读者轻松了解这门编程语言的工作奥秘，包括 Ruby 如何用虚拟机执行代码，Ruby 的垃圾回收算法，以及类和模块在 Ruby 内部的关系等。

湖北省版权局著作权合同登记 图字：17－2016－390 号

图书在版编目（CIP）数据

Ruby 原理剖析／（美）帕特里克·肖内西著；张汉东译；秦凡鹏审校.—武汉：华中科技大学出版社，2016.10

ISBN 978-7-5680-2262-0

Ⅰ．①R… Ⅱ．①帕… ②张… ③秦… Ⅲ．①网页制作工具-程序设计 Ⅳ．①TP393.092.2

中国版本图书馆 CIP 数据核字（2016）第 243475 号

Ruby 原理剖析
Ruby Yuanli Pouxi

[美]Patrick Shaughnessy 著
张汉东 译　秦凡鹏 审校

策划编辑：徐定翔		责任校对：张　琳	
责任编辑：徐定翔		责任监印：周治超	
出版发行：华中科技大学出版社（中国·武汉）		电话：(027)81321913	
武汉市东湖新技术开发区华工科技园		邮编：430223	
录　　排：华中科技大学惠友文印中心		印　　刷：湖北新华印务有限公司	
开　　本：787mm×960mm　1/16			
印　　张：23.75		字　　数：490 千字	
版　　次：2016 年 10 月第 1 版第 1 次印刷		定　　价：78.80 元	

本书若有印装质量问题，请向出版社营销中心调换
全国免费服务热线：400-6679-118　竭诚为您服务
版权所有　侵权必究

献给我的妻子 Cristina、女儿 Ana、儿子 Liam！
感谢你们一直以来对我的支持！

业界评论
ADVANCE PRAISE FOR RUBY UNDER A MICROSCOPE

"很多人研究过 Ruby 的源码，但很少有人像 Patrick 这样把研究成果写成一本书。我特别喜欢书里的图表，加上 Patrick 恰到好处的解说，晦涩难懂的内容变得易于理解。本书是编程极客和喜欢深入研究软件工具的 Ruby 爱好者的福音。"

——PETER COOPER (@PETERC)，《RUBY INSIDE》《RUBY WEEKLY》的编辑

"这本书填补了 Ruby 领域的空白——内容太棒了！"

——XAVIER NORIA (@FXN)，RUBY HERO、RUBY ON RAILS 核心团队成员

"Patrick Shaughnessy 做了一件很棒的事，写了这本关于 Ruby 内部原理的书。你一定要看，因为其他书里找不到这样的内容。"

——SANTIAGO PASTORINO (@SPASTORINO)，WYEWORKS 联合创始人、RUBY ON RAILS 核心团队成员

"这本书让我爱不释手，它让我对 Ruby 和 CS 有了更深的理解。书中的图表真的非常棒，我写代码时会浮现在我的脑海里。它是我最喜欢的三本 Ruby 书籍之一。"

——VLAD IVANOVIC (@VLADIIM)，HOLLER SYDNEY 的数字媒体策略师

"虽然我不经常研究 Ruby 的内部原理，但是这本书绝对值得一读。"

—— DAVID DERYL DOWNEY (@DAVIDDWDOWNEY)，CYBERSPACE TECHNOLOGIES GROUP 创始人

关于作者
ABOUT THE AUTHOR

Patrick Shaughnessy 是一名 Ruby 开发者，目前在麦肯锡管理咨询公司（McKinsey & Co.）工作。Patrick 原本在麻省理工学院（MIT）学习，准备成为一名物理学家，后来却阴差阳错地干了 20 多年软件开发工作。他用过 C、Java、PHP、Ruby 等编程语言。编写这本书使他有机会把接受的科学训练用于研究 Ruby。他能说一口流利的西班牙语，经常陪妻子回西班牙北部的娘家。目前，他与妻子和两个孩子居住在波士顿郊外。

译者序

作为一名资深的 Rubyist，我本应该主动去了解 Ruby 语言底层的实现细节，但我却没有，因为我被 Ruby 底层的复杂性吓住了。虽然自己学过 C 语言，也读过网上流传的《Ruby Hacking Guide》，但是一直没能对 Ruby 的底层实现形成系统性的认识。直到我读到了 Patrick 写的这本书，才发现这就是我要的书！读完一遍后，我马上产生了一个念头：我要把它翻译出来分享给更多的人！书里的知识是每位 Rubyist 都应该掌握的！庆幸的是，华中科技大学出版社引进了这本书的版权，我在得知此消息的第一时间争取到了翻译权，因为我实在太喜欢这本书了，我实在太想翻译这本书了！

本书图文并茂，系统地展示了 Ruby 核心的底层实现原理，全书共 12 章，以循序渐进的方式带领读者一步步探索 Ruby 的底层原理。前 3 章讲解了 Ruby 代码从分词到编译的过程，学完这些内容，不仅可以让你对 Ruby 如何执行代码有一个系统的认识，而且可以让你对编程语言的实现有更深的理解。因为排除细节不谈，从宏观上看，这个过程不是 Ruby 语言特有的，它对读者理解其他编程语言也会有一定帮助。中间 6 章，作者讲解了 Ruby 类、对象、控制流程的底层实现，以及最重要的块（block）和元编程。学完这些内容，你会发现 Ruby 原来如此简单！接下来的 2 章讲解 JRuby 和 Rubinius 的底层实现，分析了 JRuby、Rubinius 和 MRI Ruby 的异同。最后一章分析了 Ruby 的 GC 技术，并比较了 JRuby、Rubinius、MRI Ruby 的 GC 差异。说实话，这么详细的内容在其他书里真没见过！

当然，本书并没有涵盖 Ruby 的所有方面，比如书中未提及 GIL、线程、纤程等技术的底层实现。但是它通过分析 Ruby 核心底层的实现方式，为读者提供了自学 Ruby 底层实现原理的思路和勇气。就让本书开启你深入探索 Ruby 之旅吧！

最后，我要感谢徐定翔编辑在翻译过程中给予的指导和帮助；感谢审校者秦凡鹏，他认真的审校保证了本书的翻译质量；感谢我的妻子宋欣欣，感谢她对我的体谅和付出，让我有更多的时间翻译本书；也感谢朋友们对我的支持。俗话说，"有人的地方就有 Bug"，翻译也难免出现 Bug。为此，我建立了一个 Github 仓库，发现 Bug 的读者可以给我提 Issues，大家一起进步！地址是：
https://github.com/Ruby-Study/Discuss_Ruby_under_a_microscope。

张汉东

2015 年 12 月

张汉东，Rubyist、资深程序员、独立企业培训师/咨询师、创业者。2006 年年底接触 Ruby，被其魅力征服，从此开启编程生涯的快乐篇章。

推荐序
FOREWORD

哦，你好！虽然我向来喜欢含蓄，但我不得不说：你应该买这本书！

我的名字叫 Aaron Patterson，但是网络上的朋友都叫我 tenderlove。我效力于 Ruby 和 Ruby on Rails 的核心团队，同时也是这本书的技术顾问。这是不是意味着你就应该听我的呢？不是的。好吧，也许。

实际上，当 Patrick 要我做这本书的技术顾问时，我兴奋得大礼帽都歪了，单片眼镜也掉到咖啡里去了！我知道很多开发者都被 Ruby 的底层原理吓住了，不敢深入研究。常常有人问我该如何学习 Ruby 的底层原理，或者该从哪里入手。不幸的是，我没能给他们一个好答案，但现在我可以回答他们了。

Patrick 科研式的写作风格让 Ruby 的底层原理变得更加直观。实验与讲解的结合让 Ruby 的行为和性能更容易理解。如果你对 Ruby 代码产生疑惑，无论是性能表现、局部变量，还是垃圾回收，你都能在这本书里找到解答。

如果你想探索 Ruby 内部原理，或者想理解 Ruby 的工作方式，那就不用犹豫了，这本就是你要找的书。我很喜欢这本书，希望你也喜欢。

Aaron Patterson

<3<3<3<3

致谢
ACKNOWLEDGMENTS

如果没有这么多人的支持，我可能永远不会完成这本书。

首先，感谢 Satty Bhens 和所有麦肯锡（管理咨询公司）的同事，让我可以在写书和工作之间灵活切换。感谢 Alex Rothenberg 和 Daniel Higginbotham 阅读了我的手稿，他们提出了宝贵的意见，并且在整个写作过程中给予了我帮助。感谢 Xavier Noria，他是最早对这本书产生兴趣的人，并提出了极好的建议，同时他也为实验 6-1 提供了灵感。Santiago Pastorino 也阅读了书稿。Jill Caporrimo、Prajakta Thakur、Yvannova Montalvo、Divya Ganesh 和 Yanwing Wong 是我的"审校特攻队"，如果没有他们的帮助，这本书是很难完成的。最后，如果没有不断给我鼓励和支持的 Peter Cooper，我可能永远都不会尝试写这本书。谢谢你，Peter。

感谢 No Starch 出版社所有帮助我出版这本书的人。我为本书感到自豪，它填补了 Ruby 内部原理类图书的空白。感谢我的文字编辑 Julianne Jigour，她让文字变得更加清晰和易懂。感谢 Riley Hoffman 和 Alison Law，你们精美地再现了数以百计的图表，和你们一起工作真是令人愉快。感谢 Charles Nutter 在技术上的帮助，以及对 JVM 垃圾回收的建议。特别感谢 Aaron Patterson，你的建议和技术审校让本书变得更加有趣和准确。最后，感谢 Bill Pollock 阅读和编辑本书的每一行文字，你的专业的知识和指导帮助我完成了写书的梦想。

复杂与简单之间的区别在于你的观察是否足够细致入微。

引言
INTRODUCTION

乍一看，学习 Ruby 似乎相当简单。世界各地的开发者都认为 Ruby 的语法简洁优雅。你可以用非常自然的方式表达算法，然后只需要在命令行输入 ruby，按下回车，Ruby 脚本就可以运行了。

然而，这只是表面现象。实际上，Ruby 借鉴了许多复杂语言（如 Lisp 和 Smalltalk）的精妙理念。此外，Ruby 是动态的，它使用元编程，即 Ruby 程序可以检查和修改自身。Ruby 外表"简单"，实际上是非常复杂的工具。

通过深度探索 Ruby——学习 Ruby 的内部工作原理——你会发现一些重要的计算机科学理论支撑着 Ruby 的特性。通过学习，你会对这门语言的底层行为有更深的理解。在这个过程中，你还将了解打造 Ruby 的团队是如何使用这门语言的。

本书将展示 Ruby 程序运行时的内部情形，让你学习 Ruby 如何理解和执行代码。书中丰富的图表将帮助你建立一套心智模型（mental model），以便更好地理解 Ruby 的行为（比如创建对象和调用块）。

本书适合哪些读者
Who This Book Is For

本书不是初学者的 Ruby 学习指南。我假设你已经知道如何写 Ruby 程序，并且每天都在使用它。优秀的 Ruby 入门教程已经很多了，不缺这一本。

虽然 Ruby 是用 C 这门偏底层且容易让人困惑的语言编写的，但是阅读本书不需要 C 语言编程基础。本书将从宏观层面解释 Ruby 的工作原理，不懂 C 语言编程的读者也能看懂。本书配有丰富的图表，可以帮助读者轻松理解 Ruby 的底层细节。

NOTE 我会提供一些 C 代码片段，并指明代码出处，以便有 C 语言基础的读者更好地理解 Ruby 的内部情形。如果读者对 C 代码的细节不感兴趣，那么可以忽略这些代码。

用 Ruby 测试 Ruby
Using Ruby to Test Itself

> 无论你有多聪明，无论你的理论有多完美，如果不符合实际，那么它就是错的。
>
> —— 理查德·费曼（Richard Feynman）

试想一下，整个世界的运作就像一个巨大的计算机程序。如果要解释自然现象或实验结果，像费曼这样的物理学家只要借助这个程序就可以了。（科学家的梦想成真了！）然而，宇宙并非如此简单。

幸运的是，要理解 Ruby 的工作原理，只需要阅读它的 C 源码，它就像一种描述 Ruby 行为的物理学理论。就像麦克斯韦方程解释电磁现象一样，Ruby 的源码可以解释传递参数或者在类中包含模块时发生了什么。

像科学家一样，也需要做实验来确保我们的假设是正确的。每学习一个主题，就会做一个实验，用 Ruby 来测试它自身！运行小的 Ruby 测试脚本，看输出结果或运行的快慢是否跟我们预想的一样。我们用实践检验 Ruby 的理论。这些实验都是用 Ruby 编写的，所以你也可以自己尝试。

哪种 Ruby
Which Implementation of Ruby

Ruby 是松本行弘（Yukihiro "Matz" Matsumoto）在 1993 年发明的，标准版的 Ruby 称为 Matz 的 Ruby 解释器（MRI）。本书的大部分内容将讨论 MRI 的工作原理，将学习 Matz 如何实现其自己的语言。

后来又出现了其他版本的 Ruby，像 RubyMotion、MacRuby 和 IronRuby，它们都运行在特定的平台之上。Topaz 和 JRuby 甚至不是用 C 语言构建的。还有一个版本叫 Rubinius，它是用 Ruby 来实现的。Matz 本人也在开发一个简化版本，叫 mruby，可以在其他应用程序里运行。

我将在第 10、11 和 12 章介绍 JRuby 和 Rubinius 的细节。你将了解它们是如何使用不同的理念和技术来实现相同的语言的。研究完这些 Ruby 的衍生版本后，你会对 MRI 的实现产生新的看法。

概述
Overview

第 1 章：分词与语法解析　本章学习 Ruby 是如何解析程序的。这是计算机科学最迷人的领域之一：计算机语言怎么会如此聪明可以理解给定的代码呢？这种智能到底是怎么实现的？

第 2 章：编译　本章解释 Ruby 如何用编译器把代码转换成不同的语言。

第 3 章：Ruby 如何执行代码　本章重点介绍 Ruby 用来执行程序的虚拟机。它的内部构造和工作机制。将深入虚拟机内部来搞清楚这些问题。

第 4 章：控制结构与方法调度　本章继续讲解 Ruby 虚拟机。先学习 Ruby 如何实现控制结构，比如 if...else 语句和 while...end 循环；然后探讨 Ruby 如何实现方法的调用。

第 5 章：对象与类　本章讨论 Ruby 的对象和类的实现。对象和类之间如何关联？Ruby 对象的内部是什么样的？

第 6 章：方法查找和常量查找　本章介绍 Ruby 模块及其与类的关系。学习 Ruby 如何查找代码中的方法和常量。

第 7 章：散列表：Ruby 内部的主力军　本章探讨 Ruby 散列表的实现。MRI 大部分内部数据使用了散列表，而不是仅用于保存散列对象。

第 8 章：Ruby 如何借鉴 Lsip 几十年前的理念　本章讲解 Ruby 最优雅、最有用的特性：块（block）。Ruby 的块是从 Lisp 借鉴来的。

第 9 章：元编程　这是 Ruby 开发最难的主题。学习 Ruby 内部如何实现元编程，将帮助你更有效地使用元编程。

第 10 章：JRuby：JVM 上的 Ruby　本章介绍 JRuby，一个用 Java 实现的 Ruby 版本。你将学习 JRuby 如何利用 Java 虚拟机（JVM）来更快地运行 Ruby 程序。

第 11 章：Rubinius：用 Ruby 实现 Ruby　Rubinius 是 Ruby 最有趣且最

具创新性的版本。我们将查找并修改 Rubinius 中的 Ruby 代码，借此观察特定方法的工作原理。

第 12 章：MRI、JRuby 和 Rubinius 中的垃圾回收　垃圾回收（GC）是计算机科学中最神秘、最令人困惑的话题。你将了解 Rubinius、JRuby、MRI 各自的 GC 算法。

学习 Ruby 的内部实现细节后，你会对 Ruby 复杂功能和行为有更深入的理解。就像虎克在 17 世纪第一次用显微镜看到微生物和细胞一样，你也将看到 Ruby 内部各种有趣的结构和算法。我们将一起发现到底是什么赋予了 Ruby 生命！

目 录
CONTENTS

1 分词与语法解析 3

   1.1   词条：构成 Ruby 语言的单词 5

   1.2   语法解析：Ruby 如何理解代码 13

       1.2.1   理解 LALR 解析算法 14

       1.2.2   真实的 Ruby 语法规则 21

   1.3   总结 31

2 编译 33

   2.1   Ruby 1.8 没有编译器 34

   2.2   Ruby 1.9 和 Ruby 2.0 引入了编译器 35

   2.3   Ruby 如何编译简单脚本 37

   2.4   编译块调用 41

   2.5   本地表 49

       2.5.1   编译可选参数 52

       2.5.2   编译关键字参数 53

   2.6   总结 57

3 Ruby 如何执行代码 59

   3.1   YARV 内部栈和 Ruby 调用栈 60

       3.1.1   逐句查看 Ruby 如何执行简单脚本 62

       3.1.2   执行块调用 65

   3.2   访问 Ruby 变量的两种方式 72

       3.2.1   本地变量访问 72

       3.2.2   方法参数被看成本地变量 75

       3.2.3   动态变量访问 76

   3.3   总结 86

4 控制结构与方法调度 89

   4.1   Ruby 如何执行 if 语句 90

   4.2   作用域之间的跳转 93

4.2.1　捕获表 94
4.2.2　捕获表的其他用途 96
4.3　send 指令：Ruby 最复杂的控制结构 99
4.3.1　方法查找和方法调度 99
4.3.2　Ruby 方法的 11 种类型 100
4.4　调用普通 Ruby 方法 102
4.4.1　为普通 Ruby 方法准备参数 103
4.5　调用内建的 Ruby 方法 104
4.5.1　调用 attr_reader 和 attr_writer 105
4.5.2　方法调度优化 attr_reader 和 attr_writer 106
4.6　总结 110

5　对象与类 113
5.1　Ruby 对象内部 114
5.1.1　检验 klass 和 ivptr 115
5.1.2　观察同一个类的两个实例 117
5.1.3　基本类型对象 118
5.1.4　简单立即值完全不需要结构体 119
5.1.5　基本类型对象有实例变量吗 120
5.1.6　基本类型对象的实例变量保存在哪里 122
5.2　RClass 结构体内部有什么 125
5.2.1　继承 128
5.2.2　类实例变量 vs 类变量 129
5.2.3　存取类变量 131
5.2.4　常量 134
5.2.5　真实的 RClass 结构体 135
5.3　总结 140

6　方法查找和常量查找 143
6.1　Ruby 如何实现模块 145
6.1.1　模块是类 145
6.1.2　将模块 include 到类中 147
6.2　Ruby 的方法查找算法 148
6.2.1　方法查找示例 149
6.2.2　方法查找算法实践 151
6.2.3　Ruby 中的多继承 152

6.2.4　全局方法缓存 153

6.2.5　内联方法缓存 154

6.2.6　清空 Ruby 的方法缓存 155

6.2.7　在同一个类中 include 两个模块 155

6.2.8　在模块中 include 模块 157

6.2.9　Module#prepend 示例 158

6.2.10　Ruby 如何实现 Module#prepend 161

6.2.11　在已被 include 的模块中增加方法 164

6.2.12　在已被 include 的模块中 include 其他模块 164

6.2.13 "被 include 的类" 与原始模块共享方法表 166

6.3　常量查找 168

6.3.1　在超类中查找常量 169

6.3.2　Ruby 如何在父级命名空间中查找常量 170

6.4　Ruby 中的词法作用域 171

6.4.1　为新类或模块创建常量 172

6.4.2　在父命名空间中使用词法作用域查找常量 173

6.4.3　Ruby 的常量查找算法 175

6.4.4　Ruby 真实的常量查找算法 177

6.5　总结 178

7　散列表：Ruby 内部的主力军 181

7.1　Ruby 中的散列表 182

7.1.1　在散列表中保存值 183

7.1.2　从散列表中检索值 185

7.2　散列表如何扩展以容纳更多的值 188

7.2.1　散列冲突 188

7.2.2　重新散列条目 189

7.3　Ruby 如何实现散列函数 195

7.3.1　Ruby 2.0 中的散列优化 202

7.4　总结 203

8　Ruby 如何借鉴 Lisp 几十年前的理念 207

8.1　块: Ruby 中的闭包 208

8.1.1　Ruby 如何调用块 210

8.1.2　借用 1975 年的理念 212

8.2　Lambda 和 Proc：把函数当做一等公民 219

8.2.1 栈内存 vs 堆内存 220

8.2.2 深入探索 Ruby 如何保存字符串的值 220

8.2.3 Ruby 如何创建 Lambda 223

8.2.4 Ruby 如何调用 Lambda 226

8.2.5 Proc 对象 227

8.2.6 在同一个作用域中多次调用 lambda 232

8.3 总结 234

9 元编程 237

9.1 定义方法的多种方式 239

9.1.1 Ruby 的普通方法定义过程 239

9.1.2 使用对象前缀定义类方法 241

9.1.3 使用新的词法作用域定义类方法 242

9.1.4 使用单类定义方法 244

9.1.5 在单类的词法作用域中定义方法 245

9.1.6 创建 Refinement 246

9.1.7 使用 Refinement 248

9.1.8 顶级作用域中的 self 250

9.1.9 类作用域中的 self 251

9.1.10 元类作用域中的 self 252

9.1.11 类方法中的 self 253

9.2 元编程与闭包：eval、instance_eval 和 binding 255

9.2.1 能写代码的代码 255

9.2.2 使用 binding 参数调用 eval 257

9.2.3 instance_eval 示例 259

9.2.4 Ruby 闭包的另一个重点 260

9.2.5 instance_eval 改变接收者的 self 262

9.2.6 instance_eval 为新的词法作用域创建单类 262

9.2.7 使用 define_method 266

9.2.8 充当闭包的方法 266

9.3 总结 268

10 JRuby：基于 JVM 的 Ruby 271

10.1 使用 MRI 和 JRuby 运行程序 272

10.1.1 JRuby 如何解析和编译代码 274

10.1.2 JRuby 如何执行代码 276

10.1.3 用 Java 类实现 Ruby 类 278

10.1.4 使用-J-XX:+PrintCompilation 选项 281

10.1.5 JIT 是否提升了 JRuby 程序的性能 283

10.2 JRuby 和 MRI 中的字符串 284

10.2.1 JRuby 和 MRI 如何保存字符串数据 284

10.2.2 写时复制 286

10.2.3 创建唯一且非共享的字符串 288

10.2.4 可视化写时复制 290

10.2.5 修改共享字符串更慢 291

10.3 总结 293

11 Rubinius：用 Ruby 实现的 Ruby 295

11.1 Rubinius 内核和虚拟机 296

11.1.1 词法分析和解析 298

11.1.2 使用 Ruby 编译 Ruby 299

11.1.3 Rubinius 字节码指令 300

11.1.4 Ruby 和 C++一起工作 302

11.1.5 使用 C++对象实现 Ruby 对象 303

11.1.6 Rubinius 中的（栈）回溯 305

11.2 Rubinius 和 MRI 中的数组 307

11.2.1 MRI 中的数组 307

11.2.2 Rubinius 中的数组 309

11.2.3 阅读 Array#shift 源码 311

11.2.4 修改 Array#shift 方法 312

11.3 总结 315

12 MRI、JRuby、Rubinius 垃圾回收 317

12.1 垃圾回收器解决三个问题 319

12.2 MRI 中的垃圾回收：标记与清除 320

12.2.1 空闲列表 320

12.2.2 标记 321

12.2.3 MRI 如何标记存活对象 323

12.2.4 清除 323

12.2.5 延迟清除 324

12.2.6 标记-清除的缺点 325

12.2.7 观察 MRI 执行延迟清除 327

12.2.8 观察 MRI 执行全回收 328

12.2.9 解读 GC 分析报告 329

12.3 JRuby 和 Rubinius 中的垃圾回收 332

12.4 复制垃圾回收 333

12.4.1 碰撞分配 333

12.4.2 半空间算法 334

12.4.3 伊甸堆 336

12.5 分代垃圾回收 337

12.5.1 弱代假说 337

12.5.2 为新生代使用半空间算法 338

12.5.3 晋升对象 338

12.5.4 成熟代对象垃圾回收 339

12.6 并发垃圾回收 341

12.6.1 当对象图改变时进行标记 341

12.6.2 三色标记 343

12.6.3 JVM 中的三种垃圾收集器 344

12.6.4 触发主收集 347

12.7 延伸阅读 348

12.8 总结 349

索引 351

Ruby 代码在运行之前，都会经过几道处理工序。

1

分词与语法解析

TOKENIZATION AND PARSING

你认为 Ruby 需要读取并变换多少次才能运行代码？一次？还是两次？

正确答案是三次。无论你什么时候运行 Ruby 脚本——不管是大型的 Rails 应用，还是简单的 Sinatra 网站，或者是运行于后台的任务[1] (worker job)——Ruby 都会把代码分解成许多细小的片段，然后再以另外一种完全不同的格式把它们组合在一起，如此往复三次！从你键入 ruby 命令到控制台（console）有实际输出的期间，这些 Ruby 代码会经过几道处理工序——其中涉及不同的技术、技巧和开源工具。

图 1-1 从宏观层面上展示了这几道工序的概貌。

首先，Ruby 会对代码进行分词[2]（tokenize），即 Ruby 会读取代码文件中的文本字符，把它们转换为词条[3]（token），这是一种用在 Ruby 语言中的"单词"。

---

[1]译注：worker 一般为后台任务执行进程或线程。
[2]译注：这个过程也叫词法分析，有些翻译版本也称为"标记化"。
[3]译注：有些书翻译为"记号"，这里与分词对应，译为"词条"。

其次，Ruby 会对这些词条进行语法解析（parse），也就是说，Ruby 会把这些词条组织成有意义的 Ruby 语句，如同人们组词造句那样。最后，Ruby 会把这些语句编译（compile）成底层指令（instruction），以便在 Ruby 虚拟机（virtual machine）上运行。

图 1-1　Ruby 处理代码的工序

Ruby 虚拟机叫做 Yet Another Ruby Virtual Machine（YARV），我将在第 3 章介绍它。本章会详述分词和语法解析的过程，即 Ruby 理解代码的过程。随后，在第 2 章会为你展示 Ruby 的编译过程，看它如何把代码翻译成另外一种完全不同的语言。

NOTE　本书的大部分内容都是根据 Ruby 的标准版本，即以 Ruby 的创建者松本行弘（Yukihiro "Matz" Matsumoto）命名的 Matz's Ruby Interpreter（MRI）编写的。除了 MRI 之外，还有其他可用的 Ruby 版本，如 Ruby Enterprise Edition、MagLev、MacRuby、RubyMotion、mruby，等等。第 10、11、12 章会介绍 JRuby 和 Rubinius。

学习路线图
1.1　词条:构成 Ruby 语言的单词 ··5
parser_yylex 函数 ··8
实验 1-1: 使用 Ripper 对 Ruby 脚本进行分词 ·························· 10
1.2　语法解析:Ruby 如何理解代码 ···13
理解 LALR 解析算法 ··14
真实的 Ruby 语法规则 ··21
阅读 Bison 语法规则 ··23
实验 1-2: 使用 Ripper 解析 Ruby 脚本 ···································· 25
1.3　总结 ···31

1.1　词条：构成 Ruby 语言的单词
Tokens: The Words That Make Up the Ruby Language

假设你编写了一段简单的 Ruby 程序，并把它保存为 simple.rb 文件，如示例 **1-1** 所示：

```
10.times do |n|
  puts n
end
```

示例 1–1　一个非常简单的 Ruby 脚本（simple.rb）

示例 **1-2** 展示了这段程序在命令行执行后的输出结果。

```
$ ruby simple.rb
0
1
2
3
--snip--
```

示例 1–2　执行示例 1–1

键入 ruby simple.rb，按下回车键之后发生了什么？先撇开初始化以及处理命令行参数等过程不谈，Ruby 要做的第一件事是打开 simple.rb 文件，并读取代码文件中的所有文本。然后，Ruby 要理解这些文本（Ruby 代码）的含义。它如何做到这点呢？

在读取完 simple.rb 代码文件之后，Ruby 得到了一串文本字符，如图 1-2 所示（为便于理解，这里只列出第一行文本）。

1	0	.	t	i	m	e	s		d	o				n		

图 1–2　simple.rb 文件中的第一行文本

当 Ruby 得到这些字符之后，便会对它们进行分词。也就是说，Ruby 会遍历这些字符，一次一个，把这些字符转换成一串它能理解的词条。Ruby 从第一个字符的位置开始扫描，如图 **1-3** 所示。

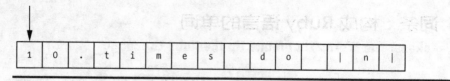

图1-3 Ruby 开始对代码进行分词

Ruby 的 C 源码包含着一个循环单元，逐个读取这些字符，根据字符所代表的意义进行相应的操作。

为了便于理解，我会把分词作为一个独立的过程进行描述。而事实上，我接下来要讲的语法解析引擎，需要新词条时，可以随时调用这段 C 源码进行分词。分词和语法解析实际是同时进行的两个独立过程。现在，让我们继续来看 Ruby 如何对这些文件中的字符进行分词。

Ruby 识别出字符 1 是数字，于是继续识别后续字符，直到它发现非数字字符为止。如图 1-4 所示，在字符 1 之后，Ruby 首先发现了 0。

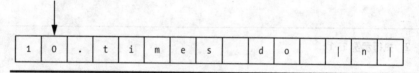

图1-4 Ruby 识别了第二个字符

继续往后识别，Ruby 发现了一个句号 "."，如图 1-5 所示。

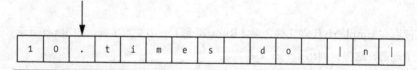

图1-5 Ruby 发现了一个句号 "."

此时，Ruby 还无法确定这是一个句号还是数字的一部分，因为它可能是浮点数的小数点。在图 1-6 中，Ruby 到了下一个字符 t 这里。

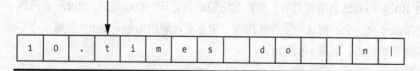

图1-6 Ruby 发现了 t

　　这时 Ruby 停了下来，因为它发现了一个非数字字符。由于句号之后没有数字字符，因此 Ruby 可以确定句号是一个独立词条，而不是小数点，于是它向后退了一步，如图 1-7 所示。

图 1-7　Ruby 返回到前一个字符

　　现在，Ruby 可以确定数字只包含 1 和 0，于是将字符串 10 转换成程序代码中的第一个词条，称为 tINTEGER，如图 1-8 所示。

图 1-8　Ruby 把头两个字符转换成了 tINTEGER 词条

　　Ruby 继续识别代码中的字符并把它们转换成词条，在必要的时候还会对字符进行组合。第二个词条是一个单独的字符，即句号 "."，如图 1-9 所示。

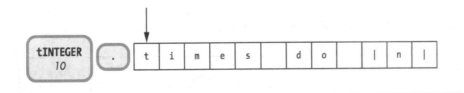

图 1-9　Ruby 把句号转换成为词条

　　接下来，在图 1-10 中，Ruby 遇到了 times，并且创建了一个标识符（identifier）词条。

　　标识符在 Ruby 中不属于保留字（reserve）。标识符通常用作变量名、方法名和类名。

　　紧接着，Ruby 识别了 do，而 do 是 Ruby 的保留字，所以它创建了保留字词条 keyword_do，如图 1-11 所示。

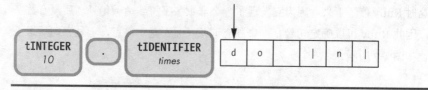

图 1-10 Ruby 把 times 转换成词条

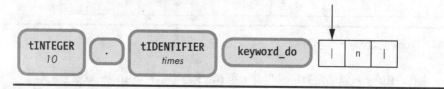

图 1-11 Ruby 创建了保留字词条 keyword_do

保留字是 Ruby 中具有重要意义的关键字，因为它们为语言提供了语法结构。之所以被称为保留字，是因为不能将其用作普通标识符，而你能把它们用作方法名、全局变量名（如$do）或实例变量名（如@do 或@@do）。

Ruby 的 C 源码里有一张保留字常量表。示例 1-3 显示了前面几个保留字。

```
alias
and
begin
break
case
class
```

示例 1-3 常量表前几个保留字，按字母顺序排列

---

parser_yylex 函数

如果你熟悉 C 语言，并且有兴趣进一步学习 Ruby 是如何对代码进行分词的，那么可以去阅读相应的 parse.y 文件[1]。扩展名 ".y" 代表 parse.y 是一个语法规则文件——它包含 Ruby 解析引擎用到的一系列规则（下一节还会讨论它）。parse.y 很长也很复杂，它有 1 万多行代码！

现在，请在文件中搜索一个名为 parser_yylex 的函数，它大约在文件三

---

[1] 译注：可以打开 http://github.com/ruby/ruby 来查找 parse.y 文件，本书后续章节中的 Ruby 源码说明也可以去 Ruby 的 Github 源码仓库查看。

分之二的地方，第 6500 行附近[1]。这个复杂的 C 函数就是 Ruby 用来分词的。它包含一个庞大的 switch 语句，示例 1-4 展示了其开始部分。

```
❶ retry:
❷ last_state = lex_state;
❸ switch (c = nextc()) {
```

示例 1-4　Ruby 的源代码，用来读取目标代码中的每个文本字符

　　nextc( )函数❸返回代码文件中的下一个字符。可以将该函数看做是前面插图中的移位箭头。last_state 变量❷记录当前处理对象的状态和类型信息。

　　这段 switch 语句逐一检查并识别代码文件中的每个字符，并执行相应的操作。比如，在示例 1-5 中，如果遇到空白字符，就通过跳转语句返回到示例 1-4 中的 retry 标签❶，从而忽略空白字符。

```
  /* white spaces */
case ' ': case '\t': case '\f': case '\r':
case '\13': /* '\v' */
  space_seen = 1;
--snip--
  goto retry;
```

示例 1-5　　这段 C 代码检查并忽略目标代码中的空白字符

　　Ruby 的保留字定义在 defs/keywords 文件中。这个文件里有 Ruby 保留字的完整列表（示例 1-3 展示了其中的一部分）。借助 keywords 文件，开源工具 gperf 可以很容易地生成快速查找保留字的代码。lex.c 文件中有一个名为 rb_reserved_word 的函数，就是用来查找保留字的。parse.y 会调用它。

　　有关分词的补充说明：Ruby 没有使用 C 程序员常用的 Lex 分词工具（Lex 常与生成解析器的工具，如 Yacc 或 Bison 结合使用），而是由 Ruby 核心团队重新开发了一套自己的分词工具。这可能是出于性能上的考虑，也可能是 Lex 分词工具无法提供 Ruby 分词规则所需的特殊逻辑。

　　最后，Ruby 把余下的字符都转换成了相应的词条，如图 1-12 所示。

---

[1]译注：由于作者编写本书的时间较早，最新版本的函数行号可能发生了变化。

| tINTEGER
10 | · | tIDENTIFIER
times | keyword_do | \| | tIDENTIFIER
n | \| |

图 1-12　Ruby 完成了第一行文本的分词

　　Ruby 会继续遍历剩余的代码，直到最后一个字符结束。至此，Ruby 完成了代码处理的第一道工序：将代码分解，用另一种方式组合在一起。代码开始是字符流，经 Ruby 转换后变成了词条流。接下来，这些词条会被组装成能被 Ruby 理解的语句。

实验 1-1：使用 Ripper 对 Ruby 脚本进行分词

　　我们已经学习了分词的基本概念，接下来看看 Ruby 实际上如何对脚本代码进行分词，以此来验证前面所讲的内容。

　　利用一个叫 Ripper 的工具可以非常容易地查看 Ruby 为代码文件创建了什么样的词条。Ruby 1.9 和后续版本都自带 Ripper，它可以调用 Ruby 底层的分词和语法解析的代码（Ripper 不能用于 Ruby 1.8）。

　　通过示例 1-6 可以看出，Ripper 使用起来非常简单。

```
require 'ripper'
require 'pp'
code = <<STR
10.times do |n|
  puts n
end
STR
puts code
❶ pp Ripper.lex(code)
```

示例 1-6　如何使用 Ripper.lex（lex1.rb）

　　从 Ruby 标准库加载（require）Ripper 类之后，便可以用字符串作为参数调用 Ripper.lex 方法❶。示例 1-7 展示了 Ripper 的输出结果。

```
$ ruby lex1.rb
10.times do |n|
  puts n
end
❶ [[[1, 0], :on_int, "10"],
[[1, 2], :on_period, "."],
❷ [[1, 3], :on_ident, "times"],
```

```
[[1,  8], :on_sp, " "],
[[1,  9], :on_kw, "do"],
[[1, 11], :on_sp, " "],
[[1, 12], :on_op, "|"],
[[1, 13], :on_ident, "n"],
[[1, 14], :on_op, "|"],
[[1, 15], :on_ignored_nl, "\n"],
[[2,  0], :on_sp, " "],
[[2,  2], :on_ident, "puts"],
[[2,  6], :on_sp, " "],
[[2,  7], :on_ident, "n"],
[[2,  8], :on_nl, "\n"],
[[3,  0], :on_kw, "end"],
[[3,  3], :on_nl, "\n"]]
```

示例 1-7　Ripper.lex 生成的输出结果

每一行对应一个词条。左边是由行号与文本字符的列号组成的数组；紧接着，我们看到的就是词条，以符号（symbol）显示，如:on_int❶或:on_ident❷；最右边，Ripper 显示了与每个词条对应的文本字符。

Ripper 使用的词条符号与我在图 1-2 到图 1-12 中使用的词条标识符略有不同。我用的是 Ruby 内部解析代码的命名方式，如 tIDENTIFIER，而 Ripper 使用的是:on_int。

尽管如此，Ripper 还是非常方便地展示了 Ruby 的分词的工作机制，以及得到了什么样的词条。

示例 1-8 是使用 Ripper 的另一个例子。

```
$ ruby lex2.rb
10.times do |n|
  puts n/4+6
end
--snip--
[[2,  2], :on_ident, "puts"],
[[2,  6], :on_sp, " "],
[[2,  7], :on_ident, "n"],
[[2,  8], :on_op, "/"],
[[2,  9], :on_int, "4"],
[[2, 10], :on_op, "+"],
[[2, 11], :on_int, "6"],
[[2, 12], :on_nl, "\n"],
--snip--
```

示例 1-8　使用 Ripper.lex 的另一个例子

这次，Ruby 把表达式 n/4+6 转换成了一串非常直观的词条。这些词条的顺序与它们在代码文件中的完全一致。

示例 1-9 展示了另一个稍微复杂一点的例子。

```
$ ruby lex3.rb
array = []
10.times do |n|
  array << n if n < 5
end
p array
--snip--
[[3, 2], :on_ident, "array"],
[[3, 7], :on_sp, " "],
❶ [[3, 8], :on_op, "<<"],
[[3, 10], :on_sp, " "],
[[3, 11], :on_ident, "n"],
[[3, 12], :on_sp, " "],
[[3, 13], :on_kw, "if"],
[[3, 15], :on_sp, " "],
[[3, 16], :on_ident, "n"],
[[3, 17], :on_sp, " "],
❷ [[3, 18], :on_op, "<"],
[[3, 19], :on_sp, " "],
[[3, 20], :on_int, "5"],
--snip--
```

示例 1-9 执行 Ripper.lex 的第三个例子

可见，Ruby 识别了 array << n if n < 5 中的<<和<。<<符号被转换成一个独立的操作符词条❶；而后面出现的那个单独的<符号被转换成小于操作符❷。Ruby 的分词代码确实非常"聪明"，它发现一个<符号后，会继续向前查看（look ahead）有没有第二个<符号。

请注意，Ripper 不知道 Ruby 代码是否合法，如果你传入一段有语法错误的代码，Ripper 也会照样分词，并不会报错。检查语法是解析器的工作。

假设你漏掉了块（block）参数 n 后面的符号"|"　❶（见示例 1-10）。

```
require 'ripper'
require 'pp'
code = <<STR
❶ 10.times do |n
  puts n
end
STR
puts code
pp Ripper.lex(code)
```

示例 1-10 这段代码包含了错误语法

运行之后，可以得到如下输出结果：

```
$ ruby lex4.rb
10.times do |n
  puts n
end
--snip--
[[[1, 0], :on_int, "10"],
  [[1, 2], :on_period, "."],
  [[1, 3], :on_ident, "times"],
  [[1, 8], :on_sp, " "],
  [[1, 9], :on_kw, "do"],
  [[1, 11], :on_sp, " "],
  [[1, 12], :on_op, "|"],
  [[1, 13], :on_ident, "n"],
  [[1, 14], :on_nl, "\n"],
--snip--
```

示例 1–11　Ripper 不会发现语法错误

1.2　语法解析：Ruby 如何理解代码
Parsing: How Ruby Understands Your Code

Ruby 把代码转换成一系列的词条后，下一步该做什么？它是如何理解并运行程序的呢？Ruby 只是简单地遍历词条并逐个执行它们吗？

答案是否定的。距离 Ruby 真正运行代码还差很远。Ruby 的下一道处理工序叫做语法解析（parse），这道工序是把分词产生的那些词条组成 Ruby 能理解的"短句"。在解析的时候，Ruby 会考虑操作符（operation）、方法（method）、块（block）和其他繁杂的代码结构的顺序。

但是 Ruby 如何理解代码的真正用意呢？像大多数程序语言一样，Ruby 有一个解析器生成器（parser generator）。Ruby 虽然用解析器处理分词词条，但是解析器自身是通过解析器生成器来生成的。解析器生成器接收一系列的语法规则作为输入，这些语法规则描述了词条的合法顺序和格式。

使用最广泛的解析器生成器是众所周知的 Yacc（Yet Another Compiler Compiler），但是 Ruby 使用了比 Yacc 版本更高的一个工具——Bison。Bison 和 Yacc 的语法规则文件都以".y"为扩展名。parse.y 是 Ruby 源码里的语法规则文件（前面已介绍过）。parse.y 文件中定义了 Ruby 代码必须遵守的语法规则。它相当于 Ruby 的心脏和灵魂，是语言真正被定义的所在。

Ruby 使用的 LALR 的
解析器生成器是 Bison

Ruby 其实没有用 Bison 直接处理词条，而是提前运行 Bison，在构建过程（build process）期间创建实际的解析器代码。实际上，解析过程包含两个独立的步骤，如图 **1-13** 显示。

在运行 Ruby 程序之前，Ruby 使用 Bison 根据语法规则文件（parse.y）生成解析器代码（parse.c）。然后在运行时，Ruby 再用解析器代码去解析那些被分词代码返回的词条。

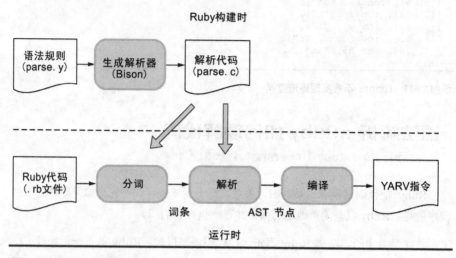

图 1-13　Ruby 构建过程会提前运行 Bison

因为 parse.y 和它生成的 parse.c 文件都包含分词代码，所以图 **1-13** 中有一个斜箭头指向了左下方的分词过程（事实上，下面要讲到的解析引擎会在需要新词条时自动调用分词代码）。分词和语法解析的过程，实际上是同时进行的。

1.2.1　理解 LALR 解析算法

Understanding the LALR Parse Algorithm

解析器代码是如何分析处理词条的？它使用了一种名为 LALR 的算法，即 Look-Ahead Left Reversed Rightmost Derivation（向前查看反向最右推导）的缩写。解析器代码使用 LALR 算法从左到右处理词条流，尝试按照它们出现的顺序和格式在 parse.y 中匹配某或多条语法规则。解析器代码在需要确定匹配哪条语法规则的时候，也需要向前查看（look ahead）。

下面通过一个比较抽象的实例来解释一下语法规则的工作方式。稍后，我们会看到 Ruby 在实际解析代码时也使用同样的方式。

假设你想把下面的西班牙语：

Me gusta el Ruby.　　　　　　　　[语句 1]

翻译成英语：

I like Ruby.

为了翻译语句 1，你用 Bision 根据语法文件生成了 C 语言解析器。使用 Bison 或 Yacc 的句法，可以写出一段简单的语法规则，如示例 1-12 所示，左边是规则名，而右边是要匹配的词条。

```
SpanishPhrase : me gusta el ruby {
  printf("I like Ruby\n");
}
```

示例 1-12　一条匹配西班牙语句 1 的简单语法规则

这条语法规则的意思如下：如果词条流出现的顺序是 me、gusta、el、ruby，就算匹配成功，Bison 生成的解析器就会运行第二行的 printf 语句（与 Ruby 中的 puts 相似），输出翻译好的英文语句。

图 1-14 展示了其运行解析过程。

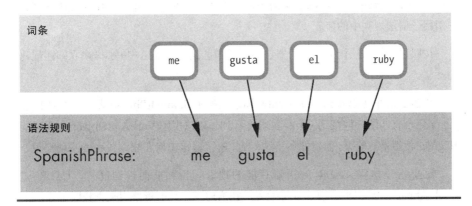

图 1-14　使用语法规则匹配词条

图 1-14 包含两部分，顶部是四个输入词条，底部是语法规则。每一个输入的词条都直接跟语法规则中的条目相对应，所以很明显，我们已经成功匹配了 SpanishPhrase 规则。

现在，我们修改一下这个例子。你需要增强解析器匹配下面的语句 1 和语句 2：

Me gusta el Ruby. [语句 1]

和

Le gusta el Ruby. [语句 2]

在英语中，语句 2 的意思是 She/He/It likes Ruby。

示例 **1-13** 是已经修改过的语法规则，它能同时解析上面那两个西班牙短语。

```
SpanishPhrase: VerbAndObject el ruby {
  printf("%s Ruby\n", $1);
};
VerbAndObject: SheLikes | ILike {
  $$ = $1;
};
SheLikes: le gusta {
  $$ = "She likes";
}
ILike: me gusta {
  $$ = "I like";
}
```

示例 1-13　这些语法规则同时匹配语句 1 和语句 2

从示例 **1-13** 中可以看出，这里出现了四条语法规则。同时，使用 Bison 指令[1]$$将子语法规则中的值返回给父语法规则中使用，并且使用指令$1 在父语法规则中引用子语法规则中的值。

按照现在的语法规则，解析器已经不能像匹配之前的语句 1 那样来立即匹配语句 2 了。

从图 **1-15** 中可以看到，el 和 ruby 词条匹配了 SpanishPhrase 规则，但是 le 和 gusta 还没有匹配任何规则（最终我们将看到子语法规则 VerbAndObject 会匹配 le 和 gusta，暂请忽略）。面对四条语法规则，解析器该如何匹配词条和语法规则呢？

这里正是体现 LALR 解析器智能的地方。正如前面提到过的，LALR 是 Look-Ahead LR 解析器的首字母缩写，它描述了一种解析器用来查找匹配语法规则的算法。很快会讲到 Look Ahead （向前查看），现在先来看看 LR：

- **L**(**Left**)是指解析器从左向右来处理词条流。在本例中，就是指 le、gusta、 el、ruby 这个顺序。

---

[1]译注：$$和$1是用于 Bison 语法的指令，Bison 用来生成 AST，这类指令代表当前语法树的根节点。

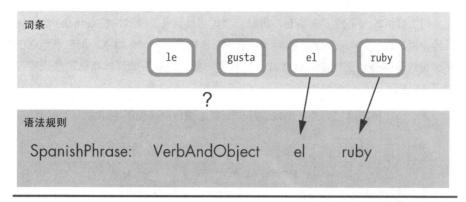

图 1-15 起始两个词条没有匹配

- **R（reversed rightmost derivation，反向最右推导）**是指解析器按照
  自底向上的策略，使用移位（shift）或规约（reduce）技术，去查找和匹
  配语法规则。

下面是该算法处理语句 2 的工作机制。首先，解析器输入词条流，如图 1-16
所示。

图 1-16 输入词条流

下一步，解析器把词条向左移位，创建语法规则栈（grammar rule stack）[1]，
如图 1-17 所示。

图 1-17 解析器把第一个词条移到语法规则栈上

---

[1]译注：语法分析程序使用堆栈来存放各语法成分。

因为解析器仅处理了词条 le，所以它会先将该词条单独放在栈（stack）里。解析器使用栈来代替语法规则，实际上，它还会往栈里压入一些数字，用来表示它已经解析过了哪些语法规则。这些数字也可称为状态，会帮助解析器记录它处理过的词条匹配了哪些语法规则。

下一步，解析器把另外一个词条移位到左边的栈中，如图 1-18 所示。

图 1-18 解析器把另外一个词条移位到栈里

现在左边的栈里有了两个词条，解析器停止了分词转而去检索与其匹配的语法规则。图 1-19 显示解析器匹配了 SheLikes 规则。

图 1-19 解析器匹配了 SheLikes 规则，并且执行了归约

这个操作称为归约（reduce），因为解析器使用了单个匹配规则替换了一对词条。解析器会仔细检查可用的规则，在能归约的时候就归约，否则就在单个词条上应用匹配规则。

现在解析器又可以再次归约，因为它又发现一条可匹配的规则：VerbAndObject。该规则能匹配是因为它使用了或（|）操作符，所以可以匹配子规则 SheLikes 和 ILike。

可以在图 1-20 中看到解析器使用 VerbAndObject 替代了 SheLikes。

另一方面，你也可以想想这些问题：解析器如何知道是去归约而不是继续移位词条呢？现实中，肯定也会碰到很多匹配规则，解析器如何知道该用哪一个？它如何确定是移位还是归约？如果是归约，它如何确定要归约到哪条语法规则上？

图 1-20　解析器再次归约，匹配了 VerbAndObject 规则

换句话说，假如此刻有多条语法规则包含了 le gusta，那么解析器如何知道该应用哪条规则？或者是否会在查找匹配的语法规则之前先对 el 进行移位？如图 1-21 所示。

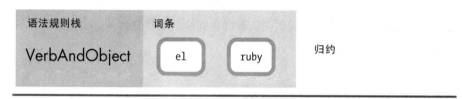

图 1-21　解析器怎么知道是进行移位还是归约

这正是 LALR 中 Look Ahead（向前查看）的用武之地。为了找到正确的匹配规则，解析器会先看下一个词条。图 1-22 展示的就是解析器向前查看的 el 词条。

图 1-22　在输入流中向前查看下一个词条

此外，解析器还可根据下一个词条和刚被解析过的语法规则，维护一张潜在匹配结果的状态表。该表包含一系列的状态，用来描述当前哪些语法规则被解析过，以及应该如何根据下一个词条变更状态（LALR 是一种复杂的词条流模式匹配状态机。使用 Bison 生成 LALR 解析器时，Bison 会根据你提供的语法规则来计算状态表应该包含的内容）。

在本例中，状态表包含的条目表示如果下一个词条是 el，那么解析器应该在移位新词条之前，先使用 SheLikes 规则进行归约。

你可以在 Ruby 生成的 parse.c 文件中找到具体的 LALR 状态表。下面继续对语句 2（le gusta el Ruby）进行移位或归约操作。在匹配完 VerbAndObject 规则之后，解析器应该把另一个词条移入栈里，如图 1-23 所示。

图 1-23　解析器把另外一个词条移入栈里

此时已没有可以匹配的规则，状态机会继续往左移位到下一个词条（见图 1-24）。

图 1-24　解析器把另外一个词条移入栈里

在最后的归约操作之后，父语法规则 SpanishPhrase 将被匹配，如图 1-25 所示。

图 1-25　解析器匹配了 SpanishPhrase 语法规则——整个输入流匹配完成！

之所以向你展示这个将西班牙语翻译成英语的例子，是因为 Ruby 也采用完全相同的方式解析程序。在 Ruby 的 parse.y 源文件中，你会看到数以百计的规则，这些规则定义了 Ruby 语言的结构和句法。其中也有父规则和子规则，并且父规则可以引用子规则返回的值，就像 SpanishPhrase 语法规则使用的 $$、$1、$2 等指令一样。唯一的区别在于规模：SpanishPhrase 例子要简单得多。相比之下，Ruby

的语法非常复杂，父子规则之间相互关联、错综复杂，有时候是环状引用，有时候是递归模式。尽管如此，两者使用的 LALR 基本算法（它描述了解析器如何处理分词词条以及如何使用状态表）是完全一样的。

　　为了体验 Ruby 状态表的复杂性，你可以使用 Ruby 的-y 选项，它会显示解析器每次从一个状态跳转到另一个状态时的内部调试信息。示例 1-14 展示了运行代码 10.times do 生成的部分输出：

```
$ ruby -y simple.rb
Starting parse
Entering state 0
Reducing stack by rule 1 (line 850):
-> $$ = nterm @1 ()
Stack now 0
Entering state 2
Reading a token: Next token is token tINTEGER ()
Shifting token tINTEGER ()
Entering state 41
Reducing stack by rule 498 (line 4293):
   $1 = token tINTEGER ()
-> $$ = nterm numeric ()
Stack now 0 2
Entering state 109
--snip--
```

示例 1-14　Ruby 显示调试信息，展示了解析器如何从一个状态跳转到另一个状态

1.2.2　真实的 Ruby 语法规则

Some Actual Ruby Grammar Rules

　　下面查看一些 parse.y 文件里真实的 Ruby 语法规则。示例 1-15 包含了一个简单的例子。

```
10.times do |n|
  puts n
end
```

示例 1-15　简单 Ruby 程序

　　图 1-26 展示了 Ruby 解析此脚本的过程。左侧是 Ruby 试图解析的代码；右侧是 parse.y 文件中对应的语法规则，只不过这里为了显示而进行了简化。第一条规则，program: top_compstmt，是根（root）语法规则，会对每个 Ruby 程序进行整体匹配。

再往下面，你会看到一系列复杂的子规则，也会匹配整个 Ruby 脚本：top 语句（top_compstmt、top_stmts 等）、个体语句（如 stmt）、表达式（expr）、参数（arg），最后是元值[1]（primary value）。一旦 Ruby 解析到 primary 语法规则，它就会遇到两条子匹配规则：method_call 和 brace_block。下面先来看看 method_call，如图 1-27 所示。

Ruby代码	语法规则
10.times do |n| puts n end	program: top_compstmt top_compstmt: top_stmts opt_terms top_stmts: ... | top_stmt | ... top_stmt: stmt | ... stmt: ... | expr expr: ... | arg arg: ... | primary primary: ... | method_call brace_block | ...

图 1-26　右边的语法规则匹配左边的 Ruby 代码

Ruby代码	语法规则
10.times	method_call: ... | primary_value '.' operation2 | ...

图 1-27　10.times 匹配 method_call 语法规则

method_call 规则匹配的是 Ruby 代码中的 10.times 部分，即我们调用的数字对象 10 的 times 方法。你可以看到 method_call 规则又匹配了另一个元值、句号（"."）字符和 operation2 规则。

图 1-28 展示了 primary_value 规则先匹配了 10 这个值。

Ruby代码	语法规则
10	primary_value: primary primary: literal | ...

图 1-28　primary_value 语法规则匹配了 10

然后，operation2 语法规则匹配了方法名 times，如图 1-29 所示。

---

[1]译注：这里指代表 Ruby 代码的原始值，相当于元数据。

Ruby代码	语法规则
times	operation2: identifier | ...

图 1-29　operation2 语法规则匹配方法名 times

Ruby 如何解析传给 times 方法的 do ... puts ... end 块（block）的内容？我们在图 1-26 中已经看到它使用了 brace_block 语法规则。图 1-30 展示了 brace_block 语法规则的定义。

Ruby代码	语法规则
do |n| 　puts n end	brace_block: ... | keyword_do opt_block_param compstmt keyword_end | ...

图 1-30　brace_block 语法规则匹配整个块（block）

书中不便把余下的子语法规则全都列出来，但是可以看到这条规则，依次又包含一系列其他匹配子规则：

- keyword_do 匹配 do 保留字。
- opt_block_param 匹配块参数|n|。
- compstmt 匹配块本身的内容：puts n。
- keyword_end 匹配 end 保留字。

阅读 Bison 语法规则

为了让你体验真实的 Ruby parse.y 源码，下面来看看示例 1-16，它展示了 method_call❶语法规则的一部分定义。

```
❶ method_call :
--snip--
    primary_value '.' operation2
    {
    /*%%%*/
        $<num>$ = ruby_sourceline;
    /*% %*/
    }
    opt_paren_args
    {
    /*%%%*/
```

```
        $$ = NEW_CALL($1, $3, $5);
        nd_set_line($$, $<num>4);
    /*%
        $$ = dispatch3(call, $1, ripper_id2sym('.'), $3);
        $$ = method_optarg($$, $5);
    %*/
    }
```

示例 1-16 parse.y 文件中真实的 method_call 语法规则

与前面的例子类似，你可以看到在语法规则的每个条目后面都有一段复杂的 C 代码（见示例 1-17）。

```
    $$ = NEW_CALL($1, $3, $5);
    nd_set_line($$, $<num>4);
```

示例 1-17 当 opt_paren_args 语法规则被匹配时，Ruby 调用的 C 代码

当目标脚本中的词条成功匹配语法规则时，Bison 生成的解析器会执行相应的代码片段。然而，这些 C 代码片段也包含 Bison 指令，如 $$ 和 $1，它们允许代码创建返回值，并引用别的语法规则中的返回值。最后是一段令人困扰的混合了 C 和 Bison 指令的代码。

更糟糕的是，Ruby 使用了一套把戏，在构建过程中把 C 代码和 Bison 指令分离成两个独立的部分。一部分给 Ruby 使用，另外一部分只给 Ripper 工具（实验 1-1 提到过）使用。其工作机制如下：

示例 1-16 中出现在 /*%%%*/ 行跟 /*% 行之间的 C 代码，在 Ruby 构建过程期间会被编译到 Ruby 中。

示例 1-16 中出现在 /*% 行跟 %*/ 行之间的 C 代码，会在 Ruby 构建完成后被丢弃。这些代码只被 Ripper 工具用到，其构建过程独立于 Ruby 的构建。

Ruby 使用了如此让人困扰的语法，是为了允许 Ripper 工具和 Ruby 本身共享 parse.y 定义的语法规则。

那么这些 Ripper 代码片段实际起什么作用呢？你可能已猜到，Ruby 可利用这些代码片段让 Ripper 工具显示 Ruby 的解析信息。（将在实验 1-2 中使用它）。示例 1-17 中还有一些登记（bookkeeping）代码：Ruby 使用 ruby_sourceline 变量跟踪语法的每一部分对应于哪行源码。

但更重要的是，Ruby 会用这些 Ripper 代码片段把真正的代码解析成一系列节点或临时数据结构，这些节点或数据结构都是 Ruby 代码内部的一种

呈现形式。这些节点被保存在抽象语法树（abstract syntax tree，AST）的树形结构中（实验 1-2 会用到）。在示例 1-17 中还可以看到一个创建 AST 节点的例子，那里 Ruby 调用了 C 宏（macro）或函数（function）：NEW_CALL。这个调用会创建新的 NODE_CALL 节点，它代表方法调用。（第 2 章会讲解 Ruby 如何把这些节点编译为能被虚拟机执行的字节码[1]。）

实验 1-2：使用 Ripper 解析 Ruby 脚本

在实验 1-1 中，我们学习了如何使用 Ripper 显示由 Ruby 代码转换而成的词条。刚刚又学习了 parse.y 中的 Ruby 语法规则是如何被包含到 Ripper 工具中的。现在让我们来学习如何使用 Ripper 显示 Ruby 解析代码过程中的相关信息。

示例 1-18 展示了如何使用 Ripper。

```
require 'ripper'
require 'pp'
code = <<STR
10.times do |n|
  puts n
end
STR
puts code
❶ pp Ripper.sexp(code)
```

示例 1-18　调用 Ripper.sexp 的示例

实际上，这里的代码跟实验 1-1 是一样的，只不过我们调用了 Ripper.sexp❶ 而不是 Ripper.lex。示例 1-19 显示了它的运行结果。

```
[:program,
 [[:method_add_block,
   [:call,
    [:@int, "10", [1, 0]], :".",
    [:@ident, "times", [1, 3]]],
   [:do_block,
     [:block_var,
       [:params, [[:@ident, "n", [1, 13]]],
                 nil, nil, nil, nil, nil, nil],
       false],
     [[:command,
```

译注：字节码（bytecode）通常指的是已经经过编译但与特定机器码无关，需要直译器转译后才能成为机器码的中间代码。字节码通常不像源码一样可以阅读，而是编码后的数值常量、引用、指令等构成的序列。

```
        [:@ident, "puts", [2, 2]],
        [:args_add_block, [[:var_ref, [:@ident, "n", [2, 7]]]],
                          false]]]]]]]
```

示例 1-19 Ripper.sexp 生成的输出结果

从这段隐晦的文本中，你可以看到一些零碎的 Ruby 代码[1]，但是其他符号和数组是什么意思呢？

这段输出结果实际上是 Ruby 代码的一种文本表示（textual representation）。在 Ruby 解析代码时，随着语法规则的不断匹配，代码文件中的词条会被转变为一种复杂的内部数据结构：AST。你可以在"阅读 Bison 语法规则"中看到产生这种结构的 C 代码。AST 被用来记录 Ruby 代码的结构和语法意义。

为了便于理解，图 1-31 展示了 Ripper 生成的部分输出，即块（block）里面的 puts n 语句。

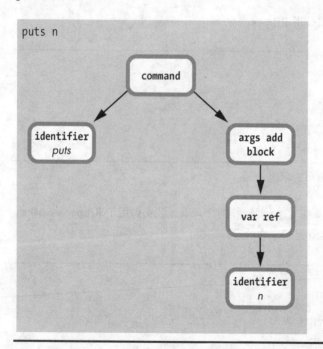

图 1-31 对应于 puts n 语句的 AST 部分

图 1-31 对应于 Ripper 输出的最后三行，如示例 1-20 所示。

---

[1]译注：比如 10、times、n、puts 等。

```
   [[:command,
❶   [:@ident, "puts", [2, 2]],
    [:args_add_block, [[:var_ref, [:@ident, "n", [2, 7]]]],
    false]]]
```

示例 1-20　Ripper.sexp 输出的最后三行

与实验 1-1 类似，当用 Ripper 显示词条信息的时候，源码文件的行和列是以数字类型显示的。例如，[2, 2]❶表示 Ripper 是在源文件的第 2 行第 2 列中找到了 puts 调用。你也可以看到 Ripper 把 AST 中的每个节点都输出为一个数组，比如，[:@ident, "puts", [2, 2]]❶。

现在对于 Ruby 来说，程序开始变得"有意义"了。对于 puts n 语句，Ruby 现在对其含义已经有了详细的"描述"（AST），而不是之前那些意义模糊不清的词条流。你可以看到函数调用（command）及随后的标识符节点，标明了是哪个函数被调用。

Ruby 使用了 args_add_block 节点，因为可以给一个命令（command），也就是函数调用，传递块（block）。即使没有传递块（block），这个 args_add_block 节点也依然会被保存在 AST 中（同时要注意此标识符 n 是作为:var_ref 节点被记录的，也就是变量引用节点，而不是一个简单的标识符）。

图 1-32 呈现了更多的 Ripper 输出。

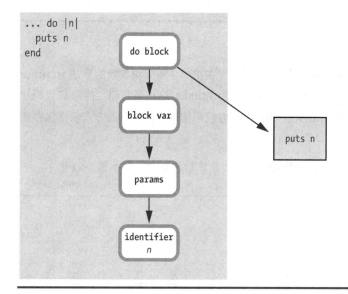

图 1-32　整个 block 对应的 AST 部分

从图 1-32 中可以看到，目前 Ruby 已经理解了 do |n| ... end 这段代码是一个块（block），并且只有一个块参数 n。图右边方块里的 puts n 表示之前展示过的 AST 另外的部分——puts 调用的解析版本。

最后，图 1-33 展示了整个 Ruby 代码示例的 AST。

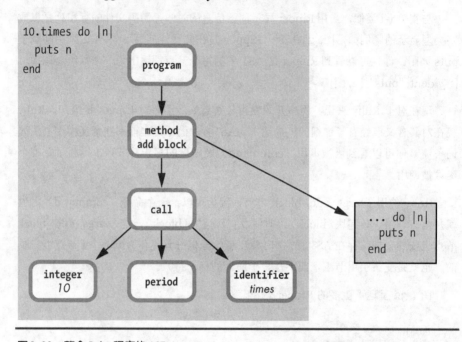

图 1-33 整个 Ruby 程序的 AST

图 1-33 中的 method add block 是指正在调用一个需要块参数的方法 10.times do。树节点 call 显然是代表实际的方法调用 10.times，这正是我们之前在 C 代码片段中看到过的 NODE_CALL 节点。Ruby 把对代码的理解以节点的方式依次保存在 AST 中。

为了进一步说明，假设给 Ripper 传递一个表达式 2+2，如示例 1-21 所示。

```
require 'ripper'
require 'pp'
code = <<STR
2 + 2
STR
puts code
pp Ripper.sexp(code)
```

示例 1-21 这段代码会显示 2+2 的 AST

这段代码的运行输出结果如下。

```
[:program,
 [[:binary,
   [:@int, "2", [1, 0]],
   :+,
   [:@int, "2", [1, 4]]]]]
```

示例 1-22 2+2 的 Ripper.sexp 输出

如图 1-34 中所示，+被表示为名为 binary 的 AST 节点。

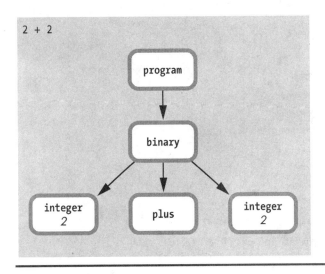

图 1-34 2+2 的 AST

但是，给 Ripper 传递表达式 2 + 2 * 3 的时候会发生什么？请看示例 1-23。

```
require 'ripper'
require 'pp'
code = <<STR
2 + 2 * 3
STR
puts code
pp Ripper.sexp(code)
```

示例 1-23 这段代码会显示 2+2*3 的 AST

示例 1-24 展示了第二个 binary 节点，用来表示*操作符❶。

```
[:program,
[[:binary,
  [:@int, "2", [1, 0]],
  :+,
  [:binary,
   [:@int, "2", [1, 4]],
   :*,
   [:@int, "3", [1, 8]]]]]]
```
❶

示例 1-24　2+2*3 的 Ripper.sexp 输出

图 1-35 展示了它的概貌。

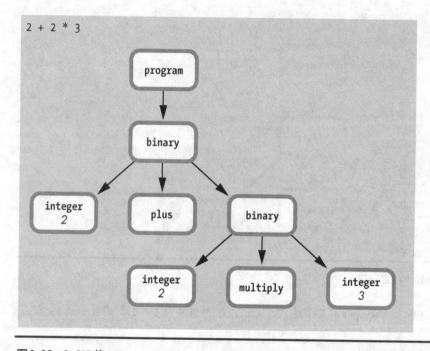

图 1-35　2+2*3 的 AST

Ruby 非常智能地识别出乘法比加法的优先级更高，但是真正有趣的是 AST 获取操作符信息的方式。2+2*3 的词条流只是标明代码中写了什么，而那个经过解析被保存在 AST 结构中的版本才包含了代码的真正含义，也就是说，这才是 Ruby 随后执行代码所需要的全部信息。

最后要注意的是，Ruby 实际上包含了一些调试代码，可以显示有关 AST 节点的结构信息。可以用 parsetree 选项去运行 Ruby 脚本来使用此功能（见示例 1-25）。

```
$ ruby --dump parsetree your_script.rb
```

示例 1-25　使用 parsetree 选项显示代码的 AST 调试信息

该命令显示的信息与我们前面看到过的一样，只是它不会以符号类型显示节点，**parsetree** 选项显示的应该是来自实际 C 代码中的节点名字（在第 2 章也会用到真实的节点名）。

1.3　总结

Summary

本章讲解了计算机科学中最迷人的地方之一：Ruby 如何理解你给它的程序文本。为了做到这一点，Ruby 先后将代码转换为两种不同的格式。首先，它把程序中的文本转换为一系列的词条。然后，它使用 LALR 解析器把那些词条输入流转换为被称为抽象语法树（AST）的数据结构。

在第 2 章，我们将看到 Ruby 把代码转换为第三种格式：一系列的字节码指令（bytecode instruction），当代码真正执行的时候会用到它。

Ruby 真正执行的代码跟原始代码完全不同。

2

编译

COMPILATION

现在，Ruby 已经对代码进行了分词和解析处理，可以直接运行了吗？代码实际运行的时候，10.times do 会迭代 10 次吗？如果不是的话，Ruby 还有哪些工作要做呢？

从 1.9 版本开始，Ruby 会在代码执行之前先对它们进行编译。编译是指把代码从一种语言翻译为另一种语言。编程语言方便你理解，而目标语言方便计算机理解。

例如，当编译 C 程序的时候，编译器会把 C 代码翻译为机器语言，以便计算机微处理器可以理解。当编译 Java 程序的时候，编译器会把 Java 代码翻译为 Java 字节码以便 Java 虚拟机可以理解。

Ruby 的编译器也不例外。它会把 Ruby 代码翻译为另一种 Ruby 虚拟机可以理解的语言。唯一不同的是，你不能像 C 语言和 Java 语言那样直接使用编译器，Ruby 的编译器会自动运行。在本章，我将解释 Ruby 如何编译代码，以及它把代码翻译成哪种语言。

路线图

2.1 Ruby 1.8 没有编译器 ·· 34

2.2 Ruby 1.9 和 Ruby 2.0 引入了编译器 ······················· 35

2.3 Ruby 如何编译简单脚本 ······································· 37

2.4 编译块调用 ·· 41

    Ruby 如何遍历 AST ·· 45

    实验 2-1：显示 YARV 指令 ···································· 48

2.5 本地表 ··· 49

    编译可选参数 ·· 52

    编译关键字参数 ·· 53

    实验 2-2：显示本地表 ·· 55

2.6 总结 ··· 57

2.1 Ruby 1.8 没有编译器
No Compiler for Ruby 1.8

Ruby 核心团队在版本 1.9 中引入了编译器。Ruby 1.8 及早期版本没有包含编译器，而是在分词和语法解析完成后立即执行代码。Ruby 遍历 AST 中的每个节点，并依次执行。图 2-1 以另一种方式展示了 Ruby 1.8 分词和语法解析的过程。

图 2-1 上半部分展示的是 Ruby 代码，下半部分是它被 Ruby 转换成的不同内部格式。这些词条和 AST 节点都是我们在第 1 章见过的——就是在 Ruby 执行代码时得到的不同形式。图 2-1 的下半部分是由 Ruby 核心团队编写的 C 源码，以及被 C 编译器转换而成的机器语言。

图 2-1 中中间的虚线代表 Ruby 对代码进行的解释。底部的 C 源码读取并执行顶部的 Ruby 代码。Ruby 1.8 不会把代码编译或翻译成 AST 节点之外的形式，在把 Ruby 代码转换为 AST 节点之后，它就会开始遍历 AST 节点并执行它。

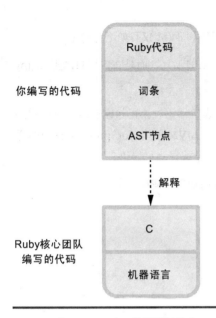

图 2-1　在 Ruby 1.8 中，代码被转换为 AST 节点之后被解释执行

图 2-1 中间的空白代表 Ruby 代码不会被完全编译为机器语言。如果反汇编并检查 CPU 中真正执行的机器语言，你看不到跟原始 Ruby 代码直接映射的指令。相反，你会发现分词指令、解析指令，以及执行代码的指令，换句话说，是实现了 Ruby 解释器的指令。

2.2　Ruby 1.9 和 Ruby 2.0 引入了编译器
Ruby 1.9 and 2.0 Introduce a Compiler

如果你已经升级到了 Ruby 1.9 或 Ruby 2.0，在分词和解析之后，Ruby 并没有完全准备好执行代码，它首先需要编译代码。

Koichi Sasada[1]和 Ruby 核心团队在 Ruby 1.9 中引入了 YARV，可用它来执行 Ruby 代码。从抽象层面来看，这跟用于 Java 语言和其他语言背后的 Java 虚拟机（JVM）是相似的（第 3 章和第 4 章会介绍更多 YARV 的细节）。

如果使用 YARV（类似于 JVM），代码首先会被编译成字节码（bytecode），

---

[1]译注：Koichi Sasada 是 YARV 的主要开发者，同时也是一名日本计算机科学家，Ruby 核心代码的提交者，是 Matz 在 Heroku 的同事。

这是一系列能被虚拟机理解的底层指令。YARV 和 JVM 仅有如下不同[1]：

- YARV 没有把编译器公开作为一个独立的工具，而是在内部自动把 Ruby 代码编译为字节码指令。

- YARV 并不会把 Ruby 代码完全编译为机器语言。正如你在图 2-2 中看到的，Ruby 是解释执行字节码指令的。而 JVM 使用 HotSpot[2]或者即时编译器（JIT complier）可把字节码指令完全编译为机器语言。

图 2-2 展示了 Ruby 1.9 和 Ruby 2.0 是如何处理代码的。

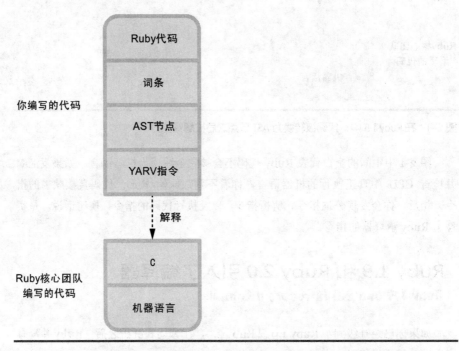

图 2–2 Ruby 1.9 和 Ruby 2.0 在解释执行之前先把 AST 节点编译为 YARV 指令

注意，图 2-2 与图 2-1 不同，代码被翻译成了第三种形式。在解析完词条生成 AST 之后，Ruby 1.9 和 Ruby 2.0 继续把代码编译成一系列的底层指令，叫做 YARV 指令。

使用 YARV 主要是为了提升性能：Ruby 1.9 和 Ruby 2.0 由于使用了 YARV 指令，运行速度比 Ruby 1.8 更快。跟 Ruby 1.8 一样，YARV 也是一个解释器——只

---

[1]译注：这里仅仅指的是编译器与字节码在宏观层面的不同，实际上，它们的底层实现完全不同。
[2]译注：HotSpot 是一款高性能的 Java 虚拟机，在后续的 JRuby 相关章节中会介绍到它。

不过它更快。Ruby 1.9 和 Ruby 2.0 也不会把代码直接转换为机器语言。所以在图 2-2 中，YARV 指令与 C 源码之间依然留有空白。

2.3 Ruby 如何编译简单脚本
How Ruby Compiles a Simple Script

在本节，我们来看看 Ruby 代码处理工序中的最后一步：如何把代码编译成 YARV 预期的指令。让我们通过一个编译实例来逐步探索 Ruby 编译器的工作原理。示例 2-1 展示了一个简单的 Ruby 脚本：计算 2+2=4。

```
puts 2+2
```

示例 2-1　本行代码作为编译示例

图 2-3 展示了这行代码在经过分词和语法解析之后得到的 AST 结构（这个 AST 视图比实验 1-2 中由 Ripper 工具得到的那个更详细）。

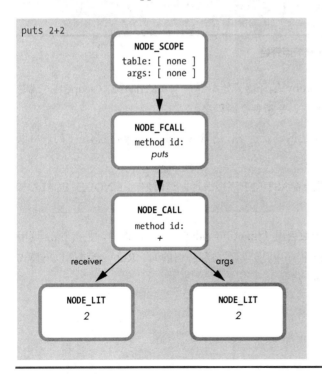

图 2-3　Ruby 在解析示例 2-1 代码之后生成的 AST

NOTE 图 2-3 展示的技术名词（NODE_SCOPE、NODE_FCALL 等）都取自 Ruby 的 C 源码。为了方便理解，我会省略一些 AST 节点——具体来说，那些表示传到每个方法调用中的参数数组，在这个简单示例中会被简化为仅有一个元素的数组。

在详细介绍 Ruby 如何编译 puts 2+2 之前，先来看一个非常重要的 YARV 的属性：它是一个面向堆栈（stack-oriented）的虚拟机。这是指，在 YARV 执行 Ruby 代码的时候，会维护一个值堆栈，它包含了 YARV 指令所用的主要参数和返回值（第 3 章会详细解释）。大多数的 YARV 指令，要么是把值压入栈中，要么是操作栈里的值，同时把结果留在栈中。

为了把 puts 2+2 的 AST 结构编译成 YARV 指令，Ruby 会自上而下递归遍历 AST，把每个 AST 节点都转换为指令。图 2-4 从 NODE_SCOPE 节点开始展示此工作原理。

图 2-4　整个编译过程从 AST 根节点开始

NODE_SCOPE 告诉 Ruby 编译器开始编译一个新的作用域（scope），或者是 Ruby 代码片段，在本例中，是指整个新程序。

图 2-4 中右侧的整个灰色区域表示该作用域（table 和 args 值都是空的，所以现在忽略它们）。

接下来，Ruby 编译器沿着 AST 向下逐个编译，这时遇到了 NODE_FCALL 节点，如图 2-5 所示。

NODE_FCALL 表示函数调用（function call）——在本例中，是指 puts 调用（函数和方法调用在 Ruby 程序中是非常重要和普遍的）。Ruby 会遵循以下模式把函数调用编译为 YARV 指令：

- 压入接收者。
- 压入参数。
- 调用方法或函数。

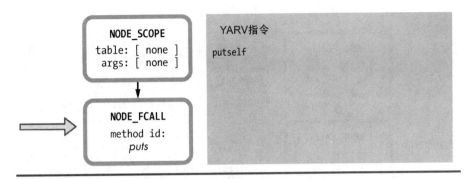

图 2-5　为了编译函数调用，Ruby 需要先创建一个用来把接收者压入堆栈的指令

在图 2-5 中，Ruby 编译器首先创建了 YARV 指令 putself，表明该函数调用是把 self[1]的当前值作为接收者。因为我是从顶级作用域（top-level scope）——该脚本最外层的区域——调用 puts。self 被设置为指向顶级 self 对象（这个顶级 self 对象是在 Ruby 开始运行时被 Object 类自动创建的实例对象。顶级 self 的作用之一就是给这种顶级作用域的函数调用充当接收者）。

NOTE　Ruby 中所有的函数都是方法。也就是说，函数都与 Ruby 类相关联，都有接收者。然而在 Ruby 内部，Ruby 的解析器和编译器会对函数和方法做出区分：有显式接收者的是方法调用，而把 self 的当前值作为接收者的则为函数调用[2]。

下一步，Ruby 需要创建指令把函数调用 puts 的参数压入栈中。但是如何做呢？puts 的参数 2+2 又是另一个方法调用的结果。虽然 2+2 只是一个简单的表达式，但是 puts 也可以处理一些包含多个操作符的极端复杂的 Ruby 表达式或方法调用。那么在本例中，Ruby 如何知道要创建哪一条指令呢？

答案就在 AST 的结构中。Ruby 利用了解析器前面所有的工作成果，只需要简单地沿着树节点向下递归即可。在本例中，只需要向下编译 NODE_CALL 节点，如图 2-6 所示。

这里，Ruby 会编译加号（+）方法调用，理论上，这是给整数对象 2 发送一个加号（+）消息的过程。同样，遵循相同的接收者、参数、方法调用的方式，Ruby 会依次执行这些动作。

1. 创建 YARV 指令，把接收者压入栈里（本例中是指对象 2）。

---

[1]译注：self 在 Ruby 底层是一个指针。
[2]译注：这种方式也被称为"隐式接收者"。

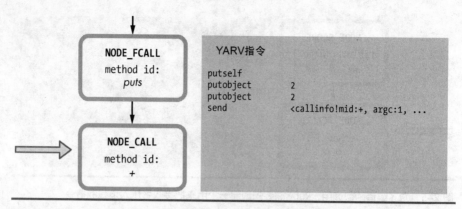

图 2-6 下一步，Ruby 会编写一条指令来计算 puts 的参数 2+2

2. 创建 YARV 指令，把单个参数或多个参数压入栈里（本例中，参数依然是 2）。

3. 创建方法调用指令，send <callinfo!mid:+, argc:1, ARGS_SKIP>，这意味着"把加号（+）消息发送给"接收者。接收者就是指前面被压入栈中的对象（本例中是指第一个数字对象 2）。mid:+是指"方法 id 等于+"，就是我们想用调用方法的名字。argc:1 参数是告诉 YARV 只有一个参数（第二个数字对象 2）传给方法调用。ARGS_SKIP 是指参数为简单值（simple value）（不是块或未命名的参数数组），从而允许 YARV 跳过一些不必要的工作。

当 Ruby 执行 send <callinfo!mid:+ ...指令时，它开始计算 2+2，从栈中取出所需参数，并留下结果 4 作为栈顶的新参数。YARV 面向堆栈的特性最吸引人的一点就是让 Ruby 编译器编译 AST 节点更加容易，你可以从图 2-7 看到完成编译之后的 NODE_FCALL。

此时，Ruby 会把 2+2 操作的返回值 4 留在栈顶，这正好是给函数调用 puts 提供参数的地方。Ruby 的面向堆栈虚拟机与 Ruby 递归编译 AST 节点的方式是步调一致的！在图 2-7 右侧，Ruby 已经增加了 send <callinfo!mid:puts, argc:1 指令，该指令调用了 puts 并且表明 puts 只有一个参数。

事实证明，Ruby 在执行这些 YARV 指令之前对它们做了进一步的修改，作为优化步骤的一部分。其中的一个优化就是，使用一些专用指令（specialized instruction）来替代某些 YARV 指令，所谓专用指令就是使用一些 YARV 指令来表示常用的操作，比如尺寸大小（size）、否定（not）、小于（<）和大于（>）等。

opt_plus 也是专用指令之一，被用于两数求和。经过优化，Ruby 使用 opt_plus 指令替代了 send <callinfo!mid:+，argc:1...指令，如图 2-8 所示。

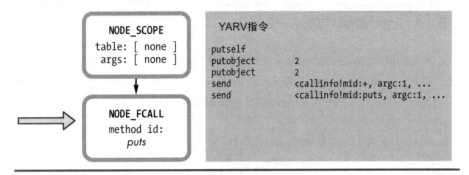

图 2-7 最后，Ruby 生成了 puts 调用的指令

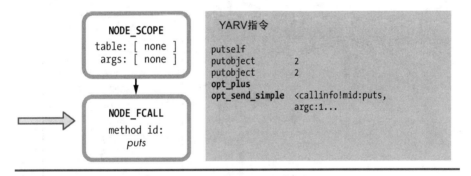

图 2-8 Ruby 使用专用指令替代某些指令

如图 2-8 所示，Ruby 也用 opt_send_simple 替代了第二个 send，当参数都是简单值的时候，可以运行得更快。

2.4 编译块调用[1]
Compiling a Call to a Block

接下来，让我们编译第 1 章示例 1-1 中的 10.times do 代码（见示例 2-2）。

---

[1]译注：相对于函数/方法调用，我把它称为块调用（a call to a block）。

```
10.times do |n|
  puts n
end
```

示例 2-2 这个小程序调用了块

注意此例中 times 方法包含了块参数。这很有趣,因为我们将有机会看到 Ruby 编译器如何处理块。图 2-9 再次展示了 10.times do 示例的 AST,这里使用的是真正的节点名字,而不是使用 Ripper 的简化版输出结果。

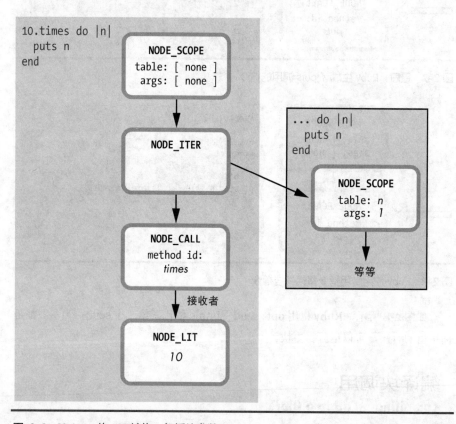

图 2-9 10.times 的 AST 结构,包括块参数

这看上去跟 puts 2+2 非常不同,主要是因为右侧的内部块(很快就会看到 Ruby 处理内部块的不同之处)。

让我们把图 2-9 左半部分显示的脚本的主要部分拆分开,来看看 Ruby 如何编译它们。和之前一样,Ruby 从 NODE_SCOPE 节点开始编译,创建一个新的指令片段，如图 2-10 所示。

图 2-10 每个 NODE_SCOPE 都会被编译成新的 YARV 指令片段

下一步，Ruby 编译器向下编译到了 AST 节点 NODE_ITER，如图 2-11 所示。

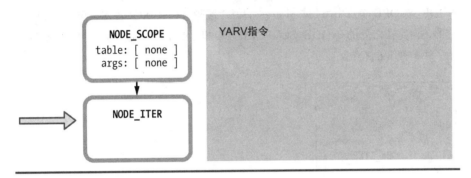

图 2-11 Ruby 遍历 AST

此时，这里仍然没有指令生成，但是请注意图 2-9 中从 NODE_ITER 引出的两个箭头：一个指向 NODE_CALL，表示 10.times 被调用；另一个指向了内部块。Ruby 首先会沿着 AST 继续向下编译与 10.times 代码相应的节点。产生的 YARV 指令依然遵循与图 2-6 相同的"接收者-参数-消息"模式，如图 2-12 所示。

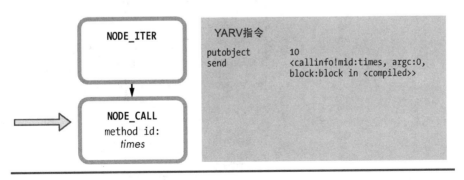

图 2-12 Ruby 编译 10.times 方法调用

注意图 2-12 中显示的新的 YARV 指令，首先把接收者（整数对象 10）压入栈

中，然后 Ruby 会生成指令去执行 times 方法调用。但是需要注意，block:block in <compiled>参数在 send 指令里。这表示该方法调用也包含了块参数：do |n|；puts n end 块代码。在本例中，NODE_ITER 节点指引 Ruby 编译器去包含这个块参数，这是因为上面的 AST 显示了一个箭头，从 NODE_ITER 指向第二个 NODE_SCOPE。

从第二个 NODE_SCOPE 节点开始，Ruby 会继续编译那个内部块，如图 2-9 右侧所示。图 2-13 是内部块的 AST 概貌。

这看上去很简单——只是单独的函数调用和单独的参数 n。但是要注意 NODE_SCOPE 节点中 table 和 args 的值。这些值在父 NODE_SCOPE 节点中是空的，但是在内部的 NODE_SCOPE 节点中却分配了值。你不难猜到，这些值表明了块参数 n 的存在。

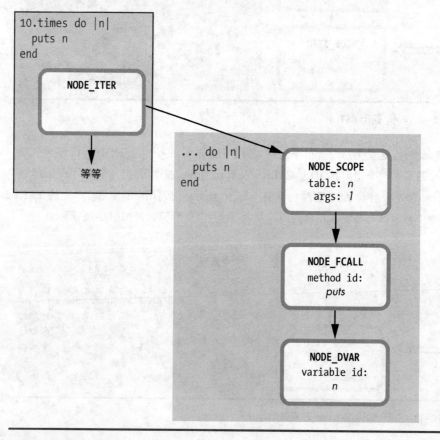

图 2-13　块的 AST 分支

还要注意，Ruby 解析器创建了 NODE_DVAR 节点，而不是图 2-9 中我们看到的那个 NODE_LIT 节点，这种情况是因为 n 不是字符串字面量（literal string），而是从父作用域中传过来的块参数。

图 2-14 从宏观角度为我们展示了 Ruby 如何编译内部块。

Ruby 如何遍历 AST

让我们深入探究 Ruby 如何遍历 AST 结构并把每个节点转换为 YARV 指令。实现 Ruby 编译器的 MRI C 源码文件是 compile.c。我们先通过函数 iseq_compile_each 来学习 compile.c 中的代码是如何工作的。示例 2-3 展示了该函数的开始部分：

```
/**
    compile each node

    self: InstructionSequence
    node: Ruby compiled node
    poped: This node will be poped
    */
static int
iseq_compile_each(rb_iseq_t *iseq, LINK_ANCHOR *ret, NODE * node,
int poped)
{
```

示例 2-3 iseq_compile_each 函数编译 AST 中的每个节点

该函数非常长，包含一段有数千行代码的 switch 语句！这个 switch 语句的分支，会根据当前 AST 节点的类型来生成相应的 YARV 代码。示例 2-4 展示了该 switch 语句的开始部分❷。

```
❶ type = nd_type(node);
--snip--
❷ switch (type) {
```

示例 2-4 这个 C switch 语句囊括了所有 AST 节点类型

在这段语句中，node❶是被传到 iseq_compile_each 函数里的参数，nd_type 是可以返回给定节点结构类型的 C 宏（macro）。

让我们看看 Ruby 如何使用"接收者-参数-函数调用"模式把函数（方法调用）节点编译成 YARV 指令。首先，搜索 compile.c 文件中的 C case 语句，如示例 2-5 所示：

```
case NODE_CALL:
case NODE_FCALL:
case NODE_VCALL:{                    /* VCALL: variable or call */
  /*
      call: obj.method(...)
      fcall: func(...)
      vcall: func
  */
```

示例 2-5　这些 switch 语句中的 case 用来编译 Ruby 代码中的方法调用

　　NODE_CALL 代表真实的方法调用（就像 10.times 这种），NODE_FCALL 代表函数调用（就像 puts），而 NODE_VCALL 代表变量或者函数调用。跳过某些 C 代码细节（包括使用 SUPPORT_JOKE 代码来实现 goto 语句），示例 2-6 展示了 Ruby 要编译这些 AST 节点下一步所做的工作。

```
/* receiver */
if (type == NODE_CALL) {
❶   COMPILE(recv, "recv", node->nd_recv);
}
else if (type == NODE_FCALL || type == NODE_VCALL) {
❷   ADD_CALL_RECEIVER(recv, nd_line(node));
}
```

示例 2-6　该 C 代码编译方法调用的接收者的值

　　Ruby 是按以下情况来选择调用 COMPILE 还是 ADD_CALL_RECEIVER：

● 对于实际的方法调用（如 NODE_CALL），Ruby 通过调用 COMPILE❶来递归调用 iseq_compile_each，处理与方法调用（消息）的接收者相应的 AST 节点。这将会创建 YARV 指令，计算被指定给目标对象的任意表达式。

● 如果这里没有接收者（NODE_FCALL 或 NODE_VCALL），Ruby 就调用 ADD_CALL_RECEIVER❷去创建 putself YARV 指令。

　　下一步，正如示例 2-7 所示，Ruby 创建了 YARV 指令，把方法或函数调用的每个参数依次压入栈中。

```
/* args */
if (nd_type(node) != NODE_VCALL) {
❶    argc = setup_args(iseq, args, node->nd_args, &flag);
}
else {
❷    argc = INT2FIX(0);
}
```

示例 2-7　为每个 Ruby 方法调用编译参数的 C 代码片段

对于 NODE_CALL 和 NODE_FCALL，Ruby 调用 setup_args❶函数，再次按需递归调用 iseq_compile_each 去编译方法或函数调用的每个参数。对于 NODE_VCALL，因为没有参数，所以 Ruby 只是把 argc 设置为 0❷。

最终，Ruby 创建了 YARV 指令去执行真正的方法（函数调用），如下所示：

```
ADD_SEND_R(ret, nd_line(node), ID2SYM(mid),
           argc, parent_block, LONG2FIX(flag));
```

此 C 宏会创建新的 send YARV 指令，当 YARV 执行它的时候，会引发实际的方法调用。

图 2-14 的上半部分中，父节点 NODE_SCOPE 与来自于图 2-12 中的 YARV 代码相对应。而图 2-14 的下半部分列出的 YARV 代码，是编译内部块的 AST 所产生的 YARV 代码。

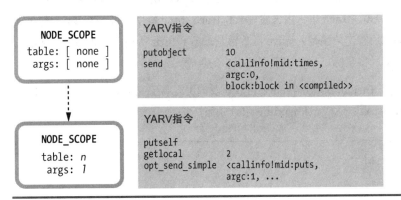

图 2-14　Ruby 如何编译块调用

这里的关键点在于，Ruby 会把代码中的每个不同作用域——比如方法、块、类或者模块等——编译为独立的 YARV 指令片段。

实验 2-1：显示 YARV 指令

使用 RubyVM::InstructionSequence 对象，可以很容易地查看 Ruby 如何编译代码，并可以从 Ruby 代码中访问 YARV 引擎。它和 Ripper 工具一样，用起来非常简单，如示例 2-8 所示。

```
code = <<END
puts 2+2
END
puts RubyVM::InstructionSequence.compile(code).disasm
```

示例 2–8　查看 puts 2+2 的 YARV 指令

难点在于理解其输出结果的含义。例如，示例 2-9 展示了 puts 2+2 的输出。

```
== disasm: <RubyVM::InstructionSequence:<compiled>@<compiled>>==========
❶ 0000 trace   1  (1)
  0002 putself
  0003 putobject 2
  0005 putobject 2
  0007 opt_plus <callinfo!mid:+, argc:1, ARGS_SKIP>
  0009 opt_send_simple <callinfo!mid:puts, argc:1, FCALL|ARGS_SKIP>
❷ 0011 leave
```

示例 2–9　puts 2+2 的 YARV 指令

示例 2-9 中展示的输出包含了从图 2-5 到图 2-8 中所有的指令和两个新指令：trace❶和 leave❷。trace 指令用来实现 set_trace_func 特性，每条 Ruby 语句执行时，它都会调用特定的函数。leave 函数像是一条 return 语句。左侧的行号展示了每个指令在编译器实际产生的字节码数组中的位置。

RubyVM::InstructionSequence 可以让我们更容易探究 Ruby 如何编译不同的脚本。示例 2-10 展示了编译 10.times do 的例子。

```
code = <<END
10.times do |n|
    puts n
end
```

```
END
puts RubyVM::InstructionSequence.compile(code).disasm
```

示例 2-10　展示块调用的 YARV 指令

示例 **2-11** 展示了获得的输出。注意，这个 send <callinfo!mid:times YARV 指令显示了 block:block in <compiled>❷，这表明我为 10.times 方法调用传递了块。

```
❶ == disasm: <RubyVM::InstructionSequence:<compiled>@<compiled>>==========
== catch table
| catch type: break st: 0002 ed: 0006 sp: 0000 cont: 0006
|------------------------------------------------------------------
0000 trace 1 ( 1)
0002 putobject 10
❷ 0004 send <callinfo!mid:times, argc:0, block:block in <compiled>>
0006 leave
❸ == disasm: <RubyVM::InstructionSequence:block in <compiled>@<compiled>>=
== catch table
| catch type: redo st: 0000 ed: 0011 sp: 0000 cont: 0000
| catch type: next st: 0000 ed: 0011 sp: 0000 cont: 0011
|------------------------------------------------------------------
local table (size: 2, argc: 1 [opts: 0, rest: -1, post: 0, block: -1] s3)
[ 2] n<Arg>
0000 trace 256 ( 1)
0002 trace 1 ( 2)
0004 putself
0005 getlocal_OP__WC__0 2
0007 opt_send_simple <callinfo!mid:puts, argc:1, FCALL|ARGS_SKIP>
0009 trace 512 ( 3)
0011 leave ( 2)
```

示例 2-11　块本身以及调用块产生的 YARV 指令

如你所见，Ruby 展示了两段独立的 YARV 指令片段。第一段对应全局作用域❶，第二段对应内部块作用域❸。

2.5　本地表

The Local Table

从图 2-3 到图 2-14，你可能已经注意到 AST 中每个 NODE_SCOPE 元素都包含着 table 和 args 标签的信息。在内部的 NODE_SCOPE 结构中，这些值包含了有关块参数 n 的信息（见图 2-9）。

Ruby 在解析过程中生成了关于这个块参数的信息。在第 1 章讨论过，Ruby 会按照语法规则解析块参数和其余的代码。事实上，早在图 1-30 中就展示了解析块参数的特定规则：opt_block_param。

一旦 Ruby 编译器开始运行，块参数信息就会被从 AST 中复制到另一个称为本地表的数据结构中，此本地表被保存于最新生成的 YARV 指令附近。每个 YARV 指令片段和 Ruby 程序中的每个作用域都有自己的本地表。

图 2-15 展示了本地表，它附属于由示例 2-2 中那段简单块代码生成的 YARV 指令。

图 2-15　使用本地表的 YARV 指令片段

注意图 2-15 右侧，Ruby 已经关联起了块参数 n 和数字 2。我们会在第 3 章中看到，YARV 指令会用这个数字 2 当索引来引用参数 n。getlocal 指令就是这样的例子。<Arg>标签表明这个值是块参数。

Ruby 也会在这个表里保存本地变量[1]的信息，因此这个表被称为本地表。图 2-16 展示了 Ruby 编译包含一个本地变量和两个参数的方法而生成的 YARV 指令和本地表。

通过图 2-15 可以看到本地表中的三个值。在第 3 章中我们会了解到，Ruby 将以相同的方式处理本地变量和方法参数（注意本地变量 sum 并没有<Arg>标签）。

可以把本地表当成帮助你理解 YARV 指令含义的钥匙，跟地图图例[2]类似。如图 2-16 所示，本地变量没有标签，但是 Ruby 可使用下列标签来描述不同类型的方法和块参数。

---

[1]译注：也称"局部变量"。
[2]译注：图例是地图上表示地理事物的符号。它有助于用户更方便地使用地图、理解地图的内容。

```
def add_two(a, b)
  sum = a+b
end
```

```
YARV指令                                                    本地表

getlocal          4                              [ 2] sum
getlocal          3                              [ 3] b<Arg>
opt_plus          <callinfo!mid:+...             [ 4] a<Arg>
dup
setlocal          2
```

图 2-16　此本地表包含了一个本地变量和两个参数

<Arg>　标准方法或块参数。

<Rest>　使用星号（*）操作符一起传入的未命名参数数组。

<Post>　跟随在星号数组之后的标准参数。

<Block>　使用块（&）操作符传入的 Ruby proc 对象。

<Opt=i>　定义默认值的参数。整数 i 是存储实际默认值的表的索引，该默认值表也是伴随 YARV 指令一起存储的，但它不是本地表。

理解本地表显示的信息，能帮助你理解 Ruby 复杂参数语法的工作原理，以及如何充分利用这门语言。

为了帮助你理解我所说的，下面来看看 Ruby 如何编译使用未命名参数数组的方法调用，如示例 2-12 所示。

```
def complex_formula(a, b, *args, c)
  a + b + args.size + c
end
```

示例 2-12　包含多个标准参数和未命名参数数组的方法

这里，a、b 和 c 都是标准的参数，args 是出现在 b 和 c 之间的由其他参数组成的数组。图 2-17 展示了本地表如何保存以上所有信息。

跟图 2-16 中一样，<Arg>引用的是标准参数。但是现在 Ruby 使用了<Rest>，表明值 3 包含了其余（rest）参数，<Post>表明了值 2 包含了出现在未命名数组参数后面的参数，也就是最后一个参数。

```
def complex_formula (a, b, *args, c)
  a + b + args.size + c
end
```

YARV指令		本地表
getlocal	5	[2] c<Post>
getlocal	4	[3] args<Rest>
opt_plus	<callinfo!mid:+...	[4] b<Arg>
getlocal	3	[5] a<Arg>
opt_size	<callinfo!mid:size...	
opt_plus	<callinfo!mid:+...	
getlocal	2	
opt_plus	<callinfo!mid:+...	

图 2-17　Ruby 在本地表中保存了特定参数的相关信息

2.5.1　编译可选参数

Compiling Optional Arguments

你也许知道，可以给参数列表中的某个参数指定默认值，这个参数就称为可选参数。之后，当调用那个方法或块的时候，如果没有给那个参数提供值，Ruby就会使用它的默认值，如示例 2-13 所示。

```
def add_two_optional(a, b = 5)
  sum = a+b
end
```

示例2-13　带有可选参数的方法

如果给参数 b 提供一个值，该方法就会使用提供的那个值，如下：

```
puts add_two_optional(2, 2)
 => 4
```

但是，如果没有提供参数值，Ruby 就会给参数 b 分配默认值 5：

```
puts add_two_optional(2)
 => 7
```

在这种情况下，Ruby 会有更多的工作要做。默认值哪儿去了？Ruby 编译器把它放在哪儿了？图 2-18 展示了在设置默认值的编译过程中，Ruby 如何生成一些额外的 YARV 指令。

```
def add_two_optional (a, b = 5)
  sum = a+b
end
```

YARV指令		本地表
putobject	5	[2] sum
setlocal	3	[3] b<Opt=0>
getlocal	4	[4] a<Arg>
getlocal	3	
opt_plus	<callinfo!mid:+...	
dup		
setlocal	2	

图 2-18　Ruby 编译器生成一些额外的代码来处理可选参数

图 2-18 中的加粗部分显示了由 Ruby 编译器生成的 YARV 指令 putobject 和 setlocal，这些指令在调用该方法的时候，会把参数 b 的值设为 5。（我们会在第 3 章看到，如果没有给 b 提供值，那么 YARV 会调用这些指令；如果提供了值，YARV 就会跳过这些指令。）你也可以看到，在本地表中，Ruby 也列出了可选参数 b：b<Opt=0>。这里的 0 是一个表索引，该表存储了所有参数的默认值，而不是用本地表来存储。

2.5.2　编译关键字参数

Compiling Keyword Arguments

在 Ruby 2.0 中，可以给每个方法或块参数指定一个专门的名字并赋予默认值。以这种方式定义的参数叫关键字参数（keyword argument）。例如，示例 2-14 展示了使用 Ruby 2.0 新关键字参数语法声明的参数 b。

```
def add_two_keyword(a, b: 5)
  sum = a+b
end
```

示例 2-14 使用关键字参数的方法

现在，要给 b 提供一个值，需要用到它的名字：

```
puts add_two_keyword(2, b: 2)
 => 4
```

当没有给 b 指定值的时候，Ruby 就会使用它的默认值：

```
puts add_two_keyword(2)
 => 7
```

Ruby 是如何编译关键字参数的呢？Ruby 需要给该方法的 YARV 片段添加相当多的额外指令（见图 2-19）。

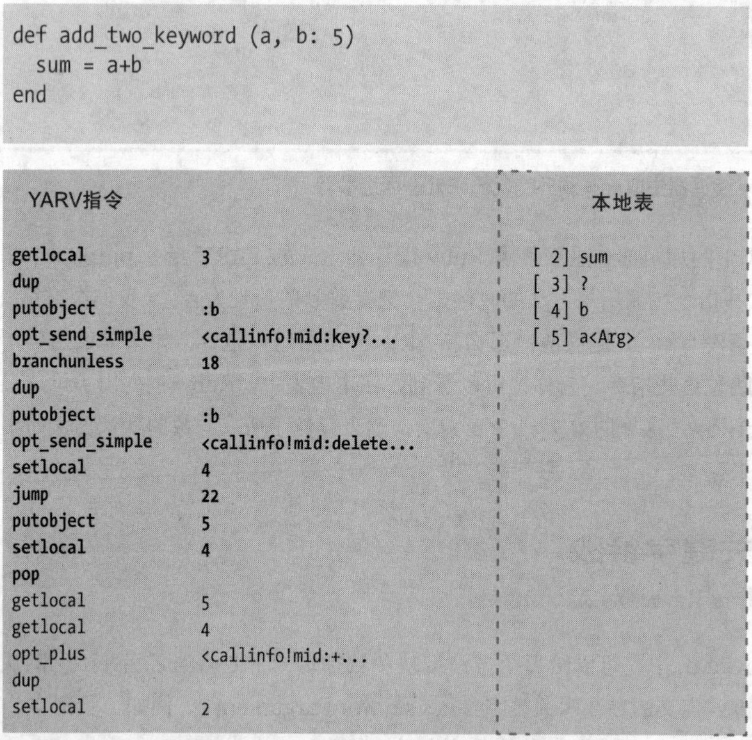

```
def add_two_keyword (a, b: 5)
  sum = a+b
end
```

YARV指令		本地表
getlocal	3	[2] sum
dup		[3] ?
putobject	:b	[4] b
opt_send_simple	<callinfo!mid:key?...	[5] a<Arg>
branchunless	18	
dup		
putobject	:b	
opt_send_simple	<callinfo!mid:delete...	
setlocal	4	
jump	22	
putobject	5	
setlocal	4	
pop		
getlocal	5	
getlocal	4	
opt_plus	<callinfo!mid:+...	
dup		
setlocal	2	

图 2-19 Ruby 编译器生成了更多的指令来处理关键字参数

Ruby 编译器生成了所有 YARV 指令（粗体显示）——共有 13 个新指令——都是为了实现关键字参数 b。在第 3 章和第 4 章将会介绍 YARV 工作原理的细节，以及这些指令的实际含义，但是现在，我们可以猜猜这是怎么回事。

- 在本地表中，我们看到一个新的神秘值，显示为 [3]?。

- 在图 2-19 左侧多了新的 YARV 指令来调用 key? 和 delete 方法。

哪一个 Ruby 类会包含 key? 和 delete 方法呢？答案是散列（Hash）类。

图 2-19 中展示的证据表明，Ruby 一定是使用了内部隐藏的散列对象来实现关键字参数。所有这些额外的 YARV 指令会给方法自动添加一些逻辑，为参数 b 执行散列检查。如果 Ruby 发现散列中有 b 的值存在，就使用它；如果没有，就会使用默认值 5。这个神秘元素 [3]? 一定是那个隐藏的散列对象。

实验 2-2：显示本地表

RubyVM::InstructionSequence 在显示 YARV 指令的时候，也会连同显示跟每个 YARV 片段或作用域相关联的本地表。查找和理解代码的本地表有助于你理解相应的 YARV 指令。在本实验中，我们将关注由 RubyVM::InstructionSequence 对象生成的输出结果中的本地表。

示例 2-15 复用了实验 2-1 中示例 2-10 的代码。

```
code = <<END
10.times do |n|
  puts n
end
END

puts RubyVM::InstructionSequence.compile(code).disasm
```

示例 2-15　展示块调用的 YARV 指令

示例 2-16 也复用了之前在实验 2-1 中的输出。

```
== disasm: <RubyVM::InstructionSequence:<compiled>@<compiled>>==========
== catch table
| catch type: break st: 0002 ed: 0006 sp: 0000 cont: 0006
|------------------------------------------------------------------
0000 trace 1 ( 1)
0002 putobject 10
0004 send <callinfo!mid:times, argc:0, block:block in <compiled>>
0006 leave
== disasm: <RubyVM::InstructionSequence:block in <compiled>@<compiled>>=
```

```
== catch table
| catch type: redo st: 0000 ed: 0011 sp: 0000 cont: 0000
| catch type: next st: 0000 ed: 0011 sp: 0000 cont: 0011
|-----------------------------------------------------------------
❶ local table (size: 2, argc: 1 [opts: 0, rest: -1, post: 0, block: -1] s3)
❷ [ 2] n<Arg>1

0000 trace 256 ( 1)
0002 trace 1 ( 2)
0004 putself
0005 getlocal_OP__WC__0 2
0007 opt_send_simple <callinfo!mid:puts, argc:1, FCALL|ARGS_SKIP>
0009 trace 512 ( 3)
0011 leave ( 2)
```

示例 2–16　连同 YARV 指令，RubyVM::InstructionSequence 也显示了本地表

就在上面内部块作用域的 YARV 片段中，可以看到本地表的信息❶。显示了整个表的大小（size: 2）、参数个数（argc: 1），以及其他参数类型的一些信息（opts: 0, rest: -1, post: 0）。

第二行❷展示了本地表中真实的内容。本例中只有一个参数 n。

示例 **2-17** 展示了如何使用 RubyVM::InstructionSequence 以相同的方式来编译示例 **2-12** 中的未命名参数。

```
code = <<END
def complex_formula(a, b, *args, c)
  a + b + args.size + c
end
END

puts RubyVM::InstructionSequence.compile(code).disasm
```

示例 2–17　该方法使用了星号操作符定义的未命名参数数组

示例 **2-18** 展示了该方法的输出过程。

```
❶ == disasm: <RubyVM::InstructionSequence:<compiled>@<compiled>>==========
0000 trace 1 ( 1)
0002 putspecialobject 1
0004 putspecialobject 2
0006 putobject :complex_formula
0008 putiseq complex_formula
❷ 0010 opt_send_simple <callinfo!mid:core#define_method, argc:3, ARGS_SKIP>
0012 leave
== disasm: <RubyVM::InstructionSequence:complex_formula@<compiled>>=====
❸ local table (size: 5, argc: 2 [opts: 0, rest: 2, post: 1, block: -1] s0)
❹ [ 5] a<Arg> [ 4] b<Arg> [ 3] args<Rest> [ 2] c<Post>
0000 trace 8 ( 1)
0002 trace 1 ( 2)
0004 getlocal_OP__WC__0 5
```

```
0006 getlocal_OP__WC__0 4
0008 opt_plus <callinfo!mid:+, argc:1, ARGS_SKIP>
0010 getlocal_OP__WC__0 3
0012 opt_size <callinfo!mid:size, argc:0, ARGS_SKIP>
0014 opt_plus <callinfo!mid:+, argc:1, ARGS_SKIP>
0016 getlocal_OP__WC__0 2
0018 opt_plus <callinfo!mid:+, argc:1, ARGS_SKIP>
0020 trace 16 ( 3)
0022 leave ( 2)
```

示例 2-18　展示了块调用的 YARV 指令

顶部的 YARV 作用域，位置❶附近，展示了 YARV 使用这些指令定义了新方法。注意 core#define_method❷调用，它是一个内部 C 函数，YARV 使用它来创建新的 Ruby 方法。这与 Ruby 脚本中 def complex_formula 相对应（会在第 5 章、第 6 章和第 9 章探讨 Ruby 实现方法的更多细节）。

注意从位置❸开始底部 YARV 指令的本地表。这里展示了未命名参数（rest: 2）的更多信息，以及其后的标准参数（post: 1）的信息。最后，位置❹那一行展示了早在图 2-17 中就展示过的本地表的内容。

2.6　总结

Summary

在本章，我们学习了 Ruby 如何编译代码。以前你可能认为 Ruby 是一种动态脚本语言，但事实上，它采用了跟 C、Java 以及其他许多编程语言类似的编译器。最明显的区别是，Ruby 编译器是自动运行于幕后的，你永远不必为编译 Ruby 代码而烦恼。

我们了解到，Ruby 编译器遍历经过分词和解析而生成的 AST，一路生成一系列的字节码指令。Ruby 把代码从 Ruby 语言翻译成一种专为 YARV 虚拟机定制的另一种语言，它把 Ruby 程序的每个作用域或每个片段编译为不同的 YARV 指令片段或集合。Ruby 代码中的每个块、方法、lambda 或其他作用域，都会有对应的字节码指令集。

我们还学习了 Ruby 如何处理不同类型的参数。可以把本地表当成钥匙或图例来理解 YARV 指令会访问哪个参数或本地变量。也学习了 Ruby 编译器如何生成额外的、特定的 YARV 指令去处理可选参数和关键字参数。

在第 3 章，将开始解释 YARV 如何执行这些被编译器生成的指令，也就是说，YARV 如何执行 Ruby 代码。

YARV 不仅是堆栈机，它还是双堆栈机。

3

Ruby 如何执行代码

HOW RUBY EXECUTES YOUR CODE

目前为止，Ruby 已经对代码进行了分词、解析和编译处理，终于要执行了。它该如何执行呢？我们已经看到了 Ruby 编译器如何创建 YARV 指令，但是 YARV 实际如何运行它们呢？它如何跟踪变量、返回值和参数，以及如何实现 if 语句和其他控制结构呢？

Koichi Sasada 和 Ruby 核心团队为 YARV 设计使用了栈指针（stack pointer）和程序计数器（program counter），也就是说，YARV 的功能有点类似于实际的计算机微处理器。本章将搞清楚基本的 YARV 指令，即它们如何从内部栈中弹出参数，以及如何把返回值压入内部栈。同时也会看到 YARV 如何跟踪 Ruby 调用栈和它自己的内部栈。本章还会解释 Ruby 如何访问本地变量，以及如何使用动态访问深入调用栈中查找变量。在第 4 章将会继续讨论 YARV，研究它如何实现控制结构和方法调度。

学习路线图

3.1　YARV 内部栈和 Ruby 调用栈···60

　　逐句查看 Ruby 如何执行简单脚本··62

　　执行块调用··65

　　深入研究 YARV 指令··67

　　实验 3-1：Ruby 1.9、Ruby 2.0 与 Ruby 1.8 的基准测试对比·············69

3.2　访问 Ruby 变量的两种方式···72

　　本地变量访问··72

　　方法参数被看成本地变量···75

　　动态变量访问··76

　　C 中的环境指针阶梯···79

　　实验 3-2：探索特殊变量···80

　　特殊变量清单··84

3.3　总结···86

3.1　YARV 内部栈和 Ruby 调用栈

YARV's Internal Stack and Your Ruby Stack

下面马上就会看到 YARV 使用内部栈跟踪立即值（immediate value）、参数和返回值。YARV 是面向堆栈的虚拟机。

除了自己的内部栈，YARV 还跟踪 Ruby 程序的调用栈，记录方法、函数、块、lambda 等之间的相互调用。事实上，YARV 是一个双堆栈机。它不仅跟踪内部指令参数和返回值，同时也跟踪 Ruby 程序的参数和返回值。

图 3-1 展示了 YARV 基本的寄存器和内部栈。

图 3-1 左侧是 YARV 内部栈，SP 标签是栈指针，指向栈顶部的位置。图 3-1 右侧是 YARV 正在执行的指令。PC 是程序计数器，即当前指令的位置。

在图 3-1 右侧可以看到，Ruby 编译 puts 2+2 示例生成的 YARV 指令。YARV 在 C 结构体 rb_control_frame_t 中存储着 SP 和 PC 寄存器，也包含 type 字段和

Ruby 的 self 变量的当前值，以及一些未在这里显示的其他值。

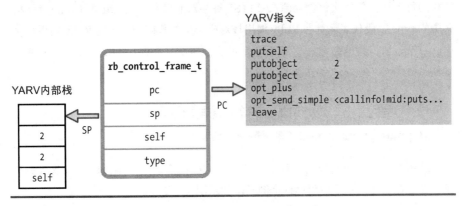

图 3-1 YARV 内部寄存器的一部分，包含了程序计数器和栈指针

同时，YARV 也维护着另外一个栈，该栈是由 rb_control_frame t 组成的，如图 3-2 所示。

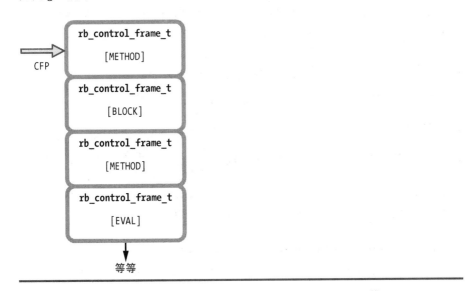

图 3-2 YARV 使用一系列的 rb_control_frame_t 结构体来跟踪 Ruby 调用栈

这第二个由 rb_control_frame_t 结构体组成的栈，代表的是 YARV 执行 Ruby 程序的路径，以及 YARV 的当前位置。换句话说，这就是 Ruby 调用栈——执行 puts 调用就可以看到它。

CFP 指针代表当前帧指针（current frame pointer）。如图 3-1 所示，Ruby 程序栈的每个栈帧都依次包含 self、PC 和 SP 寄存器的值。rb_control_frame_t 结构体中的 type 字段代表运行在 Ruby 调用栈对应层级的代码类型。当 Ruby 调用程序中的方法、块或其他结构时，这个 type 可能会被设置为 METHOD、BLOCK 或其他值。

3.1.1 逐句查看 Ruby 如何执行简单脚本
Stepping Through How Ruby Executes a Simple Script

这里有一些例子可以帮助你更好地理解这些概念。先从下面这个简单示例开始，我们在前面两章也使用过这个例子，如示例 3-1 所示。

```
puts 2+2
```

示例 3-1 执行此行代码

这个只有一行代码的 Ruby 脚本没有 Ruby 调用栈，所以现在只关注内部 YARV 栈。图 3-3 从第一条指令 trace 开始展示 YARV 如何执行这个脚本。

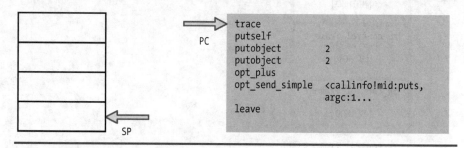

图 3-3 左侧是 YARV 内部栈，右侧是 puts 2+2 程序的编译版本

正如图 3-3 所示，YARV 的程序计数器（PC）始于第一条指令，并且初始栈为空。接下来，YARV 会执行 trace 指令，递增 PC 寄存器，如图 3-4 所示。

Ruby 使用 trace 指令来支持 set_trace_func 特性。如果你调用 set_trace_func 并且提供一个函数，那么 Ruby 每次执行代码都会调用它。

下一步，YARV 执行 putself，并且把 self 的当前值压入栈中，如图 3-5 所示。

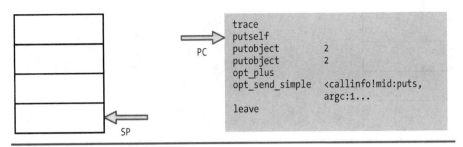

图 3-4 Ruby 执行第一个指令，trace

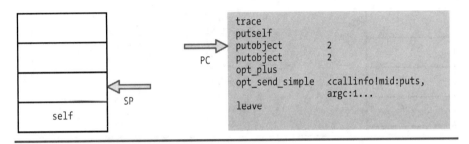

图 3-5 putself 把顶级 self 的值压入栈中

因为该简单脚本中没有包含 Ruby 对象或类，所以 self 指针被设置为默认的顶级 self 对象。它是当 YARV 启动时被 Ruby 自动创建的 Object 类的实例对象，充当顶级作用域中方法调用的接收者和实例变量的容器。顶级 self 对象包含一个独有的、预定义的 to_s 方法，它会返回字符串 main。你可以在控制台通过执行如下命令来调用这个方法：

```
$ ruby -e 'puts self'
  => main
```

YARV 执行 opt_send_simple 指令时会用到栈里的这个 self 的值：self 是 puts 方法的接收者，因为没有给此方法指派接收者。

下一步，YARV 执行 putobject 2，它把数值 2 压入栈中，并且再次递增 PC，如图 3-6 所示。

这是在第 2.3 节 "Ruby 如何编译简单脚本" 中描述过的接收者（参数）操作模式的第一步。首先，Ruby 把接收者压入 YARV 内部栈中。本例中，Fixnum 对象 2 是消息（方法）+ 的接收者，该方法还带有一个参数，也是 2。其次，Ruby 把参数 2 压入栈中，如图 3-7 所示。

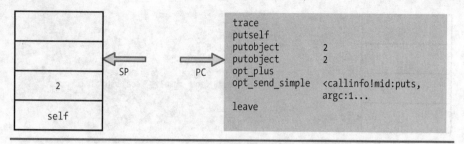

图 3-6 Ruby 把 2 压入栈中, 它是方法+的接收者

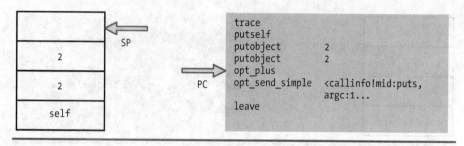

图 3-7 Ruby 把另一个 2 压入栈中, 作为方法+的参数

最终, Ruby 执行了+操作。在这里, opt_plus 是一条优化过的指令, 它会把接收者和参数两值相加, 如图 3-8 所示。

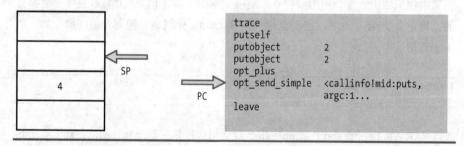

图 3-8 opt_plus 指令用于计算 2+2=4

opt_plus 指令把结果 4 留在了栈顶。此时 Ruby 也准确地定位到执行 puts 函数调用: 接收者 self 位于栈中第一个位置, 单个参数 4 在栈顶(第 6 章会讲解方法查找的原理)。

图 3-9 展示了 Ruby 执行 puts 方法调用的情况。如你所见, opt_send_simple 指令把返回值 nil 留在了栈顶。最终 Ruby 执行了最后一条指令 leave, 完成了这一行简单 Ruby 程序的执行。当然, 在 Ruby 执行 puts 调用的时候, 真正把那个值 4

显示在控制台的是实现 puts 函数的 C 代码。

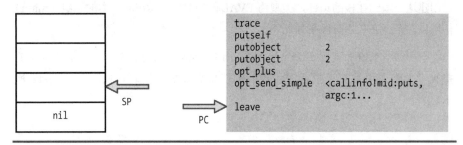

图 3-9　Ruby 调用顶级 self 对象的 puts 方法

3.1.2　执行块调用

Executing a Call to a Block

现在让我们看看 Ruby 调用栈的工作原理。示例 3-2 是一个稍微复杂的例子，你可以看到，这个简单脚本中执行了 10 次块（block）调用来输出字符串。

```
10.times do
  puts "The quick brown fox jumps over the lazy dog."
end
```

示例 3-2　此示例程序调用 10 次块

让我们跳过一些步骤，直接从 YARV 调用 times 方法的位置开始，如图 3-10 所示。

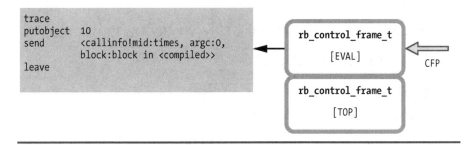

图 3-10　每个 Ruby 程序都始于这两个控制帧

图 3-10 的左侧是 YARV 正在执行的指令，在图的右侧你能看到两个控制帧结构。

在栈底部，你可以看到类型被设置为 TOP 的控制帧。Ruby 总是在启动新程序时创建这个帧。在栈的顶部，类型为 EVAL 的帧对应于 Ruby 脚本的顶级（main）作用域，至少在初始阶段是如此。

下一步，Ruby 调用 Fixnum 对象 10 的 times 消息，对象 10 是该消息的接收者。当调用被真正执行时，控制帧栈里会增加一层新栈帧，如图 3-11 所示。

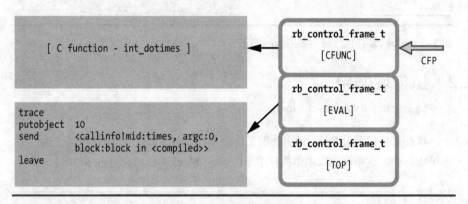

图 3-11　调用由 C 实现的内建函数时，Ruby 使用 CFUNC 帧

新增的项（见图 3-11 右侧）代表程序里 Ruby 调用栈新增的那一层栈帧，CFP 指针已经上移指向了这个新的控制帧。此外请注意，由于 Integer#times 方法是 Ruby 内建的，因此这里没有与之对应的 YARV 指令。Ruby 会调用一些内部 C 代码把参数 10 从栈中弹出，然后调用 10 次给定的块。Ruby 会把该控制帧的类型设置为 CFUNC。

最后，图 3-12 展示了在内部块里中断程序时，YARV 和控制帧栈的概貌。

此时，在右侧的控制帧栈里包含如下几项：

- Ruby 启动时总会创建的 TOP 和 EVAL 帧。

- 用于调用 10.times 的 CFUNC 帧。

- 位于栈顶，对应于块内部执行代码的 BLOCK 帧。

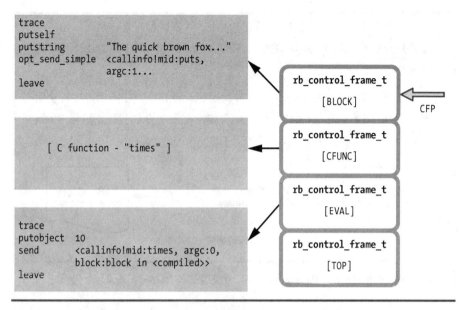

```
trace
putself
putstring        "The quick brown fox..."
opt_send_simple  <callinfo!mid:puts,
                 argc:1...

leave
```

```
      [ C function - "times" ]
```

```
trace
putobject  10
send       <callinfo!mid:times, argc:0,
           block:block in <compiled>>
leave
```

rb_control_frame_t
[BLOCK]

CFP

rb_control_frame_t
[CFUNC]

rb_control_frame_t
[EVAL]

rb_control_frame_t
[TOP]

图 3-12　暂停执行示例 3-2 中块中代码时的 CFP 栈

深入研究 YARV 指令

Ruby 使用 C 语言实现了全部的 YARV 指令，像 putobject 或者 send，然后编译成机器语言直接由硬件执行。然而奇怪的是，你在 C 源文件中找不到任何一条 YARV 指令的 C 源码。实际上，Ruby 核心团队把 YARV 指令的 C 代码放在了一个名为 insns.def 的大文件里。示例 **3-3** 展示了 insns.def 中 Ruby 用来实现内部 putself 指令的部分代码。

```
/**
  @c put
  @e put self.
  @j スタックに self をプッシュする。
*/
DEFINE_INSN
putself
()
()
(VALUE val)
{
❶ val = GET_SELF();
}
```

示例 3-3　YARV 指令 putself 的定义

这看上去根本不像是 C 代码，事实上，大部分都不是。然而，还是可以看到一点 C 代码（val = GET_SELF()）出现在 DEFINE_INSN 调用的下方❶。

这里不难理解，DEFINE_INSN 代表 define 指令。事实上，在构建期间，Ruby 会处理 insns.def 文件并将其转换为真正的 C 代码，这与 Bison 把 parse.y 文件转换为 parse.c 的方式类似，如图 **3-13** 所示。

图 3-13　在构建期间，Ruby 把 YARV 指令的定义脚本 insns.def 编译为 C 代码

insns.def 文件是用 Ruby 来处理的：构建过程中，首先会编译一个较小版本的 Ruby，叫 Miniruby，然后使用它来运行一些处理 insns.def 文件的 Ruby 代码，并将其转换为 C 源码文件 vm.inc。之后，Ruby 构建过程会把 vm.inc 交给 C 编译器，连同最终生成的 C 代码一起进行编译。

示例 **3-4** 展示了由 Ruby 处理的 vim.inc 文件中 putself 的代码片段。

```
INSN_ENTRY(putself){
{
VALUE val;
DEBUG_ENTER_INSN("putself");
❶ ADD_PC(1+0);
PREFETCH(GET_PC());
#define CURRENT_INSN_putself 1
#define INSN_IS_SC() 0
#define INSN_LABEL(lab) LABEL_putself_##lab
#define LABEL_IS_SC(lab) LABEL_##lab##_##t
COLLECT_USAGE_INSN(BIN(putself));
{
#line 282 "insns.def"
❷ val = GET_SELF();
#line 408 "vm.inc"
  CHECK_VM_STACK_OVERFLOW(REG_CFP, 1);
❸ PUSH(val);
#undef CURRENT_INSN_putself
#undef INSN_IS_SC
#undef INSN_LABEL
```

```
#undef LABEL_IS_SC
  END_INSN(putself);}}}
```

示例 3-4   构建过程期间 putself 的定义被转换为 C 代码

val = GET_SELF()出现在示例的中间部位❷。在该行的上下文里，Ruby 调用几个不同的 C 宏来做不同的工作，比如，为程序计数器寄存器增加 1❶，为 YARV 内部栈压入 val 值❸。如果你看完整个 vm.inc 文件，就会发现同样的 C 代码一遍又一遍地重复于每个 YARV 指令的定义之间。

该 C 源码文件 vm.inc 包含于 vm_exec.c 文件中，vm_exec.c 文件包含了主要的 YARV 指令循环，用于遍历 YARV 指令并调用相应的 C 代码。

实验 3-1：Ruby 1.9、Ruby 2.0 与 Ruby 1.8 的基准测试对比

Ruby 核心团队从 Ruby 1.9 开始引入了 YARV 虚拟机。更早的 Ruby 版本都是直接遍历抽象语法树（AST）的节点来执行程序的。整个过程没有"编译"这个环节：Ruby 只是分词、语法解析，然后马上执行代码。

Ruby 1.8 工作得很好。事实上，多年以来它都是最通用的版本。那为什么 Ruby 核心团队一定要耗费精力去编写编译器和新的虚拟机呢？答案是为了性能。用 YARV 执行编译过的 Ruby 程序，比直接遍历 AST 的速度快很多。

YARV 快多少呢？让我们来看一看！在本实验中，我们会测量 Ruby 1.9 和 Ruby 2.0 比 Ruby 1.8 快多少，示例 3-5 是用于测量的简单 Ruby 脚本。

```
i = 0
while i < ARGV[0].to_i
  i += 1
end
```

示例 3-5   用于 Ruby 1.9 和 Ruby 2.0 与 Ruby 1.8 进行基准测试对比的简单脚本

这个脚本通过 ARGV 数组从命令行接收计数值，然后在 while 循环中迭代累加该值。该脚本非常简单：通过测量此脚本执行不同的 ARGV[0]值所花费的时间，会对执行 YARV 指令是否真的比遍历 AST 节点更快有一个准确的判断（这里没有数据库调用或其他外部代码的参与）。

可以使用 Unix 的 time 命令来测量这个脚本迭代 1 次所耗费的时间（单位为

秒），如下：

```
$ time ruby benchmark1.rb 1
ruby benchmark1.rb 1 0.02s user 0.00s system 92% cpu 0.023 total
```

再测量迭代 10 次的时间，如下：

```
$ time ruby benchmark1.rb 10
ruby benchmark1.rb 10 0.02s user 0.00s system 94% cpu 0.027 total
```

以此类推，就可以得到一组迭代次数与迭代时间的对应关系。图 3-14 是三个版本 Ruby 的迭代次数与迭代时间的关系图（纵轴是时间取常用对数后的值[1]）。

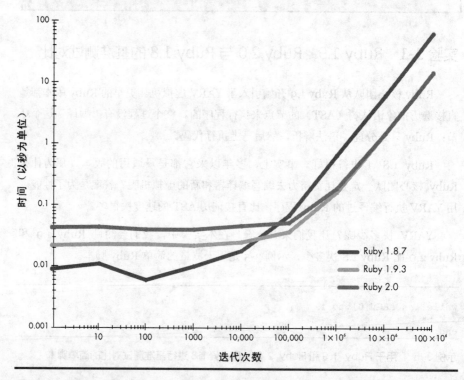

图 3-14 Ruby 1.9.3 和 Ruby 2.0 与 Ruby 1.8.7 的性能对比，时间用对数表示

从图 3-14 中可以看出，对于迭代次数很少的情况（见图 3-14 左侧），Ruby 1.8.7 实际比 Ruby 1.9.3 和 Ruby 2.0 的更快，因为不需要把 Ruby 代码编译

---

[1]译注：因为迭代次数的范围很大，所以用常用对数表示时间更易于观察和对比。

为 YARV 指令。代码进行分词和语法解析处理之后，会被 Ruby 1.8.7 立即执行。图 3-14 左侧 Ruby 1.8.7、Ruby 1.9.3 和 Ruby 2.0 的时间差，表明 Ruby 1.9.3 或 Ruby 2.0 把脚本编译为 YARV 指令的时间开销。你也可以看到，迭代次数较小时，Ruby 2.0 实际比 Ruby 1.9.3 要慢一点。

然而，当迭代次数大于 11000 时，Ruby 1.9.3 和 Ruby 2.0 更快。图 3-14 中 Ruby 1.9.3 和 Ruby 2.0 分别跟 Ruby 1.8.7 发生了交叉，这表明执行 YARV 指令带来的性能提升开始抵消编译耗费的时间。对于迭代次数非常大的情况（如图 3-14 右侧），Ruby 1.9.3 和 Ruby 2.0 的运行速度大概提升了 4.25 倍！同时，我们也可以看到，对于百万级的迭代次数来说，Ruby 1.9.3 和 Ruby 2.0 执行 YARV 指令的速度是完全相同的。

图 3-14 的对数图并没有明显体现这种速度提升，但是请注意，如果把图的右侧部分换成以时间为刻度，那么区别就很明显了，如图 3-15 所示。

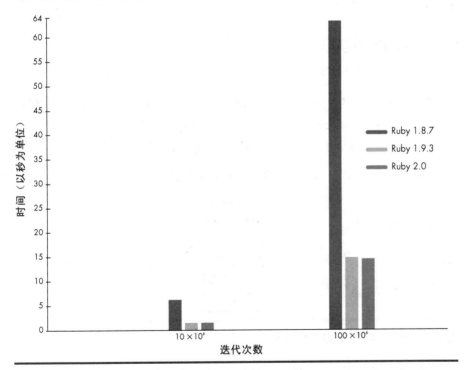

图 3-15　Ruby 1.9.3、Ruby 2.0 与 Ruby 1.8.7 的性能对比，时间采用线性刻度

从图 3-15 可以看出，差异非常明显！执行同样次数的迭代（一千万次和一亿次），使用 YARV 的 Ruby 1.9.3 和 Ruby 2.0 比没有使用 YARV 的 Ruby 1.8.7 的

要快 4.25 倍。

3.2 访问 Ruby 变量的两种方式
Local and Dynamic Access of Ruby Variables

在第 3.1 节中，我们看到了 Ruby 如何维护被 YARV 使用的内部栈，以及 Ruby 程序的调用栈。但是在两者的代码示例中都明显缺少了变量，两个脚本都没有使用任何 Ruby 变量。而现实中很多例子会多次使用变量。Ruby 内部如何处理变量呢？变量都被保存到哪里了呢？

Ruby 在 YARV 的栈中存储传到 YARV 指令的参数和返回值，以及所有变量的值。然而，访问这些变量并没有那么简单。Ruby 在内部采用了两种非常不同的方法来保存和检索变量的值：本地访问（local access）和动态访问（dynamic access）。

3.2.1 本地变量访问
Local Variable Access

只要进行方法调用，Ruby 都会在 YARV 栈中为此方法内声明的本地变量预留一些空间。Ruby 只要去本地表中查一下就可以知道该方法中使用了多少个变量，我们在第 2.5 节中讨论过，在编译期间每个方法都会生成"本地表"。

例如，假设编写一个 Ruby 方法，如图 3-16 所示。

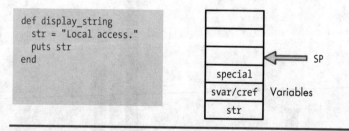

图 3-16　使用了本地变量的 Ruby 脚本示例

图 3-16 的左侧是 Ruby 代码，图的右侧是 YARV 栈和栈指针。从图中可以看到 Ruby 存储在栈里的变量刚好在栈指针下面（请注意，栈中给 str 的值预留了空间，SP 下面一共有三个栈槽，str 在 SP-3 的位置）。

Ruby 使用 svar/cref 囊括了如下两种情况之一：要么指向当前方法中的某个特殊变量的表（比如 $!代表最后一个异常信息的值，$& 代表最后一个正则表达式匹配的值）；要么指向当前词法作用域（lexical scope）。词法作用域是指当前往里添加方法的类或模块。（在实验 3-2 中将探讨特殊变量的更多细节，第 6 章还会进一步讨论词法作用域。）Ruby 使用第一个栈槽——special 变量——来跟踪与块相关的信息（第 3.2.3 节还会讨论动态变量访问的内容）。

当示例代码在 str 中保存值的时候，Ruby 只需要把值写入栈空间，如图 3-17 所示。

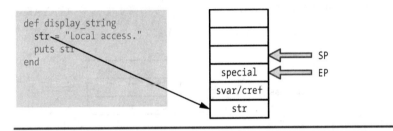

图 3-17 Ruby 在环境指针（EP）附近把本地变量保存在栈中

为了在内部实现这个操作，YARV 使用了另外一个跟栈指针相似的指针，称为 EP，也叫环境指针（environment pointer）。该指针指向当前方法的本地变量在栈中的位置，初始时，EP 被设置成 SP-1，之后，SP 的值会跟随 YARV 指令的执行而改变，但是 EP 的值通常是不变的。

图 3-18 显示了 Ruby 编译 display_string 方法的 YARV 指令。

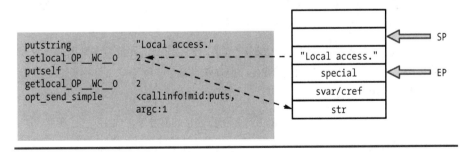

图 3-18 display_string 方法被编译为 YARV 指令

Ruby 使用 YARV 指令 setlocal 去设置本地变量的值。然而，在图 3-18 中使用了名为 setlocal_OP__WC__0 的指令替代了 setlocal 指令。

事实上，从 Ruby 2.0 版本开始，Ruby 用了类似这样复杂命名的优化指令替代简单的 setlocal 指令。不同的地方在于，Ruby 2.0 在指令名称中包含了指令参数之一：0。

在 Ruby 2.0 中称之为操作数（operand）优化（在优化指令的名称中，OP 表示操作数，WC 表示通配符）。换句话说，getlocal_OP__WC__0 等价于 getlocal *, 0，setlocal_ OP__WC__0 等价于 setlocal *, 0。这些指令现在仅需要一个参数，就是通配符（*）代表的那个参数。这一招可以让 Ruby 节省一些时间，因为它并不需要再单独传入一个 0 作为参数。

为了方便理解，让我们忽略操作数优化。图 3-19 复用了上面例子中的 YARV 指令，也正常列出了 setlocal 和 getlocal 的第二个操作数。

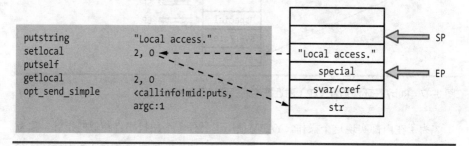

图 3–19　没有操作数优化的 display_string 编译版本

现在好理解一点了。如你所见，第一个 putstring 指令把 local aceess 字符串保存在栈顶，自增 SP 指针。然后，YARV 使用 setlocal 指令得到栈顶的值，把它保存在为 str 本地变量分配的栈空间中。图 3-19 左侧的虚线箭头展示了 setlocal 指令正在复制那个值。这种操作类型称为本地变量访问。

为了确认要设置哪个变量，setlocal 使用了 EP 指针，并把数字索引作为第一个参数。在本例中，str 的地址是 EP-2，会在第 3.2.3 节讨论第二个参数 0 在"动态变量访问"中的意义。

下一步，为了调用 puts str，Ruby 使用了 getlocal 指令，如图 3-20 所示。

这里，Ruby 已经把字符串的值压回了栈顶，并将其用作 puts 函数调用的参数。getlocal 的第一个参数 2，表示访问的是哪个本地变量。Ruby 使用本地表来为此指令找出 2 对应的变量 str。

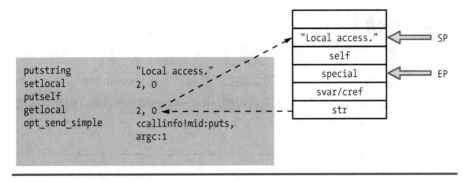

图 3-20　使用 getlocal 获取本地变量的值

3.2.2　方法参数被看成本地变量

Method Arguments Are Treated Like Local Variables

传入方法参数的工作方式跟访问本地变量的是一样的，如图 3-21 所示。

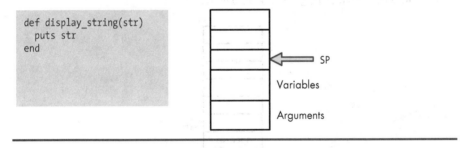

图 3-21　Ruby 像本地变量那样在栈中保存方法参数

方法参数和本地变量基本相同。两者之间仅有的区别是，调用代码会在方法调用之前把方法参数压入栈顶。在本例中，没有本地变量，但是那个单独的参数会像本地变量一样出现在栈中，如图 3-22 所示。

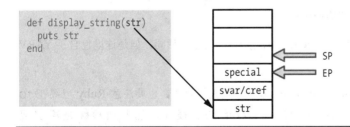

图 3-22　调用代码在方法被调用之前保存参数的值

3.2.3 动态变量访问
Dynamic Variable Access

现在，让我们来看看动态变量访问的工作原理，以及 special 的值是什么。当使用一个定义在不同作用域中的变量的时候，Ruby 会使用动态访问。例如，你编写了一个块（block），并且引用了上下文代码环境中的值，如示例 3-6 所示。

```
def display_string
  str = "Dynamic access."
  10.times do
    puts str
  end
end
```

示例 3-6　块代码访问了方法内上下文中的 str

这里，str 是 display_string 方法的本地变量。如图 3-23 所示，Ruby 会使用 setlocal 指令保存 str，跟图 3-18 中看到过的方式一样。

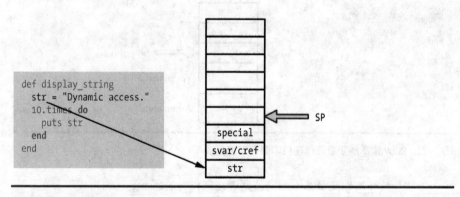

图 3-23　Ruby 照常在栈中保存 str 本地变量的值

下一步，Ruby 会调用 10.times 方法，并把块作为参数传递给该方法。让我们逐步查看使用了块方法的调用过程。

图 3-24 与图 3-10、图 3-11 和图 3-12 中的过程相同，但是这里包含了 YARV 内部栈的更多细节。

注意栈中的值 10，这是 times 方法的真正接收者。也要注意 Ruby 已经在 10 的上方创建了包含 special 和 svar/cref 的新栈帧，这些新栈帧是给实现 Ineteger#times 方法的 C 源码使用的。因为给方法调用传递了块，所以 Ruby 在新栈帧的 special 变量中保存了该块的指针。在 YARV 栈中的每个栈帧都可利用

special 变量来跟踪对应的方法调用是否带有块参数（第 8 章会讨论块和 rb_block_t 结构的更多细节）。

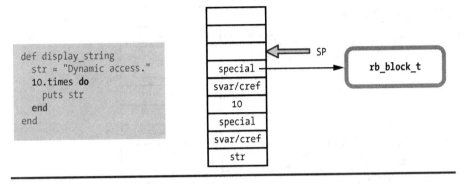

图 3-24　调用携带块参数的方法时，Ruby 会在新栈帧中保存 `rb_block_t` 结构体的指针并将其作为特殊值

现在 Integer#times 方法调用了块代码 10 次。图 3-25 展示了当 Ruby 执行块代码的时候 YARV 栈会如何显示。

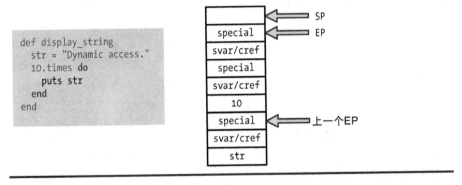

图 3-25　暂停执行块代码时，YARV 栈会如何显示

正如图 3-17 到图 3-22 中指出的，Ruby 设置 EP 指向每个栈帧中 special 值的位置。图 3-25 展示了栈顶附近一个由块使用的新栈帧 EP 的值，以及栈底在原始方法栈帧中的第二个 EP 的值。在图 3-25 中，第二个栈帧被标记为 Previous EP。

现在，当 Ruby 执行块内的 puts str 代码时，会发生什么？Ruby 需要获得本地变量 str 的值，并把它作为参数传递给 puts 函数。但是注意，在图 3-25 中，str 位于栈的底部。它不是块中的本地变量，相反，它是在上下文方法 display_string 中的变量。那么，当执行块代码的时候，Ruby 如何获取位于栈底部的值呢？

这就是动态变量访问的用武之地了，这也是 Ruby 在每个栈帧中都需要 special 值的原因。图 3-26 展示了动态变量访问的工作原理。

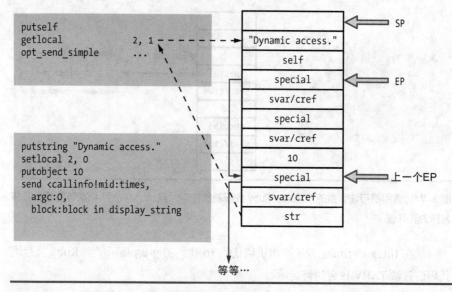

图 3-26　Ruby 使用动态变量访问来获取栈底 str 的值

图 3-26 中的虚线箭头表示动态变量访问：YARV 指令 getlocal 将底层栈帧（Ruby 父层或外层作用域）str 的值复制到栈顶，然后块就可以访问它了。请注意，EP 指针形成了一种阶梯，可以让 Ruby 一层一层地访问父层作用域中的本地变量，甚至可以访问祖父层作用域中的本地变量，以此类推。

在图 3-26 中，getlocal 2, 1 调用的第二个参数 1 是告诉 Ruby 在哪里能找到变量。在本例中，Ruby 会沿着 EP 指针形成的阶梯向下一层去寻找 str。也就是说，1 指的是从块作用域到上下文方法作用域中那一步。

示例 3-7 展示了动态变量访问的另一个例子。

```
def display_string
  str = "Dynamic access."
  10.times do
    10.times do
      puts str
    end
  end
end
```

示例 3-7　Ruby 使用动态变量访问向下两层去寻找 str

如果有两层块嵌套，比如示例 3-7，那么 Ruby 会使用 getlocal 2, 2 代替 getlocal 2, 1。

C 中的环境指针阶梯

让我们来看看实现 getlocal 的真实 C 代码。与大多数 YARV 指令一样，Ruby 在 insns.def 文件中实现 getlocal，使用了示例 3-8 中的代码。

```
/**
 @c variable
 @e Get local variable (pointed by `idx' and `level').
   'level' indicates the nesting depth from the current block.
 @j level, idx で指定されたローカル変数の値をスタックに置く。
   level はブロックのネストレベルで、何段上かを示す。
*/
DEFINE_INSN
getlocal
(lindex_t idx, rb_num_t level)
()
(VALUE val)
{
   int i, lev = (int)level;
❶ VALUE *ep = GET_EP();

   for (i = 0; i < lev; i++) {
❷     ep = GET_PREV_EP(ep);
   }
❸ val = *(ep - idx);
}
```

示例 3-8 实现 YARV 指令 getlocal 的 C 代码

首先，GET_EP 宏❶从当前的作用域中返回 EP（这个宏被定义在 vm_insnhelper.h 文件中，包括一些跟 YARV 指令相关的其他宏）。其次，Ruby 会遍历 EP 指针，通过反复对 EP 指针的解引用[1]，从当前作用域移动到父层作用域，再从父层作用域移动到祖父层作用域。Ruby 使用 GET_PREV_EP 宏❷（也定义在 vm_insnhelper.h 文件中）从一个 EP 移动到另外一个 EP。level 参数告诉了 Ruby 需要迭代多少次，或者有多少级阶梯要攀登。

最后，Ruby 使用 idx 参数❸得到目标变量，idx 是目标变量的索引。因此，这行代码会从目标变量那里得到值。

---

[1]译注：C 语言中，因为 ep 是指针，所以*ep 操作为解引用，就是取出 ep 指针对应的值。

```
val = *(ep - idx);
```

这段代码的意思如下：

- 从目标作用域 ep 的 EP 地址开始，通过 GET_PREV_EP 迭代获取前一个 EP 地址。

- 这个地址减去 idx。整数值 idx 给了 getlocal 想要从本地表中加载本地变量的索引。换句话说，它告诉了 getlocal 距离栈里的目标变量有多远。

- 通过上面修正的位置从 YARV 栈中获得值。

因此，在图 3-26 中调用 getlocal，YARV 会拿着 EP 从当前作用域沿着 YARV 栈下移一级，并且减去 str 的索引值（此时是 2）来获取 str 变量的指针。

```
getlocal 2, 1
```

实验 3-2：探索特殊变量

图 3-16 到图 3-26 展示了处于栈中 EP-1 位置的 svar/cref 值。这两个值是什么呢？Ruby 如何在栈中的同一个位置保存两个值呢？Ruby 又为什么要这么做呢？让我们来了解一下。

通常，栈槽 EP-1 会包含 svar 的值，这是一个指向栈帧中任意特殊变量表的指针。在 Ruby 中，术语特殊变量（special variable）是指 Ruby 为方便起见，基于环境或最近的操作而自动创建的值。例如 Ruby 为 ARGV 数组设置了$*变量，为最后一个抛出异常设置了$!变量。

所有的特殊变量都是由美元符号（$）开始的，以美元符号开头的变量通常都表示全局变量。那么特殊变量是全局变量吗？如果是，那么为什么 Ruby 会在栈中保存它们的指针？

为了回答这个问题，让我们创建一个简单的 Ruby 脚本，使用正则表达式匹配字符串。

```
/fox/.match("The quick brown fox jumped over the lazy dog.\n")
puts "Value of $& in the top level scope: #{$&}"
```

这里使用一个正则表达式匹配字符串里的单词 fox，然后使用特殊变量$&来打印匹配的字符串。下面是控制台的输出结果。

```
$ ruby regex.rb
Value of $& in the top level scope: fox
```

示例 3-9 展示了另一个例子，这次是对同一个字符串检索两次：第一次是在顶级作用域，第二次是在方法调用里。

```
 str = "The quick brown fox jumped over the lazy dog.\n"
❶ /fox/.match(str)

 def search(str)
❷  /dog/.match(str)
❸  puts "Value of $& inside method: #{$&}"
 end
 search(str)
❹ puts "Value of $& in the top level scope: #{$&}"
```

示例 3-9　涉及两种不同作用域的$&

这段 Ruby 代码虽然简单，但仍然会给我们带来困扰。下面是这段代码的执行过程。

- 在顶级作用域中检索字符串中的 fox❶。匹配，然后把 fox 保存到$&特殊变量中。

- 调用 search 方法，并检索单词 dog❷。然后在方法内部使用同样的$&特殊变量立即打印匹配字符串❸。

- 回到顶级作用域再次打印$&❹。

运行这段代码后得到如下输出结果。

```
$ ruby regex_method.rb
Value of $& inside method: dog
Value of $& in the top level scope: fox
```

这正是我们所期望的，接下来再思考一下，这个$&特殊变量显然不是全局的，因为它在这个 Ruby 脚本中不同的地方有不同的值。当执行 search 方法的时候，Ruby 保留了顶级作用域中的$&的值，允许打印出第一次检索匹配出的单词

fox。Ruby 通过在栈中的每一层使用 svar 值来保存一组单独的特殊变量来支持这种行为，如图 3-27 所示。

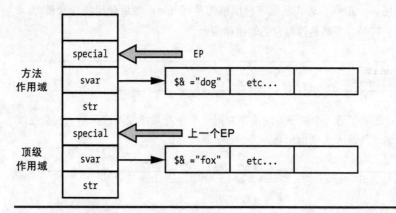

图 3-27   每个栈帧都有其自己的特殊变量集

注意，对于顶级作用域，Ruby 把字符串 fox 保存在 svar 指针引用的表里，对于内部方法作用域，Ruby 把 dog 字符串保存在另一个不同的表里。Ruby 使用 EP 指针来为每个栈帧查找其合适的特殊变量表。

Ruby 在一个独立的、全局的散列表中保存实际的全局变量（使用美元符号前缀定义的变量）。无论在何处保存或者获取一个全局变量的值，Ruby 访问的都是同一个全局散列表。

现在再做一个测试：如果在块内执行字符串检索，而不是在方法里，会怎么样呢？示例 3-10 展示了这个新的检索方式。

```
str = "The quick brown fox jumped over the lazy dog.\n"
/fox/.match(str)

2.times do
  /dog/.match(str)
  puts "Value of $& inside block: #{$&}"
end

puts "Value of $& in the top-level scope: #{$&}"
```

示例 3-10   在块内显示$&的值

下面是这段代码在控制台的输出。

```
$ ruby regex_block.rb
Value of $& inside block: dog
Value of $& inside block: dog
Value of $& in the top-level scope: dog
```

注意，现在 Ruby 已经用块内执行的检索匹配单词 dog 重写了 $& 的值！这是一种设计：Ruby 认为顶级作用域跟块作用域对于特殊变量来说是同一个作用域。这类似于动态变量访问的工作原理，我们期望块内的变量跟父作用域里的是同一个值。

图 3-28 展示了 Ruby 如何实现这种行为。

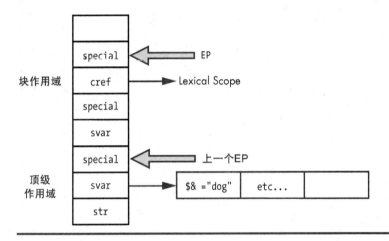

图 3-28　如果在块作用域中，Ruby 用 EP-1 的栈位置来保存 cref 值，否则就保存 svar 值

如图 3-28 所示，Ruby 只在顶级作用域有一个独立的特殊变量表。它使用了指向顶级作用域的 Previous EP 指针去查找特殊变量。在块作用域内部（因为这里不需要独立的特殊变量副本），Ruby 利用 EP-1 打开栈槽，在那里保存 cref 的值，Ruby 使用 cref 的值来记录这个块属于哪个词法作用域。词法作用域是指程序中由语法结构组成的一段代码，通常被 Ruby 用来查找常量的值（第 6 章会讲解更多有关词法作用域的内容）。具体来说，Ruby 这里使用 cref 的值是为了实现元编程（metaprogramming）的 API 调用，比如 eval 和 instance_eval。cref 的值用于表示给定的块是否应该在不同于父作用域的词法作用域中执行（见第 9.2.6 节"instance_eval 为新的词法作用域创建单类[1]"）。

---

[1]译注：单类，是指 singleton class，这里不是指设计模式中的单例类，以避免混淆。

特殊变量清单

在 C 源码中，可以找到 Ruby 支持的所有特殊变量的精确名单。例如示例 3-11 是一段用于对 Ruby 程序分词处理的 C 源码，它是 parse.y 文件中 parser_yylex 函数的片段：

```
❶ case '$':
  lex_state = EXPR_END;
  newtok();
  c = nextc();
❷ switch (c) {
❸   case '_':        /* $_: last read line string */
      c = nextc();
      if (parser_is_identchar()) {
          tokadd('$');
          tokadd('_');
          break;
      }
      pushback(c);
      c = '_';
      /* fall through */
❹   case '~':        /* $~: match-data */
    case '*':        /* $*: argv */
    case '$':        /* $$: pid */
    case '?':        /* $?: last status */
    case '!':        /* $!: error string */
    case '@':        /* $@: error position */
    case '/':        /* $/: input record separator */
    case '\\':       /* $\: output record separator */
    case ';':        /* $;: field separator */
    case ',':        /* $,: output field separator */
    case '.':        /* $.: last read line number */
    case '=':        /* $=: ignorecase */
    case ':':        /* $:: load path */
    case '<':        /* $<: reading filename */
    case '>':        /* $>: default output handle */
    case '\"':       /* $": already loaded files */
      tokadd('$');
      tokadd(c);
      tokfix();
      set_yylval_name(rb_intern(tok()));
      return tGVAR;
```

示例 3-11　翻阅 parse.y 是查找 Ruby 诸多特殊变量清单的好方法

注意，Ruby 匹配了一个美元符号字符串（$）❶。这段代码是对 Ruby 代码进行分词的那个复杂的 switch 语句的一部分，在 1.1 节 "词条：构成 Ruby 语言的单词" 中讨论过这个过程。之后的内部 switch 语句❷用来匹配下面的字符。每个字符以及下面的每条 case 语句（❸及❹之后）都对应于一个 Ruby 特殊变量。

这个函数再往下面一点，有更多的 C 代码（见示例 3-12）用于解析 Ruby 代码中其他特殊变量的分词词条，比如$&及其相关的特殊变量。

```
❶ case '&':        /* $&: last match */
case '`': /* $`: string before last match */
case '\'':    /* $': string after last match */
case '+': /* $+: string matches last paren. */
  if (last_state == EXPR_FNAME) {
      tokadd('$');
      tokadd(c);
      goto gvar;
  }
  set_yylval_node(NEW_BACK_REF(c));
  return tBACK_REF;
```

示例 3-12 这些 case 语句对应于 Ruby 的正则相关的特殊变量

你可以看到对应于特殊变量$&、$`、$/和 $+的四条 case 语句❶，都是跟正则表达式相关的。

最后，示例 3-13 是与$1、$2 相关的代码，用于根据最后一次正则表达式操作返回第 n 个反向引用来生成对应的特殊变量。

```
❶ case '1': case '2': case '3':
case '4': case '5': case '6':
case '7': case '8': case '9':
  tokadd('$');
❷  do {
      tokadd(c);
      c = nextc();
  } while (c != -1 && ISDIGIT(c));
  pushback(c);
  if (last_state == EXPR_FNAME) goto gvar;
  tokfix();
  set_yylval_node(NEW_NTH_REF(atoi(tok()+1)));
  return tNTH_REF;
```

示例 3-13 这段代码处理 Ruby 的第 n 个反向引用特殊变量$1、$2 等

case 语句❶匹配从 1 到 9 的数字，交由 do...while 循环❷中继续处理，直到所有数被读取完毕。这个过程允许创建多位数字的特殊变量，比如$12。

3.3　总结
Summary

　　本章讲解了大量的知识，从 Ruby 如何跟踪两个堆栈开始：一个是 YARV 使用的内部栈，另一个是 Ruby 调用栈。接下来介绍了 Ruby 如何执行两段简单的 Ruby 程序：计算 2+2=4 和调用 10 次块（block）。通过实验 3-1，我们了解到，在 Ruby 1.9 和 Ruby 2.0 中执行 YARV 指令比在 Ruby 1.8 中直接从 AST 中执行程序的速度快了大约 4 倍。

　　还进一步着眼于 Ruby 如何在 YARV 内部栈中使用两种方式来保存变量：本地变量访问和动态变量访问。同时也看到了 Ruby 以处理本地变量相同的方式来处理方法参数。通过实验 3-2 学习了 Ruby 如何处理特殊变量。

　　运行 Ruby 程序实际上是使用了专门用来执行 Ruby 程序的虚拟机。通过研究这台虚拟机的细节，我们对 Ruby 语言的工作原理有了更深的理解，比如，在调用方法或者保存本地变量的值的时候 Ruby 内部所做的工作。第 4 章会通过研究控制结构的工作原理以及 YARV 的方法调度过程来继续探索该虚拟机。

YARV 内部使用的控制结构集与 Ruby 中的控制结构类似。

4

控制结构与方法调度

CONTROL STRUCTURES AND METHOD DISPATCH

第3章已解释了YARV执行其指令集时如何使用堆栈及其访问本地变量和动态变量的方式。控制执行流程是每一门编程语言的基本功能，Ruby 也有一套丰富的控制结构。YARV 是如何实现控制结构的呢？

与 Ruby 一样，YARV 也有它自己的控制结构，尽管它更底层。YARV 没有使用 if或unless 语句，而是使用了两个底层指令 branchif 和 branchunless。同样，YARV 也没有使用while...end 或 until...end 这样的循环控制结构，而是使用了一个独立的底层函数 jump，jump 可以让 YARV 改变程序计数器（program counter），并可在已编译程序中随意移动。用 jump 加上 branchif 和 branchunless 指令，YARV 就能实现大部分简单控制结构了。

当代码调用方法时，YARV 会使用 send 指令。这个过程叫方法调度（method

dispatch)。你可以把 send 看成是另一个 Ruby 控制结构——send 是所有控制结构中最复杂、最微妙的一个。

本章通过探索 YARV 如何控制程序的执行流程来讲解更多有关 YARV 的知识。我们也将研究方法调度过程，此外，还会学习 Ruby 如何对方法进行分类和调用。

学习路线图

4.1 Ruby 如何执行 if 语句	90
4.2 作用域之间的跳转	93
捕获表	94
捕获表的其他用途	96
实验 4-1:测试 Ruby 如何实现内部 for 循环	97
4.3 send 指令:Ruby 最复杂的控制结构	99
方法查找和方法调度	99
Ruby 方法的 11 种类型	100
4.4 调用普通 Ruby 方法	102
为普通 Ruby 方法准备参数	103
4.5 调用内建的 Ruby 方法	104
调用 attr_reader 和 attr_writer	105
方法调度优化 attr_reader 和 attr_writer	106
实验 4-2:探索 Ruby 如何实现关键字参数	107
4.6 总结	110

4.1 Ruby 如何执行 if 语句
How Ruby Executes an if Statement

为了理解 YARV 如何控制执行流程，让我们看看 if...else 语句的工作原理。图 4-1 左侧的 Ruby 脚本同时使用了 if 和 else。在图右侧，可以看到对应的 YARV 指令。阅读这些 YARV 指令你会发现，Ruby 遵循以下模式来实现 if...else 语句。

1. 计算条件。

2. 如果条件为假，则跳到相应的代码（false code）中执行。

3. 条件为真时对应的代码（true code）。

4. 条件为假时对应的代码（false code）。

```
i = 0
if i < 10
  puts "small"
else
  puts "large"
end
puts "done"
```

```
0000 trace            1
0002 putobject        0
0003 setlocal         2, 0
0005 trace            1
0007 getlocal         2, 0
0009 putobject        10
0011 opt_lt           <callinfo!mid:<, argc:1
0013 branchunless     25
0015 trace            1
0017 putself
0018 putstring        "small"
0020 opt_send_simple  <callinfo!mid:puts, argc:1
0022 pop
0023 jump             33
0025 trace            1
0027 putself
0028 putstring        "large"
0030 opt_send_simple  <callinfo!mid:puts, argc:1
0032 pop
0033 trace            1
0035 putself
0036 putstring        "done"
0038 opt_send_simple  <callinfo!mid:puts, argc:1
0040 leave
```

图 4-1　Ruby 如何编译 if...else 语句

结合图 4-2 中展示的流程图，更易理解该模式。图 4-1 中心的 branchunless 指令是 Ruby 如何实现 if 语句的关键，其工作原理如下。

1. Ruby 使用了 opt_lt（优化后的 less-than）指令来计算 if 语句的条件，i < 10。计算结果不管是真（true）还是假（false），都会被留在栈中。

2. 如果计算结果为假，则 branchunless[1]会让程序跳到 else 的代码中执行。也就是说，此时 branchunless 的条件成立。Ruby 为 if...else 语句使用 branchunless 而不是 branchif，是因为正面情况的代码正好要被编译到条件代码之后，因此 YARV 需要在条件为 false 时跳转。

---

[1]译注：查看 Ruby 源码的 insns.def 文件中对 branchif 语句的定义，能看出 branchif 语句在条件为真时，会执行跳转。也就是说，如果此处使用了 branchif，并且条件为真，就会跳转到 else 语句，所以这里使用了 branchunless，条件为真时执行正面代码，条件为假时才跳转。

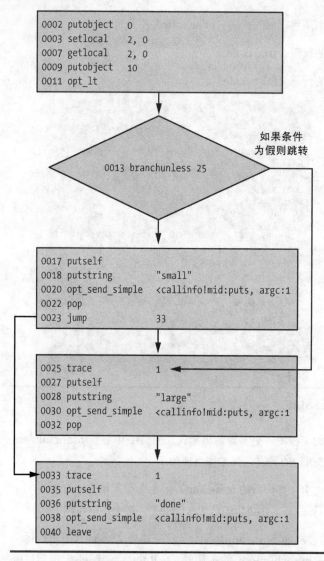

图 4-2 这个流程图展示了 Ruby 用来编译 if...else 语句的模式

3. 如果计算结果为真，Ruby 没有分支，只是继续执行正面情况的代码。
   一旦执行完，它就会使用 jump 指令，跳到 if...else 语句之后的那条指令。

4. 不管有没有分支，Ruby 都会继续执行后续的代码。

Ruby 对 unless 语句的实现类似于 if 语句，所不同的地方就是把正面代码跟反面代码的顺序调换了一下。对于像 while...end 和 until...end 这样的循环控制结构，YARV 使用了 branchif 指令替代，但是理念是一样的：计算循环条件，当有必要时，执行 branchif 跳转，然后使用 jump 语句来实现循环。

4.2 作用域之间的跳转
Jumping from One Scope to Another

YARV 的挑战之一是实现一些可以从一个作用域跳到另外一个作用域的控制结构，类似于动态变量访问。举个例子，break 能用来退出示例 4-1 所示的循环。

```
i = 0
while i<10
  puts i
  i += 1
  break
end
```

示例 4–1　break 用来退出循环

break 也能用来退出块迭代，就像示例 4-2 中的那样。

```
10.times do |n|
  puts n
  break
end
puts "continue from here"
```

示例 4–2　break 用来退出块迭代

在示例 4-1 中，YARV 使用简单的 jump 指令跳出 while 循环。但是退出像示例 4-2 中那样的块却并不简单：这种情况下，YARV 需要跳到父作用域继续执行 10.times 之后的代码。YARV 怎么知道要跳到哪呢？它是如何协调内部栈与 Ruby 调用栈以便继续在父作用域中正确执行的呢？

为了实现 Ruby 调用栈之间的跳转（也就是指跳出当前作用域），Ruby 使用了 YARV 指令 throw。该指令类似于 Ruby 的关键字 throw：它把执行路径抛给更高的作用域。图 4-3 展示了 Ruby 如何编译示例 4-2 中那个包含 break 语句的块，左侧是 Ruby 代码，右侧是其编译版本。

```
10.times do |n|
  puts n
  break
end
puts "continue from here"
```

```
putself
getlocal          2, 0
opt_send_simple   <callinfo!mid:puts, argc:1
pop
putnil
throw             2
leave
```

```
putobject         10
send              <callinfo!mid:times, argc:0
pop
putself
putstring         "continue from here"
opt_send_simple   <callinfo!mid:puts, argc:1
leave
```

图 4-3　Ruby 如何编译块中的 break 语句

4.2.1　捕获表

Catch Tables

在图 4-3 的右上角，已编译块代码中的 throw 2 指令使用捕获表抛出 YARV 指令级别的异常。捕获表（catch table）就像一种可以链接到任意 YARV 代码片段的指针表（见图 4-4）。

```
YARV指令                                              捕获表

putobject         10
send              <callinfo!mid:times, argc:0
pop ◀────────────────────────────────── BREAK
putself
putstring         "continue from here"
opt_send_simple   <callinfo!mid:puts, argc:1
leave
```

图 4-4　每个 YARV 代码片段都可以包含捕获表

此捕获表只包含一个指向 pop 语句的独立指针，异常出现后，代码便从 pop 后继续执行。只要在块中使用 break 语句，Ruby 就会将 throw 指令编译到块代码中，并且在父作用域的捕获表中增加 BREAK 项。对于一连串嵌套块中的 break，无论 rb_control_frame_t 栈有几层，Ruby 也都会在捕获表中增加 BREAK 项。

随后，当 YARV 执行 throw 指令时，它会检查是否有捕获表包含指向当前的
YARV 指令序列的 break 指针，如图 4-5 所示。

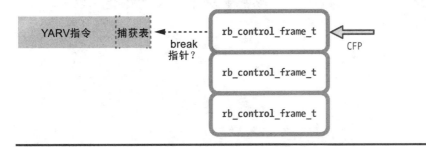

图 4–5　当执行 throw 指令的时候，YARV 开始迭代 Ruby 调用栈

如果没有找到捕获表，Ruby 则开始向下遍历 rb_control_frame_t 结构栈搜寻
包含 break 指针的捕获表，如图 4-6 所示。

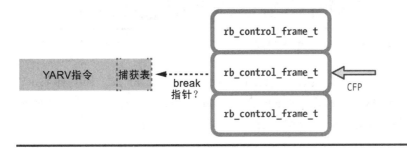

图 4–6　Ruby 继续向下遍历调用栈来查找含有 break 指针的捕获表

如图 4-7 所示，Ruby 会一直遍历，直到它能找到包含 break 指针的捕获表。

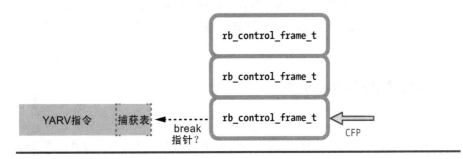

图 4–7　Ruby 持续遍历捕获表，直到它找到 break 指针，或到达调用栈底部

这个简单示例中只包含一层块嵌套，所以 Ruby 只需要一次迭代就能找到捕获

表和 break 指针, 如图 4-8 所示。

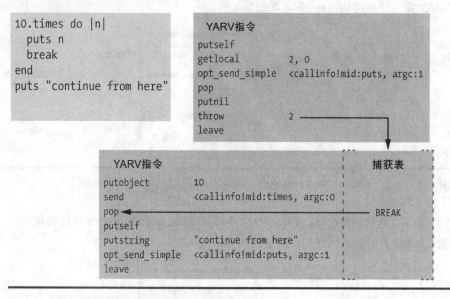

图 4-8 Ruby 找到了含有 break 指针的捕获表

　　一旦 Ruby 找到捕获表指针, 就会重置 Ruby 调用栈(CFP 指针)和内部 YARV 栈, 将程序转到新的执行点。YARV 会从重置后的执行点开始执行代码, 也就是说, Ruby 按要求重置了 PC 指针和 SP 指针。

NOTE Ruby 在内部使用了跟 raise 和 rescue 异常相似的过程, 是为了实现一个非常通用的控制结构: break。换言之, 发生异常对 Ruby 来说已经变成普通的行为。Ruby 使用一个简单关键字 break 包装了让人困扰而且不常用的语法(raise/rescue 异常), 使它易于理解和使用(当然, Ruby 选择使用异常这种方式也是基于块的工作方式。一方面, 块像是独立函数或子程序; 另一方面, 它们也只是周围代码的一部分)。

4.2.2　捕获表的其他用途
Other Uses for Catch Tables

　　return 关键字是另一个使用捕获表的常用 Ruby 控制结构。每当从块内部调用 return 时, Ruby 都会引发(raise)一个可以使用捕获表指针捕获(rescue)的内部异常, 这与调用 break 的方式相同。事实上, break 和 return 是使用同一个 YARV 指令实现的。只有一点不同: 对于 return, Ruby 给 throw 指令传递 1(例如，throw 1）；而对于 break，则传递 2（throw 2[1]）。return 和 break 关键字就好比同一个硬币的两面。

除了 break，Ruby 使用捕获表实现控制结构 rescue、ensure、retry、redo 和 next。例如，当在 Ruby 代码中使用 raise 关键字显式抛出异常时，Ruby 用捕获表来实现 rescue 块，但是使用了 rescue 指针。捕获表是一个能被 YARV 指令序列捕获和处理的事件类型列表，类似于在 Ruby 代码中使用 rescue 块[2]。

实验 4-1：测试 Ruby 如何实现内部 for 循环

我早就知道 Ruby 的 for 循环控制结构的工作方式本质上与 Enumerable 模块的 each 方法是相同的。也就是说，我知道以下这两段代码工作方式是类似的：

```
for i in 0..5
  puts i
end
```

```
(0..5).each do |i|
  puts i
end
```

但万万没想到 Ruby 内部真的使用 each 来实现 for 循环！换言之，Ruby 根本就没有 for 循环控制结构。for 关键字只是用范围（range）调用 each 方法的语法糖。

为了证明这点，只需要检查 Ruby 编译 for 循环时生成的 YARV 指令。在示例 4-3 中，依旧使用 RubyVM:: InstructionSequence.compile 方法来显示 YARV 指令。

```
code = <<END
for i in 0..5
  puts i
end
END
puts RubyVM::InstructionSequence.compile(code).disasm
```

示例 4-3　这段代码会显示 Ruby 如何编译 for 循环

---

[1]译注：throw 后面跟的 1 或 2 其实是十六进制数 0x1 和 0x2，在 Ruby 内部代表不同的跳转类型，除了 break 和 return，还有 next、retry、raise、throw 等类型。
[2]译注：rescue 后面可以捕获各种类型的异常：rescue SomeException => e。

这段代码执行后的输出结果如示例 4-4 所示。

```
== disasm: <RubyVM::InstructionSequence:<compiled>@<compiled>>==========
== catch table
| catch type: break st: 0002 ed: 0006 sp: 0000 cont: 0006
|------------------------------------------------------------------------
local table (size: 2, argc: 0 [opts: 0, rest: -1, post: 0, block: -1] s1)
[ 2] i
0000 trace            1 ( 1)
0002 putobject        0..5
0004 send             <callinfo!mid:each, argc:0, block:block in <compiled>>
0006 leave
== disasm: <RubyVM::InstructionSequence:block in <compiled>@<compiled>>=
== catch table
| catch type: redo st: 0004 ed: 0015 sp: 0000 cont: 0004
| catch type: next st: 0004 ed: 0015 sp: 0000 cont: 0015
|------------------------------------------------------------------------
local table (size: 2, argc: 1 [opts: 0, rest: -1, post: 0, block: -1] s3)
[ 2] ?<Arg>
0000 getlocal_OP__WC__0 2 ( 3)
0002 setlocal_OP__WC__1 2 ( 1)
0004 trace            256
0006 trace            1 ( 2)
0008 putself
0009 getlocal_OP__WC__1 2
0011 opt_send_simple  <callinfo!mid:puts, argc:1, FCALL|ARGS_SKIP>
0013 trace            512 ( 3)
0015 leave
```

示例 4-4   示例 4-3 生成的输出结果

图 4-9 左侧是 Ruby 代码，右侧为 YARV 指令（为了便于理解，这里删除了一些技术细节，比如 trace 语句）。

```
for i in 0..5
  puts i
end
```

```
putobject   0..5
send        <callinfo!mid:each, argc:0
leave
```

```
getlocal         2, 0
setlocal         2, 1
putself
getlocal         2, 1
opt_send_simple <callinfo!mid:puts, argc:1
leave
```

图 4-9   简单展示示例 4-4 的 YARV 指令

注意，这里有两个独立的 YARV 代码区块：外层作用域调用了范围 0..5 的

each 方法，并且内部块调用 puts i。内部块的 getlocal 2, 0 指令加载隐含的块参数值（Ruby 代码中的 i），setlocal 指令在父作用域中使用动态变量访问随即把它保存为局部变量 i。

实际上，Ruby 自动做了如下工作。

- 把 for i in 0..5 代码转换为(0..5).each do。

- 创建一个块参数保存范围内的每个值。

- 在每次循环中，将块参数，也就是迭代计数器的值复制给局部变量 i。

4.3 send 指令：Ruby 最复杂的控制结构
The send Instruction: Ruby's Most Complex Control Structure

我们已经见过 YARV 如何使用 branchunless 和 jump 这样的底层指令来控制 Ruby 程序的执行流程。然而，控制 Ruby 程序执行流程最通用且最重要的 YARV 指令是 send 指令。send 指令会告诉 YARV 跳到另外一个方法并开始执行它。

4.3.1 方法查找和方法调度
Method Lookup and Method Dispatch

send 是如何工作的呢？YARV 怎么知道哪个方法被调用，以及如何调用该方法？图 4-10 展示了该过程的宏观概貌。

看上去似乎很简单，但是 Ruby 用于查找和调用目标方法的算法实际相当复杂。首先，在方法查找（method lookup）过程中，Ruby 会搜索代码实际应该调用的方法。这涉及要循环遍历组成接收者对象的类和模块。

一旦 Ruby 找到代码试图调用的方法，就会使用方法调度（method dispatch）去实际执行方法调用。整个过程涉及为方法准备参数、给 YARV 内部栈压入新帧，并且改变 YARV 内部寄存器以便真正开始执行目标方法。由于 Ruby 对方法分类的方式，方法查找、方法调度成为一个复杂的过程。

本章余下的部分会讨论方法调度的过程。第 6 章还会讲解方法查找的原理，在这之前还会学习更多关于 Ruby 如何实现对象、类和模块的知识。

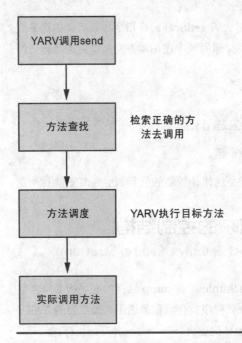

图 4-10　Ruby 用方法查找来发现哪个方法被调用以及用哪个方法调度来调用它

4.3.2　Ruby 方法的 11 种类型

Eleven Types of Ruby Methods

Ruby 内部把方法分为 11 种不同类型！在方法调度期间，Ruby 会确定代码试图调用的方法类型。然后根据类型来调用相应的方法，如图 4-11 所示。

大多数方法——包括你在程序中用 Ruby 代码编写的所有方法——都被 YARV 内部源码作为 ISEQ 或指令序列（instruction sequence）方法来引用，因为 Ruby 会把代码编译为一系列的 YARV 字节码指令。但是在内部，YARV 还使用了另外 10 种方法类型。这些方法类型是必要的，因为 Ruby 需要以特殊的方式来调用特定的方法，以提高方法调度速度。

这里是全部 11 种方法的简要描述。我们将会在后续章节探讨更多细节。

ISEQ　Ruby 代码中的普通方法，这是最常见的方法类型。ISEQ 代表指令序列（instruction sequence）。

CFUNC　直接包含在 Ruby 可执行文件中用 C 语言编写的代码，这些都是 Ruby 内部的实现。CFUNC 代表 C 函数。

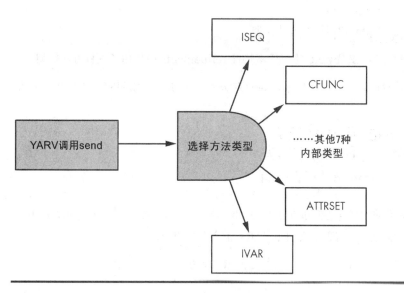

图 4-11　执行 send 时，YARV 选择目标方法的类型

ATTRSET　这个类型的方法是由 attr_writer 方法创建的，ATTRSET 代表属性集合（attributes set）。

IVAR　调用 attr_reader 时，Ruby 会使用这种方法类型。IVAR 代表实例变量（instance variable）。

BMETHOD　调用 define_method 并且传入 proc 对象时，Ruby 会使用这种方法类型。因为该方法内部表示为一个 proc，所以 Ruby 需要以一种特殊的方式来处理这种方法类型。

ZSUPER　当在特定的类或模块中将实际被定义于超类中的方法设置为私有（private）或公开（public）时，Ruby 会使用这种方法类型。这种类型并不常用。

UNDEF　从类中移除（remove）方法时，Ruby 会使用此方法类型。也就是说，使用 undef_method 移除方法时，Ruby 会新建类型为 UNDEF 的同名方法。

NOTIMPLEMENTED　与 UNDEF 一样，Ruby 使用此类型标记未被实现的方法。这很有用，比如，在一个不支持特定操作系统调用的平台上运行 Ruby。

OPTIMIZED　Ruby 使用此类型加速一些重要的方法，如 Kernel#send 方法。

MISSING　当使用 Kernel#method 向模块或类请求方法对象，并且该方法并不存在时，Ruby 使用这个方法类型。

REFINED Ruby 2.0 推出的新特性 refinements 中使用了这种方法类型。

下面看看最重要、使用频率最高的方法类型：ISEQ、CFUNC、ATTRSET 和 IVAR。

4.4 调用普通 Ruby 方法
Calling Normal Ruby Methods

Ruby 代码中的大部分方法在 Ruby 源代码中都被常量 VM_METHOD_ TYPE_ISEQ 标识。这表示它们由 YARV 指令序列组成。

代码中使用 def 关键字来定义标准的 Ruby 方法，如下所示。

```
def display_message
  puts "The quick brown fox jumps over the lazy dog."
end
display_message
```

display_message 是一个标准方法，因为它是被 def 关键字所创建的，其后跟随着正常的 Ruby 代码。图 4-12 展示了 Ruby 如何调用 display_message 方法。

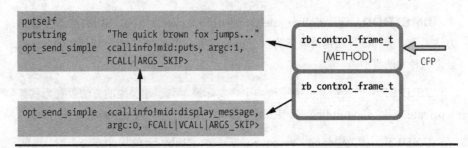

图 4-12 由 YARV 指令组成的普通方法

图 4-12 左侧是两段 YARV 代码：底部是方法调用的指令，顶部是目标方法定义的指令。在右侧可以看到 Ruby 用新的 rb_control_frame_t 结构体创建了新栈帧，并设置类型为 METHOD。

图 4-12 的核心思想是，方法调用指令和目标方法都是由 YARV 序列组成的。调用标准方法时，YARV 会创建新的栈帧，然后开始在目标方法中执行那些指令。

4.4.1　为普通 Ruby 方法准备参数

Preparing Arguments for Normal Ruby Methods

当 Ruby 编译代码的时候，它会为每个方法创建包含本地变量和参数的表。在本地表中列出的每个参数会被标注为标准方法参数（<Arg>）或其他特殊类型，如块参数、可选参数，等等。因为 Ruby 用这种方式记录每个方法的参数类型，所以当代码调用方法时，它可以知道是否有额外工作要做。示例 4-5 展示了使用各种参数类型的方法。

```ruby
def five_argument_types(a, b = 1, *args, c, &d)
  puts "Standard argument #{a.inspect}"
  puts "Optional argument #{b.inspect}"
  puts "Splat argument array #{args.inspect}"
  puts "Post argument #{c.inspect}"
  puts "Block argument #{d.inspect}"
end

five_argument_types(1, 2, 3, 4, 5, 6) do
  puts "block"
end
```

示例 4-5　Ruby 的参数类型（argument_types.rb）

示例 4-6 展示了用数字 1 到 6 和块作为参数调用上面方法的结果。

```
$ ruby argument_types.rb
Standard argument 1
Optional argument 2
Splat argument array [3, 4, 5]
Post argument 6
Block argument #<Proc:0x007ff4b2045ac0@argument_types.rb:9>
```

示例 4-6　示例 4-5 生成的输出结果

为了实现这种功能，调用方法时 YARV 对每个参数类型做了一些额外处理。

块参数（block arguments）　在参数列表中使用&操作符时，Ruby 需要把提供的 block 转换为 proc 对象。

可选参数（optional arguments）　当使用一个带默认值的可选参数时，ruby 会为目标方法增加额外的代码。这段额外的代码是为了给该参数设置默认值。调用方法时，如果为可选参数提供了值，那么 YARV 会重新设置程序计数器或 PC 寄存器来跳过那段设置默认值的额外代码。

可变参数数组（**splat arguments array**）[1]　YARV 会创建一个数组对象，并把这些参数值都放到那个数组里。

标准方法参数和标杆参数（**standard and post arguments**[2]）　因为这些都是简单的值，YARV 并没有多余的工作。

然后就是关键字参数。每当 Ruby 调用使用关键字参数的方法时，YARV 就有更多的工作要做（实验 4-2 会探讨更多细节）。

4.5　调用内建的 Ruby 方法
Calling Built-In Ruby Methods

Ruby 语言中的许多内建方法都是 CFUNC 方法（Ruby 的 C 源码中的 VM_METHOD_TYPE_CFUNC）。Ruby 是用 C 代码来实现这些方法的，而不是用 Ruby 代码。例如，想想 3.1.2 节"执行块调用"中的 Integer#times 方法。Interger 类是 Ruby 的类，times 方法是在 numeric.c 文件中用 C 代码来实现的。

我们常用的类有很多 CFUNC 方法的例子，比如 String、Array、Object、Kernel，等等。String#upcase 和 Struct#each 方法，分别是在 string.c 文件和 struct.c 文件中用 C 代码实现的。

Ruby 调用内建的 CFUNC 方法，并不需要像处理普通 ISEQ 方法那样去准备方法参数，它只需创建新的栈帧，然后调用目标方法即可，如图 4-13 所示。

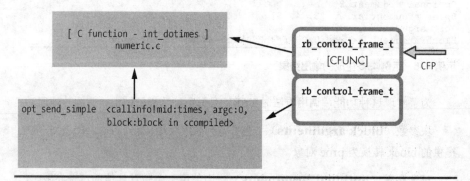

图 4-13　Ruby 的 C 源码中某个文件用 C 代码实现了 CFUNC 方法

---

[1]译注：星号（*）操作符为前缀的参数。
[2]译注：第 2 章介绍过，post 参数是在可变参数数组之后出现的参数。这样的参数只可能独立出现，此处译为"标杆参数"，方便理解。

正如在图 4-12 中看到的 ISEQ 方法，调用 CFUNC 方法，包括创建新的栈帧。只不过，这次 Ruby 用了 CFUNC 类型的 rb_control_frame_t 结构代替。

4.5.1 调用 attr_reader 和 attr_writer
Calling attr_reader and attr_writer

Ruby 用两个特殊的方法类型，IVAR 和 ATTRSET，来加速代码中设置和访问实例变量的过程。我解释这些方法类型的含义以及它们的方法调度原理之前，先来看看示例 4-7，检索和设置实例变量的值。

```
class InstanceVariableTest
❶  def var
     @var
   end
❷  def var=(val)
     @var = val
   end
end
```

示例 4-7 包含实例变量跟存取方法的 Ruby 类

在示例 4-7 中，类 InstanceVariableTest 包含实例变量@var，以及两个方法 var❶和 var=❷。因为使用 Ruby 代码来编写这些方法，所以它们都会被设置为 VM_METHOD_TYPE_ISEQ 类型的标准 Ruby 方法。如你所见，它们用来获取（get）和设置（set）@var 的值。

Ruby 提供了创建这些方法的快捷方式：attr_reader 和 attr_writer。下面的代码展示了使用快捷方式编写出更简短的类。

```
class InstanceVariableTest
  attr_reader :var
  attr_writer :var
end
```

这里，attr_reader 和 attr_writer 分别自动定义了与示例 4-7 相同的 var 和 var= 方法。如果使用 attr_accessor 定义同样的两个方法，则更简明扼要。

```
class InstanceVariableTest
  attr_accessor :var
end
```

如你所见，attr_accessor 是同时调用 attr_reader 和 attr_writer 的快捷方式。

4.5.2 方法调度优化 attr_reader 和 attr_writer
Method Dispatch Optimizes attr_reader and attr_writer

因为 Ruby 开发者使用 attr_reader 和 attr_writer 非常频繁，所以 YARV 使用了两个特殊的方法类型，IVAR 和 ATTRSET，来加速方法调度，从而让程序运行得更快。

让我们从 ATTRSET 方法类型开始。使用 attr_writer 或 attr_accessor 定义方法时，Ruby 会在内部使用 VM_METHOD_TYPE_ATTRSET 方法类型标记生成的方法。当 Ruby 执行代码并调用这些方法时，它会使用 C 函数 vm_setivar 以快速、最优的方式来设置实例变量。图 4-14 展示了 YARV 如何调用生成的 var=方法来设置 var。

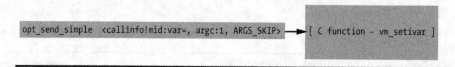

图 4-14 VM_METHOD_TYPE_ATTRSET 方法直接调用 vm_setivar

注意，图 4-14 与图 4-13 很相似。同样，Ruby 执行代码的时候也会调用内部 C 函数。但是要注意在执行 ATTRSET 方法时，Ruby 甚至没有创建新栈帧（见图 4-14），因为这个方法很简短。同时，因为生成 var=方法不会抛出异常，所以 Ruby 就不需要新栈帧来显示错误信息。C 函数 vm_setivar 可以非常快速地设置值并返回。

IVAR 方法类型的工作方式与此相似。当使用 attr_reader 或 attr_accessor[1] 定义方法的时候，Ruby 会在内部使用 VM_METHOD_TYPE_IVAR 方法类型来标记生成的方法。当它执行 IVAR 方法的时候，Ruby 会调用名为 vm_getivar 的内部 C 函数快速获取并返回实例变量的值，如图 4-15 所示。

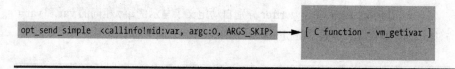

图 4-15 VM_METHOD_TYPE_IVAR 方法直接调用 vm_getivar

---

[1]译注：使用 attr_accessor 定义方法时，因为会生成存和取两种方法，所以生成的方法会被标记为两种类型：VM_METHOD_TYPE_ATTRSET 和 VM_METHOD_TYPE_IVAR.

图 4-15 中，左侧的 YARV 指令 opt_send_simple 调用右侧的 C 函数 vm_getivar。如图 4-14 所示，调用 vm_getivar 时，Ruby 不需要创建新栈帧，也不需要执行 YARV 指令，它只是立即返回 var 的值。

实验 4-2：探索 Ruby 如何实现关键字参数

从 Ruby 2.0 开始，你可以给方法参数指定标签，如示例 4-8 所示。

```
❶ def add_two(a: 2, b: 3)
     a+b
   end

❷ puts add_two(a: 1, b: 1)
     => 2
```

示例 4-8　使用关键字参数的简单示例

我们用标签 a 和 b 作为 add_two❶方法的关键字参数。当调用该函数❷时，可以获取到结果 2。第 2 章提及过，Ruby 使用 Hash 来实现关键字参数。下面使用示例 4-9 来证明这一点。

```
   class Hash
❶   def key?(val)
❷     puts "Looking for key #{val}"
       false
     end
   end

   def add_two(a: 2, b: 3)
     a+b
   end

   puts add_two (a: 1, b: 1)
```

示例 4-9　论证 Ruby 使用 hash 来实现关键字参数

我们重写了 Hash 类中的 key?方法❶，它会显示一段信息❷，然后返回 false。下面是运行示例 4-9 时得到的输出结果。

```
Looking for key a
Looking for key b
5
```

如你所见，Ruby 调用了 Hash#key?方法两次：第一次是查找关键字 a，第二次是查找关键字 b。出于某些原因，Ruby 创建了 Hash，即使从来没有在代码中使用 Hash。同时，Ruby 忽略了我们传递给 add_two 的值。我们得到的结果是 5，而不是 2。看上去 Ruby 是使用了 a 和 b 的默认值，而不是我们提供的值。为什么 Ruby 会创建 Hash，它包含了什么内容？Ruby 为什么在我重写了 Hash#key?方法后会忽略我传递的参数值？

为了学习 Ruby 如何实现关键字参数，并且解释在运行示例 4-9 时看到的结果，可以检查 Ruby 编译器为 add_two 生成的 YARV 指令。运行示例 4-10 会显示与示例 4-9 对应的 YARV 指令。

```
code = <<END
def add_two(a: 2, b: 3)
  a+b
end

puts add_two(a: 1, b: 1)
END

puts RubyVM::InstructionSequence.compile(code).disasm
```

示例 4-10 显示与示例 4-9 对应的 YARV 指令

图 4-16 展示了示例 4-10 的部分输出结果。

在图 4-16 右侧，可以看到 Ruby 首先把一个数组压入了栈中：[:a, 1, :b ,1]。接下来，Ruby 调用内部 C 函数 hash_from_ary，我们能猜到，是这个函数把数组[:a, 1, :b ,1]转换为散列。最后，Ruby 调用 add_two 方法来对数字求和，并用 puts 方法来显示结果。

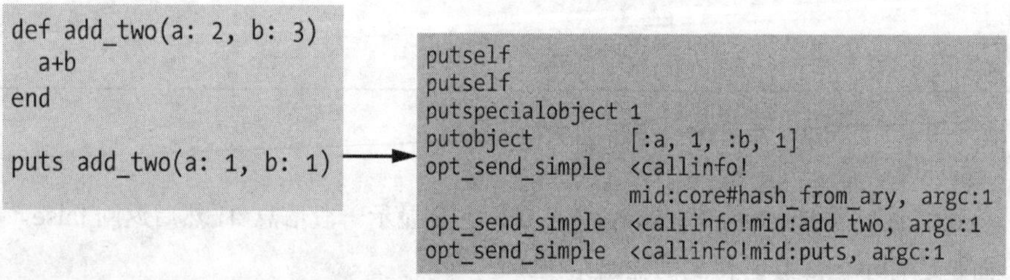

图 4-16 示例 4-10 生成的部分输出结果

现在，让我们来看看 add_two 方法自身的 YARV 指令，如图 4-17 所示。

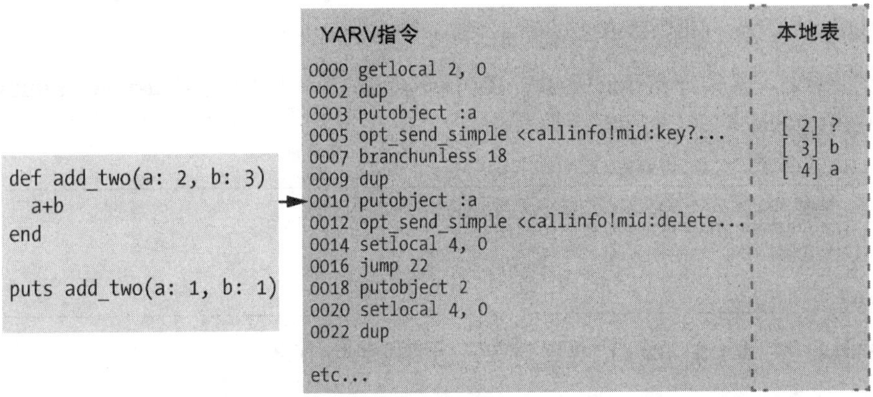

图 4-17　从 add_two 方法开始编译的 YARV 指令

这些 YARV 指令是做什么的呢？它们并没有包含任何与 Ruby 方法 add_two 相关的代码！（add_two 所做的只是把 a 和 b 相加并返回结果。）

为了找到答案，我们看看图 4-17 中的指令。在图 4-17 左侧，可以看到的是 Ruby 的 add_method 方法，在图的中间，是 add_two 的 YARV 指令。在图的最右侧，可以看到 add_two 的本地表。请注意这里列出的三个值，即[2]？、[3] b 和[4] a。很明显，a 和 b 对应 add_two 方法的两个参数，但是[2]？是什么意思？这似乎是某个神秘的值。

这个神秘的值就是我们在图 4-16 中看到的那个被创建的散列。为了实现关键字参数，Ruby 为 add_two 创建了第三个隐藏的参数。

图 4-17 中的 YARV 指令展示了跟随在 getlocal 2, 0 后的 dup 把该散列作为接收者压入栈中。下一步，putobject :a 把符号:a 作为方法参数压入栈中，并且 opt_send_simple <callinfo!mid:key?调用接收者的 key?方法，此接收者就是这个散列。

这些 YARV 指令等价于下面这行 Ruby 代码。Ruby 会查询隐藏的散列，看它是否包含键:a。

```
hidden_hash.key?(:a)
```

阅读图 4-17 中余下的 YARV 指令，可以看到，如果散列包含键:a，则 Ruby 会调用 delete 方法，从散列中移除该键，并且返回相应的值。下一步，setlocal 4, 0 把该值保存为参数。如果散列没有包含键:a，那么 Ruby 会调用 putobject 2 和

setlocal 4, 0，并把默认值 2 保存为参数。

总之，图 4-17 展示的所有 YARV 指令实现的都是等价于示例 4-11 中的 Ruby 代码片段。

```
if hidden_hash.key?(:a)
  a = hidden_hash.delete(:a)
else
  a = 2
end
```

示例 4-11　图 4-17 展示的 YARV 指令等价于这段 Ruby 代码

现在我们知道了 Ruby 在隐藏的散列参数中存储的关键字参数及其值。当方法开始调用的时候，它首先会从该散列中加载每个参数的值，如果该散列中没有任何值，则使用默认值。图 4-14 中 Ruby 代码的行为解释了运行示例 4-9 看到的结果。我们改变了 Hash#key?方法，让其总是返回 false。如果 hidden_hash.key?总是返回 false，Ruby 就会忽略每个参数的值，而用默认值代替，哪怕我们已经提供了值。

最后一个关于关键字参数的细节：每当调用使用了关键字参数的方法时，YARV 总会检查提供的这些参数是不是目标方法所需的，如果是不期望的参数，那么 Ruby 会抛出一个异常，如示例 4-12 所示。

```
def add_two(a: 2, b: 3)
  a+b
end

puts add_two(c: 9)
 => unknown keyword: c (ArgumentError)
```

示例 4-12　如果传入的不是期望的关键字参数，Ruby 就会抛出异常

因为 add_two 方法的参数列表中没有包含字母 c，当传入参数 c 来调用该方法时，Ruby 就会抛出异常。这个专门的检查发生在方法调度过程期间。

4.6　总结
Summary

本章从学习 YARV 如何用一系列底层控制结构去控制 Ruby 程序的执行流程开始，通过显示 Ruby 编译器生成的 YARV 指令，我们看到了一些 YARV 控制结构，

并且学习了它们的工作原理。在实验 4-1 中，我们发现 Ruby 在内部使用了包含块参数的 each 方法来实现 for 循环。

我们还学习了 Ruby 在内部把方法分为 11 种类型。同时也看到，当用 def 关键字定义方法时，Ruby 会创建标准方法 ISEQ，并且 Ruby 把它自己的内建方法标记为 CFUNC 方法，因为它们是用 C 代码实现的。我们也学习了 ATTRSET 和 IAVR 方法类型，以及 Ruby 在方法调度期间如何选择目标方法的类型。

最后，在实验 4-2 中，我们学习了 Ruby 如何实现关键字参数，并且知道了 Ruby 使用散列来记录参数标签和默认值。

第 5 章会转换话题，开始探索对象和类。在第 6 章学习方法查找过程的工作原理的时候，我们会回到 YARV 指令，并且讨论词法作用域的概念。

每个 Ruby 对象都是类指针和实例变量数组的组合。

5

对象与类

OBJECTS AND CLASSES

我们早已知道 Ruby 是一门面向对象语言，继承自很多语言，比如 Smalltalk 和 Simula。每个值都是对象，所有 Ruby 程序都由一组对象和它们彼此间发送的消息组成。通常，我们通过查看如何使用对象以及它们可以做什么来了解面向对象编程：它们如何把数据以及与这些数据相关的行为组织在一起；每个类有什么作用和目的；不同的类之间如何封装和继承。

Ruby 的对象到底是什么？对象包含什么样的信息？如果深入 Ruby 对象内部，会看到些什么？Ruby 的类是什么样的？到底什么是类？

本章会通过探索 Ruby 内部的工作原理来回答上述问题。通过观察 Ruby 如何实现对象（object）和类（class），你将学习如何使用它们，以及如何用 Ruby 编写面向对象程序。

学习路线图

5.1 Ruby 对象内部 ·· 114

　　检验 klass 和 ivptr ·· 115

　　观察同一个类的两个实例 ································ 117

　　基本类型对象 ·· 118

　　简单立即值完全不需要结构体 ······················ 119

　　基本类型对象有实例变量吗 ··························· 120

　　阅读 RBasic 和 RObject 的 C 结构体定义 ······ 120

　　基本类型对象的实例变量保存在哪里 ············ 122

　　实验 5-1：保存新实例变量的时间开销 ········· 122

5.2 RClass 结构体内部有什么 ································ 125

　　继承 ··· 128

　　类实例变量 vs 类变量 ···································· 129

　　存取类变量 ··· 131

　　常量 ··· 134

　　真实的 RClass 结构体 ···································· 135

　　阅读 RClass C 结构体定义 ······························ 136

　　实验 5-2：Ruby 在哪里保存类方法 ··············· 137

5.3 总结 ·· 140

5.1　Ruby 对象内部

Inside a Ruby Object

　　Ruby 把每个自定义对象都保存在名为 RObject 的 C 结构体中，图 5-1 展示了该结构体在 Ruby 1.9 和 Ruby 2.0 中的概貌。

　　图 5-1 的顶部是 RObject 结构体的指针。（在内部，Ruby 总是用 VALUE[1]指针指向任意值。）在该指针下方，RObject 结构体包含了内部 RBasic 结构体和自

---

[1]译注：定义于 Ruby 源码的头文件 ruby/ruby.h 中。可以查看官方文档了解 VALUE 更多的细节：http://www.rubydoc.info/stdlib/core/frames。

定义对象特有的信息。**RBasic** 中包含了所有值都要用到的信息：一组叫作 **flags** 的布尔值，用来存储各种内部专用的值；还有一个叫作 **klass** 的类指针。

类指针表明对象是哪个类的实例。在 **RObject** 中，Ruby 保存着每个对象都包含的实例变量数组，**numiv** 是实例变量的数目，而 **ivptr** 是（实例变量）值数组的指针。

如果能切开 Ruby 对象，会看到什么？

如果用技术术语来定义 Ruby 对象结构体，我们可以这么说：

每个 Ruby 对象都是类指针和实例变量数组的组合。

乍一看，这个定义似乎并不是非常有用，因为它并没有帮助我们理解对象背后的意义和目的，以及如何在 Ruby 程序里使用它们。

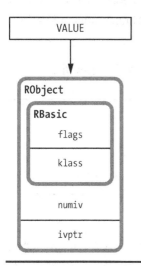

图 5-1 RObject 结构体

5.1.1 检验 klass 和 ivptr
Inspecting klass and ivptr

为了理解 Ruby 如何在底层使用 RObject，将创建一个简单的 Ruby 类，然后用 IRB 检验这个类的实例，如示例 **5-1** 所示。

```
class Mathematician
  attr_accessor :first_name
  attr_accessor :last_name
end
```

示例 5-1　简单的 Ruby 类

Ruby 需要在 RObject 中保存类指针，因为每个对象都必然要记录创建它的类。当类创建实例对象时，Ruby 内部会在 RObject 中保存指向该类的指针，如示例 5-2 所示。

```
$ irb
> euler = Mathematician.new
❶ => #<Mathematician:0x007fbd738608c0>
```

示例 5-2　在 IRB 中创建对象实例

通过❶类名#<Mathematician，Ruby 显示了 euler 对象的类指针值。后面的十六进制字符串实际是该对象的 VALUE 指针（该值对于 Mathematician 类的每个实例来说都是不同的）。

Ruby 也使用实例变量数组去记录保存在对象中的值，如示例 5-3 所示。

```
> euler.first_name = 'Leonhard'
  => "Leonhard"
> euler.last_name = 'Euler'
  => "Euler"
> euler
❶ => #<Mathematician:0x007fbd738608c0 @first_name="Leonhard",
     @last_name="Euler">
```

示例 5-3　在 IRB 中检查实例变量

如你所见，在 IRB 中，Ruby❶也显示了 euler 的实例变量数组。Ruby 需要在每个对象中保存这些数组的值，因为对于每个对象实例来说，同一个实例变量都可能会有不同的值，如示例 5-4❷所示。

```
> euclid = Mathematician.new
> euclid.first_name = 'Euclid'
> euclid
❷ => #<Mathematician:0x007fabdb850690 @first_name="Euclid">
```

示例 5-4　Mathematician 类的不同实例

5.1.2　观察同一个类的两个实例
Visualizing Two Instances of One Class

让我们再看看 Ruby C 结构体的更多细节。当运行图 5-2 中 Ruby 代码的时候，Ruby 创建了一个 RClass 结构体和两个 RObject 结构体。

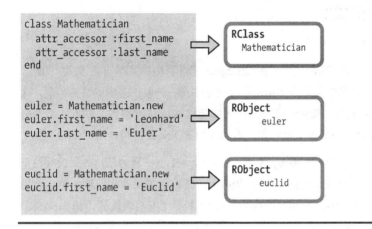

图 5-2　创建同一个类的两个实例

第 5.1.3 节将讨论 Ruby 如何使用 RClass 结构体来实现类。但是现在，让我们看看图 5-3，其中展示了 Ruby 如何在两个 RObject 结构体中保存 Mathematician 的信息。

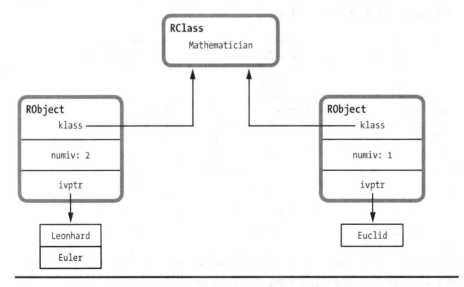

图 5-3　观察同一个类的两个实例

如你所见，每一个 klass 的值都指向 Mathematician RClass 结构体，并且每个 RObject 结构体都有独立的实例变量数组。这两个对象的实例变量数组都包含有 VALUE 指针——Ruby 用来引用 RObject 结构体的指针（请注意，其中一个对象包含了两个实例变量，而另一个对象只包含一个实例变量）。

5.1.3　基本类型对象
Generic Objects

现在你已经知道 Ruby 如何在 RObject 结构体中保存自定义类，比如 Mathematician 类。但是要记住 Ruby 中一切皆对象——包括基本的数据类型，比如整数、字符串和符号。Ruby 源码文件内部把这些内建类型作为基本类型来引用。Ruby 如何存储这些基本类型呢？它们也使用 RObject 结构体吗？

答案是否定的。在内部，Ruby 使用了和 RObject 不一样的结构体来保存每个基本数据类型的值。例如，Ruby 使用 RString 结构体来保存字符串的值，使用 RArray 结构体保存数组，使用 RRegexp 结构体保存正则表达式，诸如此类。RObject 只用来保存自定义类的实例对象，比如你创建的类，以及 Ruby 内部创建的少数自定义类。然而，所有这些不同的结构体都包含同样的 RBasic 结构体，我们在 RObject 中见过，如图 5-4 所示。

因为 RBasic 结构体包含类指针，每一个基本数据类型同时也是对象。每个实例的 Ruby 类都是由保存于 RBasic 内的类指针所标识的。

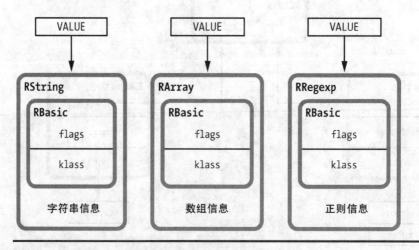

图 5-4　不同的 Ruby 对象结构体全都使用了 RBasic 结构体

5.1.4　简单立即值完全不需要结构体

Simple Ruby Values Don't Require a Structure at All

为了优化性能，Ruby 保存小值整数、符号和其他一些简单立即值时没有使用任何结构体，只是把它们放到 VALUE 内，如图 5-5 所示。

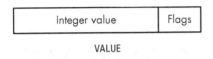

图 5-5　Ruby 在 VALUE 指针中保存整数

这类 VALUE 不是指针，它们就是立即值本身。对这些简单数据类型来说，也不存在类指针。Ruby 使用保存在 VALUE 中前几个比特的一串比特标记来记忆这些值的类。例如，全部小值整数都有 **FIXNUM_FLAG** 位标记，如图 5-6 所示。

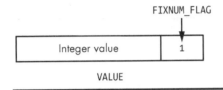

图 5-6　FIXNUM_FLAG 表明这是 Fixnum 类的实例

一旦 FIXNUM_FLAG 被设置，Ruby 就知道这个 VALUE 是一个小值整数，是 Fixnum 类的实例，而不是指向结构体的指针。（同样，位标记也会标识 VALUE 是否为符号型，诸如 nil、true 和 false 这些值也有它们自己的标记。）

通过 IRB 可以很容易地发现整数、字符串以及其他常规值都是对象，如示例 5-5 所示。

```
$ irb
> "string".class
 => String
> 1.class
 => Fixnum
> :symbol.class
 => Symbol
```

示例 5-5　检查一些常规值的类

这里通过调用每个值的 class 方法，可以看到 Ruby 为所有值保存了类指针或等效的标记位。class 方法依次返回了类指针，至少是每个klass指针引用的类名。

5.1.5 基本类型对象有实例变量吗

Do Generic Objects Have Instance Variables?

让我们再看看之前对 Ruby 对象的定义：

每个 Ruby 对象都是类指针和实例变量数组的组合。

那么基本类型对象的实例变量呢？整数、字符串和其他的基本数据类型有实例变量吗？这似乎有点奇怪，但是，如果整数和字符串都是对象，那么答案应该是肯定的。如果它们有实例变量，而又没用 RObject 结构体，那么 Ruby 会把这些值保存在哪儿呢？

通过使用 instance_variables 方法，可以看到每个基本数据类型的值也能包含实例变量数组，这看上去可能有点奇怪。

```
$ irb
> str = "some string value"
 => "some string value"
> str.instance_variables
 => []
> str.instance_variable_set("@val1", "value one")
 => "value one"
> str.instance_variables
 => [:@val1]
> str.instance_variable_set("@val2", "value two")
 => "value two"
> str.instance_variables
 => [:@val1, :@val2]
```

示例 5-6　在 Ruby 字符串对象中保存实例变量

使用符号、数组或者任意 Ruby 值重复上面的练习，你会发现每个 Ruby 值都是对象，每个对象都包含类指针和实例变量数组。

阅读 RBasic 和 RObject 的 C 结构体定义

示例 5-7 展示了 RBasic 和 RObject 的 C 结构体定义（你可以在 include/ruby/ruby.h 头文件中找到这些代码）。

```
   struct RBasic {
❶   VALUE flags;
❷   VALUE klass;
   };

   #define ROBJECT_EMBED_LEN_MAX 3
   struct RObject {
❸   struct RBasic basic;
    union {
     struct {
❹     long numiv;
❺     VALUE *ivptr;
❻     struct st_table *iv_index_tbl;
❼    } heap;
❽    VALUE ary[ROBJECT_EMBED_LEN_MAX];
    } as;
   };
```

示例 5-7　RBasic 和 RObject 的 C 结构体定义

代码顶部是 RBasic 的定义，其中包含了两个值：flags❶和 klass❷。往下是 RObject 的定义，它包含了 RBasic 结构体的拷贝❸。其后，union 关键字包含了一个叫作 heap 的结构体❼，紧随其后是名为 ary 的数组❽。

heap 结构体❼包含了如下的值。

- 值 numiv❹记录了包含在该对象中实例变量的数量。

- ivptr❺是一个指针，指向保存该对象实例变量值的数组。注意，实例变量的名字或 ID 并没有保存在这里，这里仅仅保存值。

- iv_index_tbl❻是指向散列表的指针，该散列表是实例变量名（或 ID）及其在 ivptr 数组中位置的映射。这些散列值存储在每个对象的类所对应的 RClass 结构体中，该指针只是简单的缓存，或者说是快捷方式，Ruby 用于快速获取散列表（st_table 与 Ruby 的散列表实现相关，我们将在第 7 章讨论它）。

RObject 结构体的最后一位成员，ary❽，与前面所有值占用同一片内存空间，因为上面是 union[1]关键字。借助 ary 值，Ruby 便能在 RObject 结构体中保存实例变量，如果这些变量大小合适，就会被全部保存。这样就不再需要为了保存实例变量值的数组而调用 malloc 来分配额外的内存（Ruby 对 RString、RArray、RStruct 和 RBignum 结构体也使用了这种优化）。

---

[1]译注：C 语言中，union 成员共享同一块大小的内存，一次只能使用其中的一个成员。

5.1.6 基本类型对象的实例变量保存在哪里
Where Does Ruby Save Instance Variables for Generic Objects?

在内部，Ruby 使用了一点 Hack[1]手法来为基本类型对象保存实例变量——因为这些对象没有使用 RObject 结构体。当在基本类型对象中保存实例变量时，Ruby 会把它保存在名为 generic_iv_tbl 的特殊散列里。该散列维护着基本类型对象和另外一些散列的指针的映射，而那些散列中包含了基本类型对象的所有实例变量。图 5-7 展示了示例 5-6 中 str 字符串保存实例变量过程的概貌。

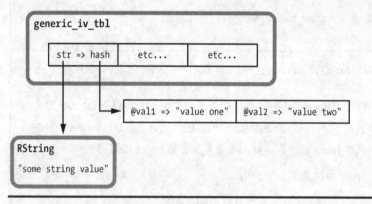

图 5-7 generic_iv_tbl 为基本类型对象保存了实例变量

实验 5-1：保存新实例变量的时间开销

为了学习更多关于 Ruby 在内部如何保存实例变量的知识，让我们测试一下 Ruby 保存实例变量需要花费多长时间。为了做到这一点，下面将创建大量的测试对象，如示例 5-8 所示。

```
ITERATIONS = 100000
❶ GC.disable
❷ obj = ITERATIONS.times.map { Class.new.new }
```

示例 5-8 使用 Class.new 创建测试对象

这里使用 Class.new❷来为每个测试对象创建唯一的类，以确保它们之间都是独立的。我还禁用了垃圾回收❶以避免 GC 操作干扰测试结果。然后，在示例 5-9 中为每个对象添加了实例变量。

[1]译注：Hack，表示一种修改技巧。

```
Benchmark.bm do |bench|
  20.times do |count|
    bench.report("adding instance variable number #{count+1}") do
      ITERATIONS.times do |n|
        obj[n].instance_variable_set("@var#{count}", "value")
      end
    end
  end
end
```

示例 5-9　为每个测试对象增加实例变量

示例 5-9 中迭代了 20 次，反复为每个对象保存更多的新实例对象。图 5-8 展示了 Ruby 2.0 增加每个变量的时间开销：左边第一个柱状条是为所有对象保存第一个实例变量的时间开销，之后的柱状条是为每个对象增加更多实例变量所额外耗费的时间。

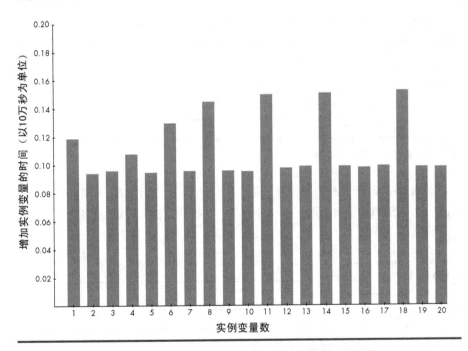

图 5-8　增加更多实例变量的时间（以 10 万秒为单位）vs 实例变量的数目

图 5-8 展示的图案有点奇怪，从图中可以看出，Ruby 有时需要更长的时间来添加新的实例变量。这是怎么回事呢？

这种现象跟存储实例变量的数组 ivptr 有关，如图 5-9 所示。

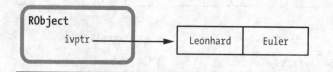

图 5-9 保存在对象中的两个实例变量

在 Ruby 1.8 中，这个数组是包含变量名（散列的键）和对应值的散列表，该散列表可以自动扩容以便容纳任意数量的元素。

Ruby 1.9 和 Ruby 2.0 通过把变量的值保存在简单的数组里来提高速度。实例变量的名字被保存在对象的类中，因为同一个类的所有实例变量的名字都是相同的。这样，Ruby 1.9 和 Ruby 2.0 就可以预先分配一个大数组来处理任意数量的实例变量，或者在需要保存更多变量时预先增加数组的大小。

事实上，如图 5-8 所示，Ruby 1.9 和 Ruby 2.0 会提前增加数组的大小。举个例子，假设在给定对象中有 7 个实例变量，如图 5-10 所示。

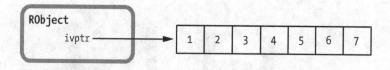

图 5-10 对象中包含 7 个变量

当增加第 8 个变量的时候——图 5-8 中的第 8 个柱状条——Ruby 1.9 和 Ruby 2.0 把该数组的大小增长了 3 个单位，以备不久之后会增加更多变量，如图 5-11 所示。

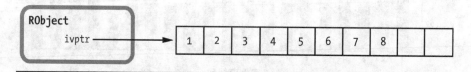

图 5-11 增加第 8 个变量时会分配额外的空间

分配更多内存时需要额外的时间，这就是为什么第 8 个柱状条比其他的高很多。现在，如果多加 2 个实例变量，Ruby 1.9 和 Ruby 2.0 就不需要为这个数组再次分配内存，因为这个空间已经够用。这也解释了为什么第 9 个柱状条和第 10 个柱状条短一些。

5.2 RClass 结构体内部有什么

What's Inside the RClass Structure?

每个对象都通过保存指向 RClass 结构体的指针来记忆它的类。如果进入类内部，我们能看到什么？现在根据 RClass 包含的特性来建立一个模型。该模型是基于我们所知道的类的功能对类做的一个专业性定义。

每个 Ruby 开发者都知道如何编写一个类：输入 class 关键字，为新类指定一个名称，然后输入类方法。示例 5-10 展示了一个大家熟悉的例子。

两个对象，属于同一个类

```
class Mathematician
  attr_accessor :first_name
  attr_accessor :last_name
end
```

示例 5-10　复用示例 5-1

attr_accessor 是为属性定义 get 方法和 set 方法的快捷方式（被 attr_accessor 定义的方法也会检查 nil 值）。示例 5-11 使用了一种更为详细的方法来定义 Mathematician 类。

```
class Mathematician
  def first_name
    @first_name
  end
  def first_name=(value)
    @first_name = value
  end
  def last_name
    @last_name
  end
  def last_name=(value)
    @last_name = value
  end
end
```

示例 5-11　没有使用 attr_accessor 的 Mathematician 类

示例 5-11 表明，该类及所有 Ruby 类都只是一组方法定义。你可以通过在类中添加方法来指派对象的行为，当调用对象方法时，Ruby 会在对象的类中查找方法。这引出了首个 Ruby 类的定义：

Ruby 类就是一组方法定义。

因此，Mathematician 的 RClass 结构体一定保存了类中所有方法定义的列表，如图 5-12 所示。

注意示例 5-11 也创建了两个实例变量：@first_name 和 @last_name。我们之前也看过 Ruby 如何在 RObject 结构体中存储这些值，但是你可能也注意到，存储在 RObject 中的仅仅是这些实例变量的值，而不是它们的名字。（Ruby 1.8 在 RObject 中存储名字。）Ruby 肯定在 RClass 中存储了属性的名字，这样想是因为每个 Mathematician 实例的名字都是相同的。

图 5-12　RClass 包含了方法表

让我们重绘 RClass 的图，这次包含了属性名列表，如图 5-13 所示。

现在，得到了如下 Ruby 类定义：

Ruby 类是一组方法定义和属性名称表。

在本章开头提到过 Ruby 中一切皆对象。类也是对象，下面将用 IRB 证明。

```
> p Mathematician.class
=> Class
```

如你所见，Ruby 类都是 Class 类的实例，因此，类也是对象。现在，再次来更新我们对类的定义：

Ruby 类是包含了方法定义和属性名字的 Ruby 对象。

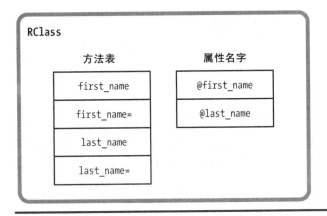

图 5-13 Ruby 类包含属性名称表

因为 Ruby 类是对象，我们知道 RClass 结构体也一定包含类指针和实例变量数组，以及每个 Ruby 对象都包含的值，如图 5-14 所示。

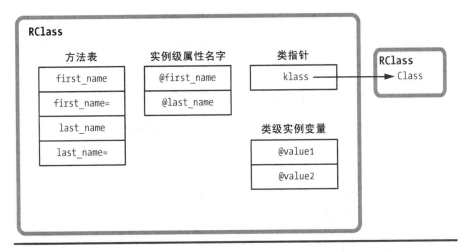

图 5-14 Ruby 类也包含类指针和实例变量

如你所见，我们已经增加了指向 Class 类的指针，Class 类在理论上是每个 Ruby 类的类。然而，在实验 5-2 中，将证实这张图实际上是不准确的——klass 实际指向的是别的东西！在该图中，也添加了实例变量表。

NOTE 不要把图中的类级实例变量和对象级实例变量的属性名字表混淆。

这样下去很快将无法控制！RClass 结构体似乎要比 RObject 结构体复杂得多。但不要担心——我们已经离 RClass 结构体的准确描述越来越近了。接下来，需要考虑包含在每个 Ruby 类中的两个更重要的信息。

5.2.1 继承

Inheritance

继承是面向对象编程的一个基本特征。在创建类的时候，Ruby 允许我们随意指定一个超类来实现单继承。如果没有指定超类，Ruby 会默认指派 Object 类来作为超类。例如，可以用超类来重写 Mathematician 类，比如这样：

```
class Mathematician < Person
--snip--
```

现在每一个 Mathematician 的实例都会包含与 Person 实例相同的方法。在此例中，可能要把 first_name 和 last_name 访问器方法移动到 Person 中。我们也能把@first_name 和@last_name 属性移动到 Person 类中。Mathematician 的每个实例都会包含这些方法和属性，即使已经把它们移到 Person 类里面。

Mathematician 类一定包含了 Person 类（超类）的引用，以便 Ruby 能找到定义在超类中的方法和属性。

让我们再次更新定义，假设 Ruby 用另一个跟 klass 相似的指针来记录超类：

Ruby 类是包含了方法定义、属性名字和超类指针的 Ruby 对象。

让我们重新绘制包含超类指针的 RClass 结构体，如图 5-15 所示。

理解 klass 和 super 指针的区别至关重要。klass 指针表示 Ruby 类是哪个类的实例，结果会一直是 Class 类。

```
> p Mathematician.class
=> Class
```

Ruby 会使用 klass 指针来查找 Mathematician 类对象的方法，比如每个 Ruby 类都实现了的 new 方法。然而，super 指针记录的是类的超类：

```
> p Mathematician.superclass
=> Person
```

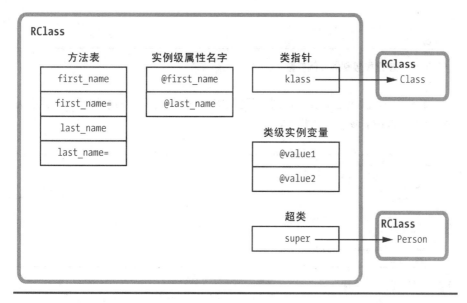

图 5-15　Ruby 类也包含超类指针

Ruby 使用 super 指针帮助查找每个 Mathematician 实例的方法，比如 first_name=和 last_name。接下来会看到 Ruby 存取类变量时也使用了 super 指针。

5.2.2　类实例变量 vs 类变量
Class Instance Variables vs. Class Variables

Ruby 语法的一个困惑点就是类变量的概念。你可能会认为它们只是类的实例变量（图 5-14 中类级别的实例变量），但是类变量和类实例变量是完全不同的。

要创建类实例变量，只需要使用@符号创建实例变量就可以了，但是要在类的上下文中创建，而不是在对象的上下文中创建。比如，示例 5-12 展示了如何使用 Mathematician 的实例变量去表示这个类对应的一个数学分支（General）。下面创建@type 实例变量❶。

```
class Mathematician
❶  @type = "General"
  def self.type
    @type
  end
end
```

```
puts Mathematician.type
=> General
```

示例 5-12 创建类级别的实例变量

相比之下，要创建类变量，则需要使用@@标记。示例 5-13 展示了同样的例子，使用@@type❶来创建类变量。

```
class Mathematician
❶  @@type = "General"
   def self.type
     @@type
   end
end

puts Mathematician.type
 => General
```

示例 5-13 创建类变量

有什么区别呢？创建类变量时，Ruby 会在该类中创建唯一的值，并在其任意子类中共享该值。如果是类实例变量，那么 Ruby 会在该类及其子类中创建各自独立使用的值。

让我们考察一下示例 5-14，来看看 Ruby 如何处理这两种不同的 Ruby 类型。首先，在 Mathematician 类中定义了名为@type 的类实例变量，并且把它的值设置为字符串 General。然后，创建第二个名为 Statistician 的类，它是 Mathematician 的子类，并且把@type 的值改为字符串 Statistics。

```
class Mathematician
  @type = "General"
  def self.type
    @type
  end
end

class Statistician < Mathematician
  @type = "Statistics"
end

puts Statistician.type
❶  => Statistics
puts Mathematician.type
❷  => General
```

示例 5-14 每个类和子类都有它们自己的实例变量

注意在 Statistician 类❶中@type 的值和 Mathematician 类❷中的是不同的。每个类都分别有其自己的@type 副本。

然而，如果使用类变量代替，那么 Ruby 会在 Statistician 和 Mathematician 之间共享这个值，如示例 5-15 所示。

```
class Mathematician
  @@type = "General"
  def self.type
    @@type
  end
end

class Statistician < Mathematician
  @@type = "Statistics"
end

puts Statistician.type
  => Statistics
puts Mathematician.type
  => Statistics
```
❶
❷

示例 5-15　Ruby 在类和其所有子类中共享类变量

这里，Ruby 展示了在 Statistician 类❶中@@type 的值和 Mathematician 类❷中的是相同的。

然而在内部，Ruby 实际是在 RClass 结构体的同一张表中保存类变量和类实例变量。如果你在 Mathematician 类中同时创建了@type 和@@type，图 5-16 展示了 Ruby 如何保存它们。名称中额外的@符号允许 Ruby 区分两种不同的变量类型。

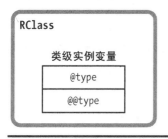

图 5-16　Ruby 在同一张表里保存类变量和类实例变量

5.2.3　存取类变量
Getting and Setting Class Variables

事实上，Ruby 在同一张表中保存类变量和类实例变量。然而，Ruby 存取这二者的方式却十分不同。

存取类实例变量时，Ruby 会在对应于目标类的 RClass 结构体中查找该变量，对其进行存取。图 5-17 展示了 Ruby 如何保存示例 5-14 中的类实例变量。

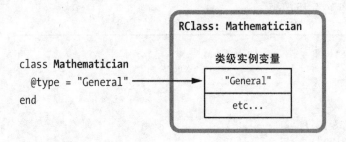

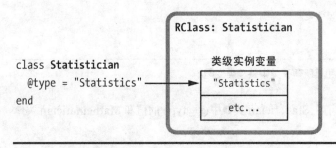

图 5-17 Ruby 在目标类的 RClass 结构体中保存类实例变量

在图 5-17 顶部，你能看到在 Mathematician 中保存类实例变量的代码；下方是跟上面相似的代码，用于保存在 Statistician 中的值。对于这两种情形，Ruby 会在当前类的 RClass 结构体中保存类实例变量。

Ruby 为类变量使用了更复杂的算法。要产生在示例 5-15 中看到的行为，Ruby 需要遍历所有超类，看它们中是否定义有相同的类变量，如图 5-18 所示。

当保存类变量的时候，Ruby 会在目标类及其所有超类中查找存在的变量。它会使用最高层那个超类中的变量副本。在图 5-18 中，你可以看到在 Statistician 中保存@@type 类变量时，Ruby 会把 Statistician 类和 Mathematician 类都检查一遍。因为已经在 Mathematician 类中保存了同一个类变量（见示例 5-15），所以 Ruby 会使用该变量，并且使用新值来重写它，如图 5-19 所示。

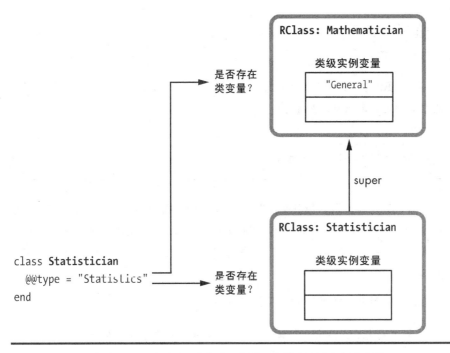

图 5-18　在保存之前，Ruby 会检查在目标类或其任何超类中是否存在类变量

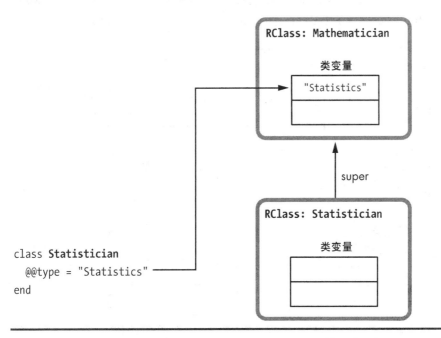

图 5-19　Ruby 使用在最高层超类中找到的类变量副本

5.2.4 常量
Constants

这里有 Ruby 类的另外一个特性要介绍：常量（constant）。你可能知道，Ruby 允许在类中定义常量值，就像这样：

```
class Mathematician < Person
 AREA_OF_EXPERTISE = "Mathematics"
 --snip--
```

常量值一定以大写字母开头，并且它们在当前类的作用域内有效。（奇怪的是，Ruby 允许改变常量的值，但是如此做的时候 Ruby 会显示一个警告。）让我们在 RClass 结构体中添加常量表，因为 Ruby 会在每个类中都保存这些值，如图 5-20 所示。

现在可以得出完整的 Ruby 类的专业定义：

Ruby 类是包含方法定义、属性名称、超类指针和常量表的 Ruby 对象。

当然，这个定义不像我们对 Ruby 对象的定义那般简单明了。但是，每个 Ruby 类比 Ruby 对象包含了更多的信息。Ruby 类对于这门语言来说显然很重要。

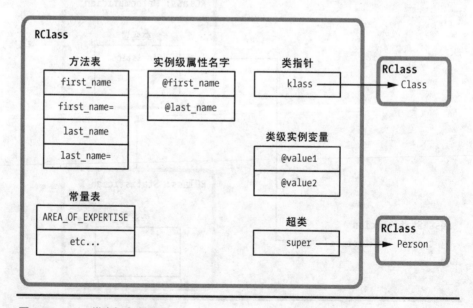

图 5-20 Ruby 类也包含常量表

5.2.5 真实的 RClass 结构体

The Actual RClass Structure

我们已经根据 RClass 中必定存储的信息建立起了理论模型，下面看看 Ruby 用来表示类的真实结构体，如图 5-21 所示。

如你所见，Ruby 使用两个独立的结构体来表示类：RClass 和 rb_classext_struct。但是，这两个结构体也充当着一个大的结构体，因为每个 RClass 总是包含指向对应 rb_classext_struct 的指针（ptr）。你可能会想，Ruby 核心团队使用两个不同的结构体，是因为这里有很多不同的值要保存，但实际上他们创造 rb_classext_struct 结构体是为了保存内部值，这些内部值并不想在公共的 Ruby C 扩展 API 中公开。

像 RObject 一样，RClass 也有 VALUE 指针（见图 5-21 左侧）。Ruby 总是使用这些 VALUE 指针来访问每个类，图 5-21 的右侧展示了每个字段的技术术语。

- flags 和 klass 是 RBasic 中包含的值。

- m_tbl 是一个方法散列表，以方法名或 ID 为键，以每个方法定义的指针——包括被编译的 YARV 指令——为值。

- iv_index_tbl 是一个属性名散列表。该散列是实例变量的名字和 RObject 实例变量数组中属性值索引的映射。

- super 是当前类的超类的 RClass 结构体的指针。

- iv_tbl 包含类级别的实例变量和类变量，包括它们的名字和值。

- const_tbl 是包含所有被定义在类作用域中常量（名字和值）的散列，你可以看到 Ruby 以相同的方式实现了 iv_tbl 和 const_tbl: 类级别的实例变量和常量基本是同一回事。

- Ruby 使用 origin 来实现 Module#prepend 特性，第 6 章将讨论 prepend 是什么，以及 Ruby 如何实现它。

- Ruby 用 refined_class 指针来实现新的特性 refinement，我会在第 9 章讨论它。

- Ruby 内部用 allocator 为类的每个新的实例对象来分配内存。

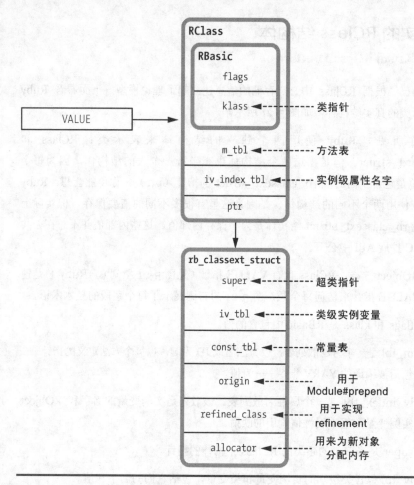

图 5-21　真实世界 Ruby 如何表示类

阅读 RClassc 结构体定义

现在来快速浏览一下真正 RClass 结构体的定义，如示例 5-16 所示。

```
typedef struct rb_classext_struct rb_classext_t;
  struct RClass {
  struct RBasic basic;
  rb_classext_t *ptr;
  struct st_table *m_tbl;
  struct st_table *iv_index_tbl;
};
```

示例 5-16　RClass C 结构体的定义

像在示例 5-7 中看到的 RObject 的定义那样，这个结构体定义能在 include/ruby/ruby.h 文件中找到，包括在图 5-21 中列出的所有值。

rb_classext_struct 结构体定义能在 internal.h 这个头文件中找到，如示例 5-17 所示。

```
struct rb_classext_struct {
    VALUE super;
    struct st_table *iv_tbl;
    struct st_table *const_tbl;
    VALUE origin;
    VALUE refined_class;
    rb_alloc_func_t allocator;
};
```

示例 5-17 rb_classext_struct C 结构体的定义

又看到了图 5-21 中的那些值。注意 C 类型 st_table 在示例 5-16 和示例 5-17 中共出现了四次，它是 Ruby 的散列表数据结构。在内部，Ruby 使用散列表保存了类的大量信息：属性名称表、方法表、类级别的实例变量表和常量表。

实验 5-2：Ruby 在哪里保存类方法

我们已经学习了每个 RClass 结构体如何保存定义于类中的方法。在本例中，Ruby 使用方法表在 RClass 结构体中为 Mathematician 存储关于 first_name 的信息：

```
class Mathematician
  def first_name
    @first_name
  end
end
```

但是，类方法是什么样的呢？在 Ruby 中，通常是指直接在类中保存的方法，使用语法如示例 5-18 所示。

```
class Mathematician
  def self.class_method
    puts "This is a class method."
  end
end
```

示例 5-18 使用 def self 来定义类方法

或者，可以使用示例 5-19 中所示的语法。

```
class Mathematician
  class << self
    def class_method
      puts "This is a class method."
    end
  end
end
```

示例 5-19 使用 class << self 定义类方法

它们跟普通方法一样一起被保存在 RClass 结构体中，通过设置一个标记来说明它们是类方法还是保存在其他地方。

很容易看出，类方法明显没有跟普通方法一起被保存在 RClass 方法表中，因为 Mathematician 的实例不能调用它们，下面是代码示范：

```
> obj = Mathematician.new
> obj.class_method
=> undefined method `class_method' for
#< Mathematician:0x007fdd8384d1c8 (NoMethodError)
```

现在，注意 Mathematician 也是对象，回想一下下面的定义：

Ruby 类是包含方法定义、属性名称、超类指针和常量表的 Ruby 对象。

暂且假设，Ruby 应该像其他任意对象那样在类的方法表中为 Mathematician 保存方法。换句话说，Ruby 应该使用 klass 指针得到 Mathematician 的类，然后把方法保存在那个 RClass 结构体的方法表中，如图 5-22 所示。

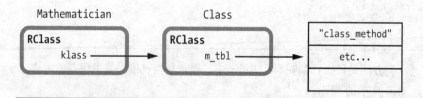

图 5-22 Ruby 是不是应该在"类的类"的方法表中保存类方法？

但是 Ruby 实际并没有这样做，你可以通过创建另一个类并且调用那个新方法来验证：

```
> class AnotherClass; end
> AnotherClass.class_method
 => undefined method `class_method' for AnotherClass:Class (NoMethodError)
```

如果 Ruby 在 Class 类的方法表中增加类方法，那么整个应用程序中所有的类都会有这个方法。显然，这并非我们编写类方法的本意，也幸亏 Ruby 没有以这种方式来实现类方法。

Ruby 的类方法去哪儿了呢？可以使用 ObjectSpace.count_objects 方法来获取一些线索，如示例 5-20 所示。

```
$ irb
❶ > ObjectSpace.count_objects[:T_CLASS]
❷ => 859
 > class Mathematician; end
 => nil
❸ > ObjectSpace.count_objects[:T_CLASS]
❸ => 861
```

示例 5-20　使用 ObjectSpace.count_objects[:T_CLASS]方法

ObjectSpace.count_objects❶返回现存给定类型的对象数量。在这次测试中，我传入:T_CLASS 符号来获取在我的 IRB 中存在的类对象的数量。在创建 Mathematician 之前，有 859 个类❷。在声明 Mathematician 之后，有 861 个类——多了两个❸。真奇怪。我声明了一个类，但是 Ruby 实际创建了两个！那第二个类是什么？它们在哪里呢？

事实证明，当创建新类的时候，Ruby 内部创建两个类！第一个类是新创建的类，Ruby 创建新 RClass 结构体来表示类，如上面所说。但是在 Ruby 内部也创建了第二个、隐藏的类叫元类（metaclass）。为什么呢？是为了保存任何可能之后会为新类创建的类方法。事实上，Ruby 把元类设置成新类的类[1]：设置新类的 RClass 结构体的 klass 指针指向元类[2]。

不编写 C 代码，没有方便的方式来查看元类或 klass 指针的值，但是可以得到作为 Ruby 对象的元类，就像这样：

```
class Mathematician
end
```

---

[1]译注：此处"类的类"是作者沿用前面图 5-22 中"类的类"的思路来说明类方法是放在元类中。但实际上，我们说"类的类"，避免歧义，通常是指 Class 类。
[2]译注：读者不妨自己想一想：既然这个 klass 指针指向了元类，那么 Mathematician.class 为什么还是返回 Class？

```
p Mathematician
 => Mathematician

p Mathematician.singleton_class
 => #<Class:Mathematician>
```

第一条 print 语句显示类对象的类，而第二条显示的是对象的元类。这个奇怪的#<Class:Mathematician>语法表明第二个类是 Mathematician 的元类。第二个 RClass 结构体是在声明 Mathematician 类的时候由 Ruby 自动创建的，并且该 RClass 结构体是 Ruby 保存类方法的地方，如图 5-23 所示。

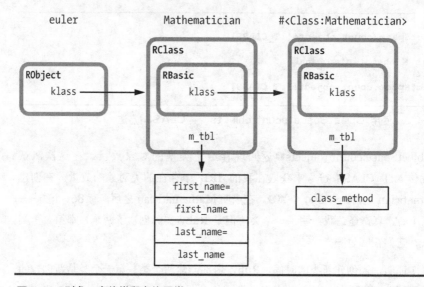

图 5-23 对象、它的类和它的元类

如果现在显示该元类的方法，我们会看到 Class 类的所有方法，包括 Mathematician 新的类方法：

```
p obj.singleton_class.methods
 => [ ... :class_method, ... ]
```

5.3   总结
Summary

本章我们学习了 Ruby 内部如何表示对象和类：Ruby 使用 RObject 结构体来表

示任意自定义类或内置类的实例。RObject 结构体非常简单，只包含指向对象的类的指针和实例变量值的表，以及实例变量的数量。其结构的简单性使我们对 Ruby 对象有了一个非常简单的定义：

每个 Ruby 对象都是类指针和实例变量数组的组合。

这个定义非常强大且有用，因为在 Ruby 中一切皆对象：不管你在 Ruby 中使用任何值，不管它是什么，请记住，它都是一个对象，因此它会有类指针和实例变量。

我们也学习了 Ruby 使用专门的 C 结构体来表示许多常用的、Ruby 内建的名为"基本类型"对象的类。例如，Ruby 使用 RString 结构体来表示 String 类的实例，RArray 表示 Array 类的实例，RRegexp 表示 Regexp 类的实例。虽然这些结构体不同，但是 Ruby 也会为每个基本类型对象保存类指针和实例变量数组。同时，也学习了 Ruby 保存简单值，比如小值整数和符号，完全没有使用 C 结构体。Ruby 把这些值保存在 VALUE 指针的右侧，而不是指向持有该值的结构体。

尽管 Ruby 对象很简单，但是本章学习的 Ruby 类却远没有这么简单。RClass 结构体跟 rb_classext_struct 结构体协同工作保存了大量的信息集。这点迫使我们对 Ruby 类下了更复杂的定义：

Ruby 类是包含方法定义、属性名称、超类指针和常量表的 Ruby 对象。

通过查看 RClass 和 rb_classext_struct，可以看到 Ruby 类也是 Ruby 对象，因此也包含实例变量和类指针。同时，也学习了类实例变量和类变量的不同，并且了解到 Ruby 把这两种变量类型都保存在同一个散列表里。我们发现，类也包含一系列散列表，这些散列表用于存储类的方法、对象级实例变量的名字，以及在类中定义的常量。最后学习了每个 Ruby 类如何使用 super 指针记录超类。

Ruby 内部，模块是类。

6

方法查找和常量查找

METHOD LOOKUP AND CONSTANT LOOKUP

正如我们在第 5 章看到的，类在 Ruby 中扮演着重要的角色，持有方法定义和常量值，以及其他的一些东西。我们也得知 Ruby 使用了 RClass 结构体中的 super 指针来实现继承。

事实上，随着程序的增长，你可以想象得到，靠类与超类组织的程序会构成一种巨大的树形结构。该树形结构的根部是 Object 类（其实是内部 BasicObject 类）。该类是 Ruby 默认的超类，而所有自定义的类都会向上朝不同的方向延伸，形成此树形结构的主干和分支。在本章，我们将学习 Ruby 如何用超类树来查找方法。当有方法调用时，Ruby 会以一种非常精确的方式来遍历此树。我们将通过具体的例子来逐步查看方法查找的过程。

本章后面的部分将以另外一种方式来审视 Ruby 代码。每次创建类或模块时，Ruby 会把新的作用域增加到另外一棵树上，该树是基于程序语法结构的树。树干是顶级作用域，也就是 Ruby 文件中代码的起始位置。当你定义的嵌套模块（或类）越来越多时，这棵树也会长得越来越高。我们将学习这种语法，也就是命名空间，Ruby 可以像在超类树中查找方法定义那样根据这个树来查找常量定义。

但是在学习方法和常量查找之前，让我们先看看 Ruby 的模块。什么是模块？它们跟类有什么不同？在类中包含（include）模块时发生了什么？

学习路线图

6.1　Ruby 如何实现模块 ································· 145

　　模块是类 ······································· 145

　　将模块 include 到类中 ·························· 147

6.2　Ruby 的方法查找算法 ·························· 148

　　方法查找示例 ·································· 149

　　方法查找算法实践 ······························ 151

　　Ruby 中的多继承 ······························ 152

　　全局方法缓存 ·································· 153

　　内联方法缓存 ·································· 154

　　清空 Ruby 的方法缓存 ·························· 155

　　在同一个类中 include 两个模块 ················· 155

　　在模块中 include 模块 ························· 157

　　Module#prepend 示例 ·························· 158

　　Ruby 如何实现 Module#prepend ················ 161

　　实验 6-1：修改被 include 的模块 ··············· 163

　　在已被 include 的模块中增加方法 ··············· 164

　　在已被 include 的模块中 include 其他模块 ········ 164

　　"被 include 的类"与原始模块共享方法表 ········· 166

　　深度探索 Ruby 如何拷贝模块 ··················· 166

6.3　常量查找 ····································· 168

　　在超类中查找常量 ······························ 169

Ruby 如何在父级命名空间中查找常量 ·············· 170

6.4 Ruby 中的词法作用域 ·································· 171

为新类或模块创建常量 ······························ 172

在父命名空间中使用词法作用域查找常量 ············ 173

Ruby 的常量查找算法 ······························· 175

实验 6-2：Ruby 会先找哪个常量？ ················· 176

Ruby 真实的常量查找算法 ·························· 177

6.5 总结 ·· 178

6.1 Ruby 如何实现模块

How Ruby Implements Modules

你可能知道，在 Ruby 中模块与类非常相似。你可以像创建类那样创建模块——输入 module 关键字，再加上一串方法定义。虽然模块与类相似，但是 Ruby 对它们的处理方式是不同的，主要体现在以下三个重要方面。

- Ruby 不允许用模块直接创建对象。其实是不能调用模块的 new 方法，因为 new 是类的方法，而不是模块的方法。

- Ruby 不允许为模块指定超类。

- 可以使用 include 关键字把模块包含到类中。

但是模块到底是什么呢？Ruby 在内部如何表示它们？是用 RModule 结构体吗？在类中 include 模块又是什么意思？

6.1.1 模块是类

Modules Are Classes

事实上，Ruby 内部用类来实现模块。创建模块时，Ruby 同时创建了一对 RClass/rb_classext_struct 组合，就像创建新类那样。举个例子，假设我们定义了下面这个新模块。

```
module Professor
end
```

在内部，Ruby 创建的是类，而不是模块！图 6-1 展示了 Ruby 在内部如何表示模块。

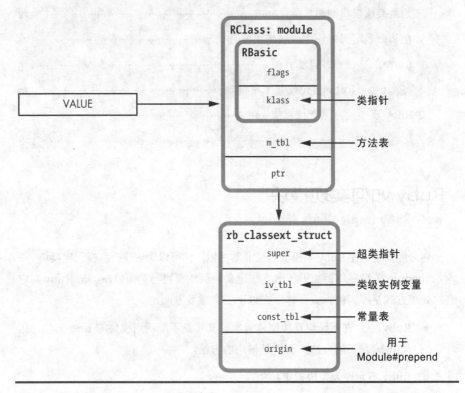

图 6–1   用于模块的 Ruby 的类结构体部分

图 6-1 再次展示了 Ruby 的 RClass 结构体。然而，我从图 6-1 中移除了一些值，因为模块根本不需要它们。最重要的是，我移除了 iv_index_tbl，因为你不能创建模块的实例对象——换句话说，你不能调用模块的 new 方法。这意味着并不需要去记录对象级别的属性。我也移除了 refined_class 值和 allocator 值，因为模块不会用到它们。我保留了 super 指针，因为模块在内部是有超类的，只是不允许你自己来手动指定它们。

对 Ruby 模块（现在忽略 origin 值）的技术性定义可能会是这样：

Ruby 模块是包含方法定义、超类指针和常量表的 Ruby 对象。

6.1.2 将模块 include 到类中

Including a Module into a Class

模块背后真正的魔法发生在把它 include 到类中的时候，如示例 6-1 所示：

```
module Professor
end
class Mathematician < Person
  include Professor
end
```

示例 6-1　在类中包含模块

当运行示例 6-1 的时候，Ruby 为 Professor 模块创建了 RClass 结构体副本，并且把它作为 Mathematician 新的超类。该模块的副本被 Ruby 的 C 源码作为 "被 include 的类（included class）" 所引用。该副本被设置为 Mathematician 的超类，保留在祖先链中（见图 6-2）。

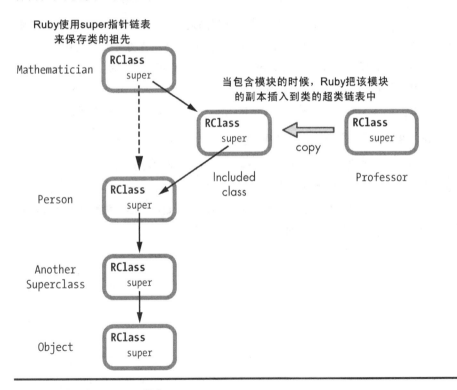

图 6-2　将模块 include 到类中

图 6-2 的左上角是 Mathematician 类。沿着左侧往下，可以看到它的超类链：Mathematician 的超类是 Person，Person 的超类是另一个超类，以此类推。每个 RClass 结构体内的 super 指针（实际上应该是每个 rb_classext_struct 结构体）都指向下一个超类。

现在来看图 6-2 右侧的 Professor 模块。当这个模块被 include 到 Mathematician 类中的时候，Ruby 改变 Mathematician 的 super 指针，让其指向 Professor 的副本，并且 Professor 副本的 super 指针指向 Mathematician 的原始超类 Person。

NOTE Ruby 是以完全相同的方式来实现 extend 的，只是"被 include 的类[1]"变成了目标类元类的超类。因此，extend 允许你为一个类增加类方法。

6.2 Ruby 的方法查找算法
Ruby's Method Lookup Algorithm

无论是调用方法，还是面向对象术语所说的发送消息给对象，Ruby 都需要确定哪个类实现了该方法。答案有时是很明显的：消息接收者的类可能实现了目标方法。然而，这种情况并不常见。有可能是系统中其他模块或类实现的那个方法。Ruby 用非常精确的算法以特定的顺序检索整个模块（或类）来查找目标方法。对每个 Ruby 开发者而言，理解这一过程很关键，所以我们来深入探索吧。

图 6-3 的流程图为你绘制出了 Ruby 的方法查找算法的概貌。

这个算法是不是非常简单？如你所见，Ruby 只是跟着 super 指针直到它找到包含目标方法的类（或模块）。你可能会想，Ruby 会使用一些特殊逻辑来区分模块和类，比如，它必须处理包含多个模块的情况。但是，Ruby 并没有这么做，它只是一个在 super 指针链表上的简单循环。

---

[1]译注："被 include 的类"是指被包含的模块在内部的副本。

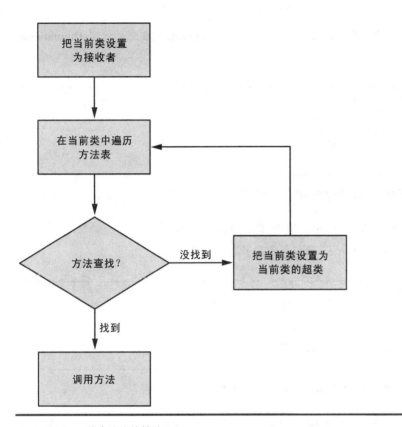

图 6-3　Ruby 的方法查找算法

6.2.1　方法查找示例

A Method Lookup Example

为了确保能透彻的理解，现在来梳理一遍这个算法。首先，让我们创建一个有类、超类和模块的示例，以便查看 Ruby 内部类和模块如何协同工作。

示例 6-2 展示了带有访问器方法 first_name 和 last_name 的 Mathematician 类。

```
class Mathematician
  attr_accessor :first_name
  attr_accessor :last_name
end
```

示例 6-2　简单的 Ruby 类，复用了示例 5-1

现在来介绍超类。在示例 6-3 中，我们把 Person 类❶设置为 Mathematician 的超类。

```
class Person
end

❶ class Mathematician < Person
  attr_accessor :first_name
  attr_accessor :last_name
end
```

示例 6-3　Person 是 Mathematician 的超类

我们把那两个 name 属性移动到超类 Person 里，因为不仅仅是 Mathematician 有 name。最终代码如示例 6-4 所示。

```
class Person
  attr_accessor :first_name
  attr_accessor :last_name
end

class Mathematician < Person
end
```

示例 6-4　现在 name 属性都放在超类 Person 里了

最后，我们将 Professor 模块❶包含到 Mathematician 类中。完整代码如示例 6-5 所示。

```
class Person
  attr_accessor :first_name
  attr_accessor :last_name
end

module Professor
  def lectures; end
end

class Mathematician < Person
❶  include Professor
end
```

示例 6-5　现在有了一个拥有超类并且 include 模块的类

6.2.2 方法查找算法实践

The Method Lookup Algorithm in Action

现在已经创建好了示例，下面来看看 Ruby 如何查找调用的方法。每次调用程序中的任意一个方法，Ruby 遵循的过程与我们即将看到的过程是相同的。

让我们以方法调用拉开序幕吧。这段代码创建了新的 mathematician 对象，并且设置了它的名字：

```
ramanujan = Mathematician.new
ramanujan.first_name = "Srinivasa"
```

为了执行这段代码，Ruby 需要查找 first_name=方法。此方法在哪？Ruby 如何能精确地找到它呢？

首先，Ruby 通过 ramanujan 对象中的 klass 指针得到了相应的类，如图 6-4 所示。

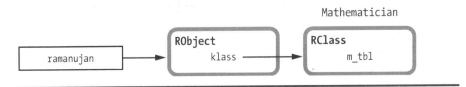

图 6-4　Ruby 首先在对象的类中查找 first_name=方法

接下来，Ruby 会通过直接查看方法表来检查 Mathematician 是否实现了 first_name=方法，如图 6-5 所示。

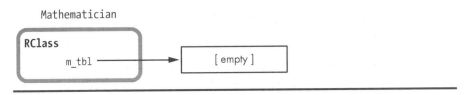

图 6-5　Ruby 首先在类的方法表中查找 first_name=

因为我们已经把所有的方法都移到了超类 Person 中，所以这里不会再有 first_name=方法。Ruby 继续执行算法，通过 super 指针得到了 Mathematician 类的超类，如图 6-6 所示。

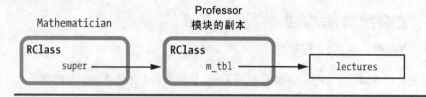

图 6-6　Mathematician 的超类是 Professor 模块的副本

记住，这不是 Person 类，它是被 include 的类，只是 Professor 模块的副本。正因为它是 Professor 的副本，所以 Ruby 会遍历 Professor 的方法表。回想一下，示例 6-5 中的 Professor 仅仅包含一个 lectures 方法。所以，Ruby 在此找不到 first_name=方法。

NOTE 因为 Ruby 在超类链中的原始超类之前插入模块，所以 include 模块中的方法会重载原始超类中已有的方法。这样，如果 Professor 也有 first_name=方法，Ruby 就会调用它，而不是 Person 中的该方法。

因为 Ruby 在 Professor 中没有找到 first_name=方法，所以它会继续遍历 super 指针，但是这次它用了 Professor 中的 super 指针，如图 6-7 所示。

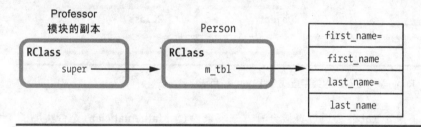

图 6-7　Person 类是被 include 模块 Professor 副本的超类

需要注意的是，Professor 模块的超类（或更精确地说，被 include 的 Professor 模块的副本的超类）是 Person 类。这是 Mathematician 类的原始超类。最后，Ruby 在 Person 类的方法表中找到了 first_name=方法。因为它已经识别出了哪个类实现了 first_name=方法，Ruby 现在可以使用第 4 章中学习过的方法调度过程来调用方法了。

6.2.3　Ruby 中的多继承
Multiple Inheritance in Ruby

这部分内容很有趣，Ruby 内部使用类继承来实现模块的 include。本质上，

include 模块跟指定超类是没有区别的。两种程序都是给目标类提供可用的新方法，并且都在内部使用了类的 super 指针。在类中 include 多个模块等价于指派多个超类。

然而，Ruby 依旧通过强制使用单一的祖先链来让一切保持简单。虽然包含多个模块在内部是创建了多个超类，但是 Ruby 会把它们保持在单一的链表中。这样一来，作为 Ruby 开发者，你会得到多重继承的好处（随心所欲地给类添加来自于不同模块的行为），同时还保持了单继承模式的简单性。

Ruby 从中受益匪浅！强制使用单一的祖先链使它的方法查找算法也非常简单。每次调用对象的方法，Ruby 仅需通过遍历超类链列表，直到找到包含目标方法的类或模块。

6.2.4　全局方法缓存

The Global Method Cache

方法查找耗费的时间依赖于超类链中超类的数量。为了减少开销，Ruby 缓存了查找结果以便后续使用。它使用两种缓存来记录哪个类（或模块）实现了代码中调用的方法：全局方法缓存（global method cache）和内联方法缓存（inline method cache）。

让我们先来了解全局方法缓存。Ruby 使用全局方法缓存来保存接收者和实现类之间的映射，如表 6-1 所示。

表 6-1　全局方法缓存可能包含的信息

klass	defined_class
Fixnum#times	Integer#times
Object#puts	BasicObject#puts
etc...	etc...

表 6-1 左边的 klass 列展示了接收者的类，也就是调用方法的对象的类；右边的 defined_class 列记录了方法查找结果。这是实现者类，即实现 Ruby 要查找的那个方法的类。

下面拿表 6-1 第一行 Fixnum#times 和 Integer#times 作为例子。在全局方法缓存中，这个信息意味着 Ruby 的方法查找算法从 Fixnum 开始查找 times 方法，但实际上是在 Integer 类中找到的。同样，表 6-1 第二行意味着 Ruby 从 Object 中查找 puts，但实际上是在 BasicObject 类中找到了它。

全局方法缓存允许 Ruby 在下一次代码调用第一列中的那些方法的时候跳过方法查找过程。无论在程序中的哪个地方调用的 times 方法，一旦调用过 Fixnum#times 之后，Ruby 就知道它是执行 Integer#times 方法。

6.2.5 内联方法缓存
The Inline Method Cache

Ruby 使用的另一种缓存类型，叫做内联方法缓存（inline method cache），可以进一步提升方法的查找速度。内联方法缓存保存着 Ruby 执行的已编译 YARV 指令信息（见图 6-8）。

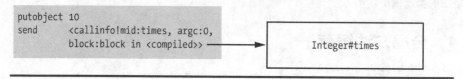

图 6-8 左边的 YARV 指令应该调用右边的 Integer#times 实现

在图 6-8 的左边，我们可以看到与代码 10.times do 相应的 YARV 指令。首先，putobject 10 把 Fixnum 对象 10 压入 YARV 的内部栈中。这是 times 方法的接收者。其次，send 调用 times 方法（尖括号之间的文本）。

图 6-8 右侧的矩形框表示 Ruby 用方法查找算法找到的 Integer#times 方法（在 Fixnum 和它的超类之间查找 times 方法）。Ruby 的内联方法缓存使得它可以保存 times 方法调用和 Integer#times 的 YARV 指令的映射，图 6-9 展示了内联方法缓存的概貌。

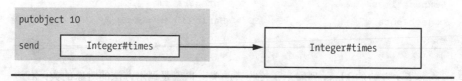

图 6-9 内联缓存紧邻 send 指令保存了需要调用方法的方法查找结果

如果 Ruby 再次执行这行代码，则它会立即执行 Integer#times，而不会去调用方法查找算法。

6.2.6 清空 Ruby 的方法缓存

Clearing Ruby's Method Caches

因为 Ruby 是动态语言，所以你可以随意定义新方法。为了达到这种效果，Ruby 一定要清空全局方法缓存和内联方法缓存，因为方法查找结果可能会发生改变。例如，如果在 Fixnum 或 Integer 中对 times 方法进行了新的定义，那么 Ruby 需要调用新的 times 方法，而不是它之前用的 Integer#times 方法。

实际上，当创建或移除（undefine）方法，或在类中 include 模块，或执行类似操作时，Ruby 都会清空全局方法缓存和内联方法缓存，强制调用方法查找代码。当使用 refinement 或采用其他元编程特性的时候，Ruby 也会清空缓存。事实上，在 Ruby 中清空缓存发生得相当频繁。全局方法缓存和内联方法缓存可能仅在很短的时间内有效。

6.2.7 在同一个类中 include 两个模块

Including Two Modules into One Class

虽然 Ruby 的方法查找算法简单，但是它用来 include 模块的代码却并非如此。正如上面看到的，在类中 include 模块时，Ruby 会把该模块的副本插入到类的祖先链中。这意味着，如果你依次 include 两个模块的时候，第二个模块会先出现在祖先链中，那么 Ruby 的方法查找逻辑会先发现它。

例如，假设我们在 Mathematician 类中 include 两个模块，如示例 6-6 所示。

```
class Mathematician < Person
  include Professor
  include Employee
end
```

示例 6-6 一个类中 include 两个模块

现在 Mathematician 对象有了来自于 Professor 模块、Employee 模块以及 Person 类的方法。但是 Ruby 会先从哪个模块开始查找方法呢？哪个模块的方法又会被哪个模块重载呢？

图 6-10 和图 6-11 分别展示了优先级。因为先 include 的是 Professor 模块，所以 Ruby 会把 Professor 模块对应的"被 include 的类"作为第一超类插入。

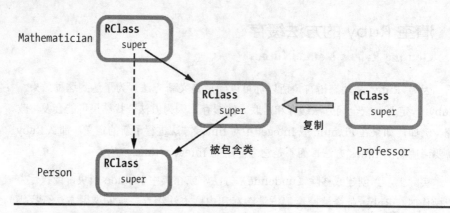

图 6-10 在示例 6-6 中先 include 了 Professor 模块

现在，当 include Employee 模块的时候，Employee 相应的"被 include 的类"会插入到 Professor 相应的"被 include 类"之前，如图 6-11 所示。

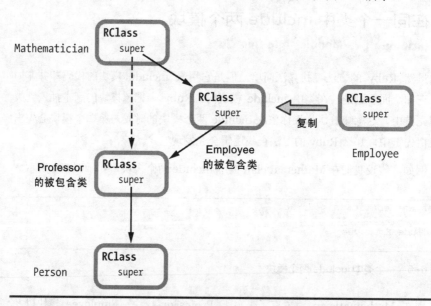

图 6-11 在示例 6-6 中，在 includeProfessor 之后 include 第二个模块 Employee

因为 Employee 在超类链中出现于 Professor 前方（图 6-11 左侧），所以 Employee 的方法重载了 Professor 的同名方法，Professor 的方法又重载了真正超类 Person 的同名方法。

6.2.8 在模块中 include 模块

Including One Module into Another

模块不允许你指派超类。例如，不能这么写：

```
module Professor < Employee
end
```

但是可以在模块中 include 模块，如示例 6-7 所示。

```
module Professor
  include Employee
end
```

示例 6-7 模块中 include 模块

如果把这个 include 其他模块的 Prfessor 包含到 Mathematician 中会怎么样？Ruby 会先找哪个方法？如图 6-12 所示，当把 Employee 包含到 Professor 里的时候，Ruby 会创建 Employee 副本，然后把它设置为 Professor 的超类。

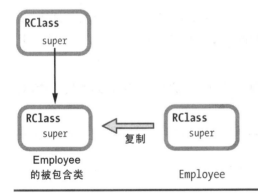

图 6-12 在模块中 include 模块时，Ruby 会把被 include 模块作为目标模块的超类

不能在代码中为 Ruby 的模块指定超类，但是在 Ruby 内部可以，因为内部模块是用类表示的！

最后，当在 Mathematician 中 include Professor 时，Ruby 会迭代这两个模块，把它们都作为 Mathematician 的超类插入，如图 6-13 所示。

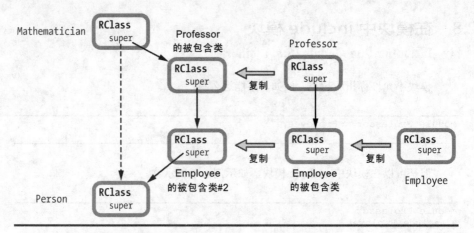

图 6-13 同时往类中 include 两个模块

现在 Ruby 查找方法会先找 Professor，然后找 Employee。

6.2.9 Module#prepend 示例

A Module#prepend Example

在图 6-2 中，我们看到了 Ruby 在类中 include 模块的方式。具体来说，是看到了 Ruby 把模块副本的 RClass 结构体插入到目标类的超类链中的方式：插在目标类和它的超类之间。

从 Ruby 2.0 版本开始，Ruby 允许使用 prepend 在类中 include 模块。下面将用 Mathematician 来解释，如示例 6-8 所示。

```
❶  class Mathematician
     attr_accessor :name
   end

   poincaré = Mathematician.new
   poincaré.name = "Henri Poincaré"
❷  p poincaré.name
    => "Henri Poincaré"
```

示例 6-8 具有 name 属性的简单类

首先，只定义了具有单一属性 name 的 Mathematician 类❶。然后创建了 Mathematician 类的实例，设置它的 name 属性，并将其打印出来❷。

现在让我们再次把 Professor 模块 include 到 Mathematician 类中，如示例 6-9 所示❶。

```
module Professor
end

class Mathematician
  attr_accessor :name
❶ include Professor
end
```

示例 6-9 在 Mathematician 类中 include Professor

图 6-14 展示了 Mathematician 和 Professor 的超类链。

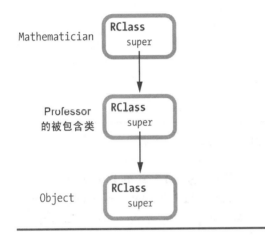

图 6-14 Professor 是 Mathematician 类的超类

如果我们决定在每个数学家名字前面显示 Prof.头衔，那么只需要在 Mathematician 类中增加行为即可，如示例 6-10 所示。

```
module Professor
end

class Mathematician
  attr_writer :name
  include Professor
❶ def name
    "Prof. #{@name}"
  end
end
```

示例 6-10 在每个数学家名字前面显示 Prof.头衔的这个方法不太优雅

但这是一种不太优雅的解决方法：Mathematician 类必须去做显示教授头衔的工作❶。如果另一个类包含了 Professor 会怎么样？不应该也显示 Prof.头衔吗？如果将显示 Prof.头衔的代码放到 Mathematician 类中，那么其他包含 Professor

的类就会丢失这段逻辑。

在 Professor 模块中包含显示头衔的代码更有意义，如示例 6-11 所示。这样，每个包含 Professor 模块的类都可以显示 Prof.头衔。

```
   module Professor
❶   def name
      "Prof. #{super}"
    end
  end

  class Mathematician
    attr_accessor :name
❷   include Professor
  end

  poincaré = Mathematician.new
  poincaré.name = "Henri Poincaré"
❸ p poincaré.name
   => "Henri Poincaré"
```

示例 6-11　怎样才能让 Ruby 调用模块的 name 方法?

在 Professor 里定义 name 方法，以便在实际名字前显示 Prof.头衔❶（假设 name 是定义在超类中的）。我们把 Professor include 到 Mathematician 类中❷。最后，我们会调用 name 方法❸，但是得到的只是 Henri Poincaré，前面并没有 Prof.头衔。什么地方错了呢?

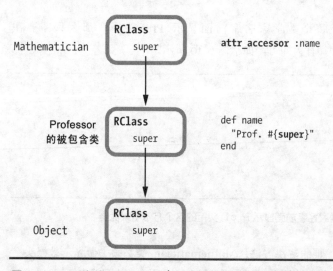

图 6-15　Ruby 在从 Professor 里查找 name 方法之前调用了 attr_accessor 方法

问题在于，Professor 是 Mathematician 的超类，而非 Mathematician 是 Professor 的超类，如图 6-14 所示。这意味着，在示例 6-11 中，当调用 poincaré.name❸时，Ruby 会找到 Mathematician 中的 name 方法，而不是 Professor 的。图 6-15 形象地展示了调用 poincaré.name 时的 Ruby 查找算法。

在示例 6-11 中，当调用 name 方法❸时，Ruby 会沿着超类链由顶向下查找第一个 name 方法，如图 6-15 所示，第一个 name 方法是 Mathematician 中由 attr_accessor 快捷方式创建的。

然而，如果使用 prepend 代替 include 模块 Professor，就能得到我们期望的行为，如示例 6-12 所示。

```
module Professor
  def name
    "Prof. #{super}"
  end
end

class Mathematician
  attr_accessor :name
❶ prepend Professor
end

poincaré = Mathematician.new
poincaré.name = "Henri Poincaré"
❷ p poincaré.name
 => "Prof. Henri Poincaré"
```

示例 6-12　使用 prepend，Ruby 会先找模块的 name 方法

跟之前代码唯一的不同是这里使用了 prepend❶。

6.2.10　Ruby 如何实现 Module#prepend
How Ruby Implements Module#prepend

当在类中包含前置（prepend）模块的时候，Ruby 会在超类链中把它置于类的前面，如图 6-16 所示。

但是这里有些奇怪。当调用 mathematician 对象的 name 方法时，Ruby 如何查找模块的方法？也就是说，在示例 6-12 中❷，我们调用 Mathematician 类的 name 方法，而不是 Professor 的 name 方法。Ruby 应该找的是 attr_accessor 方法，而不是来自模块中的那个版本，但事实并非如此。Ruby 是不是沿着超类

链向后查找模块？如果是这样，它是如何在 super 指针向下指的情况下做到这点的？

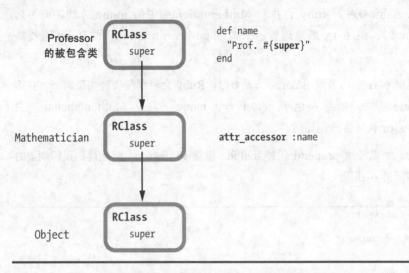

图 6-16 使用 prepend，在超类链中，Ruby 会把模块置于目标类的前面

这个秘密就是 Ruby 在内部使用了一种技巧，使 Mathematician 类看上去像 Preofessor 的超类，但实际不是，如图 6-17 所示。prepend 模块与 include 模块很像。Mathematician 类在超类链顶端，沿着此链向下，可以看到 Ruby 依然把 Professor 设置为 Mathematician 的超类。

沿着图 6-17 向下可以看到一些新东西，即 Mathematician 的原生类（origin class）。它是 Ruby 为了让 prepend 起作用而创建的 Mathematician 类的副本。

当包含前置模块时，Ruby 会创建目标类的副本（在内部叫原生类[1]，origin class），并且把它设置为前置模块的超类。Ruby 使用了 rb_classext_struct 结构体中的 origin 指针来记录该类的原生副本，该结构体我们在图 6-1 和图 6-2 中见过。此外，Ruby 会从原始类（original class）中把所有的方法移动到原生类中，这意味着这些方法可能会被前置模块中的同名方法重载。在图 6-17 中，你可以看到 Ruby 从 Mathematician 类把 attr_accessor 方法向下移动到原生类中。

---

[1]译注：原生类（origin class），想表达的是从原始类（original class）派生出来的，因为它是一个副本。

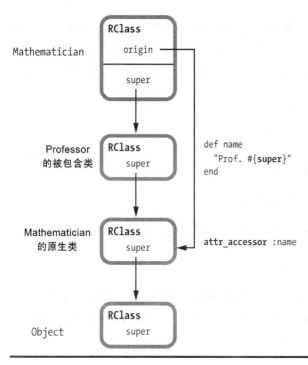

图 6-17　Ruby 创建了目标类的副本并且把它设置为前置模块的超类

实验 6-1：修改被 include 的模块

　　根据 Xavier Noria 的建议，此实验将探索当修改已经被 include 到类中的模块时产生的结果。我们依然使用 Mathematician 类和 Professor 模块，但会使用不同的方法，如示例 6-13 所示。

```
module Professor
  def lectures; end
end

class Mathematician
❶ attr_accessor :first_name
  attr_accessor :last_name
❷ include Professor
end
```

示例 6-13　include 模块到类中的另一个示例

　　这次 Mathematician 类含有 @first_name 和 @last_name 的访问器方法❶，并且我们再次 include 了 Professor 模块❷。如果检验 mathematician 对象的方法，

那么应该能看到属性方法，比如 first_name=方法和 Professor 里的 lectures 方法，如示例 6-14 所示。

```
fermat = Mathematician.new
fermat.first_name = 'Pierre'
fermat.last_name = 'de Fermat'

p fermat.methods.sort
 =>[...:first_name, :first_name=,...:last_name,:last_name=,:lectures...]
```

示例 6-14　检查 mathematician 对象的方法

毫不意外，我们看到了所有的方法。

6.2.11　在已被 include 的模块中增加方法
Classes See Methods Added to a Module Later

现在，把 Professor include 到 Mathematician 类之后，可以给 Professor 添加一些新的方法。Ruby 是否知道新的方法也应该被增加到 Mathematician 类中呢？让我们在示例 6-14 运行完之后，再运行示例 6-15 来查看结果。

```
module Professor
  def primary_classroom; end
end
p fermat.methods.sort
❶ => [... :first_name, :first_name=, ... :last_name, :last_name=, :lectures,
... :primary_classroom, ... ]
```

示例 6-15　在 Professor 被 include 到 Mathematician 类之后添加新的方法

如你所见❶，我们看到了全部的方法，包括那个在 Professor 包含到 Mathematician 类之后添加新的方法 primary_classroom，这里也毫不意外。Ruby 总是领先我们一步。

6.2.12　在已被 include 的模块中 include 其他模块
Classes Don't See Submodules Included Later

再来做一个测试。如果重新打开 Professor 模块，然后 include 另一个模块会怎样？如示例 6-16 所示。

```
module Employee
  def hire_date; end
```

```
end

module Professor
  include Employee
end
```

示例 6-16　在 Professor 被 include 到 Mathematician 类之后 include 新的模块

这里变得令人费解，我们回顾一下在示例 6-13 和示例 6-16 中都做过什么：

- 在示例 6-13 中，把 Professor 模块 include 到 Mathematician 类中。

- 在示例 6-16 中，把 Employee 模块 include 到 Professor 模块中。因此，Employee 模块的方法现在应该在 mathematician 对象中可用。

让我们看看 Ruby 是否按预期的那样工作：

```
p fermat.methods.sort
 => [...:first_name,:first_name=,...:last_name, :last_name=, :lectures ...]
```

它并没有生效！fermat 对象的 hire_date 方法并不可用。在一个已经被 include 到类的模块中 include 另一个模块，并不会影响到那个类。

正好我们学习过 Ruby 实现模块的方式，对于这个事实应该不会太难理解。在 Professor 模块中包含 Employee 改变了 Professor 模块，但不会改变 Prefessor 被包含到 Methematician 类中的时候 Ruby 创建的副本，如图 6-18 所示。

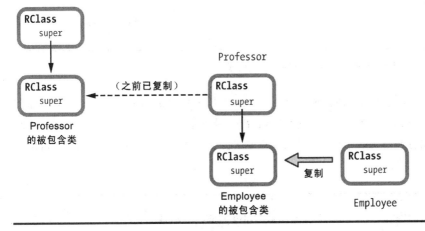

图 6-18　Employee 模块是被 include 到原始的 Professor 模块中，而不是 Mathematician 用的那个被 include 的副本

6.2.13 "被 include 的类" 与原始模块共享方法表
Included Classes Share the Method Table with the Original Module

在示例 6-15 中增加的 primary_classroom 方法是什么情况？尽管 Ruby 是在我们把 Professor 模块 include 到 Mathematician 之后才被添加到 Professor 中的，但它是如何在 Mathematician 类中包含 primary_classroom 方法的呢？图 6-18 展示了在给它添加新方法之前就创建了 Professor 模块的副本。但是 fermat 对象是如何得到新方法的呢？

事实上，include 模块时，Ruby 拷贝的是 RClass 结构体，而不是底层的方法表，如图 6-19 所示。

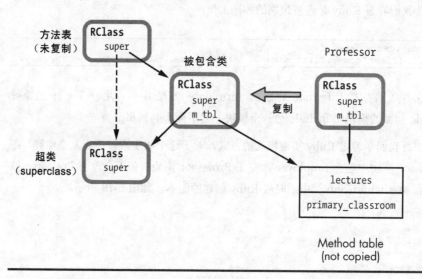

图 6-19　include 模块时，Ruby 不会拷贝方法表

Ruby 没有拷贝 Professor 的方法表，而是在 Professor 的新副本中（就是那个"被 include 的类"）简单设置了 m_tbl，让其指向同一个方法表。这意味着，通过重新打开模块添加新的方法来修改方法表会同时改变该模块和任意已经 include 该模块的类。

深度探索 Ruby 如何拷贝模块

通过直接查看 Ruby 的 C 源码，可以对 Ruby include 模块的拷贝方式，以及在本实验中 Ruby 的行为背后的原因有一个准确理解。你可以在

class.c 文件中找到 Ruby 用来拷贝模块的 C 函数。示例 6-17 展示了
rb_include_class_new 函数的部分内容。

```
VALUE
❶ rb_include_class_new(VALUE module, VALUE super)
{
❷   VALUE klass = class_alloc(T_ICLASS, rb_cClass);
    --snip--
❸   RCLASS_IV_TBL(klass) = RCLASS_IV_TBL(module);
    RCLASS_CONST_TBL(klass) = RCLASS_CONST_TBL(module);
❹   RCLASS_M_TBL(klass) = RCLASS_M_TBL(RCLASS_ORIGIN(module));
❺   RCLASS_SUPER(klass) = super;
    --snip--
    return (VALUE)klass;
}
```

示例 6-17　C 函数 rb_include_class_new 的部分内容，来自于 class.c

　　Ruby 给这个函数传入 module（要拷贝的目标模块）和 super（用于
设置模块新副本的超类）❶。通过指定一个特定的超类，Ruby 把新的副本
插入到超类链中的特定位置。如果在 class.c 中搜索
rb_include_class_new，你会发现 Ruby 在另一个 C 函数 include_
module_at 中调用了它，该函数用来处理 Ruby include 模块时的复杂内部
逻辑。

　　Ruby 调用了 class_alloc 来创建新的 RClass 结构体，并且把它的引用
保存在了 klass 中❷。注意，class_alloc 的第一个参数是 T_ICLASS，它表
明该新类将作为"被 include 类"，每当处理类似"被 include 类"的时
候，Ruby 都会使用这个 T_ICLASS。

　　Ruby 使用了三个 C 宏来操作 RClass❸，从原始模块的 RClass 结构体
中复制了一系列的指针到新的副本类：

- RCLASS_IV_TBL　　　　　存取指针到实例变量表中。

- RCLASS_CONST_TBL　　　存取指针到常量表中。

- RCLASS_M_TBL　　　　　存取指针到方法表中。

　　例如，RCLASS_IV_TBL(klass) = RCLASS_IV_TBL(module)，设
置 klass（新的副本）中的实例变量表指针指向 module（要拷贝的目标模
块）的实例变量表指针。如此，klass 和 module 都使用了相同的实例变
量。同样，klass 和 module 共享了相同的常量和方法表。因为它们共享了

相同的方法表，为 module 中增加的新方法也会被增加到 klass 中。这样就解释了在实验 6-1 中看到的：在模块中增加的新方法，也会被增加到 include 此模块的每个类中去。

还要注意，Ruby 使用 RCLASS_ORIGIN(module) ❹，而不是 module，一般情况下，RCLASS_ORIGIN(module)和 module 是相同的，然而，如果在模块中使用了 prepend，那么 RCLASS_ORIGIN(module)就会代替 module 来返回原始的类。回想一下，在调用 Module#prepend 的时候，Ruby 生成了一个目标模块的副本（原生类），并把该副本插入到超类链中。通过使用 RCLASS_ORIGIN(module)，Ruby 能得到原始模块的方法表，即便你已经把它 prepend 到不同的模块中。

最后❺，Ruby 设置了 klass 的超类指针给特定的超类，并将其返回。

6.3 常量查找
Constant Lookup

我们已经学习了 Ruby 的方法查找算法以及它如何检索超类链找到对的方法来调用。现在将注意力转移到另一个过程上来：Ruby 的常量查找算法，也就是 Ruby 查找代码中引用的常量值的过程。

显然，方法查找是一门语言的核心，但是为什么要学习常量查找呢？作为 Ruby 开发者，我们并不会在代码中经常使用常量——肯定没有使用类、模块、变量和块那样频繁。

第一个原因是，像模块和类这样的常量，是我们日常使用 Ruby 及其内部工作方式的核心。每当定义类或模块时，同时也定义了常量。并且，每当我们使用模块和类时，Ruby 都会查找相应的常量。

第二个原因就是，Ruby 需要找到代码中引用的常量，不仅是为了找到定义在超类中的常量，而且有命名空间以及程序作用域中的常量。学习 Ruby 如何处理词法作用域会让我们对 Ruby 内部的工作原理有一些重要发现。下面先回顾常量在 Ruby 中的工作原理。

6.3.1 在超类中查找常量

Finding a Constant in a Superclass

Ruby 检索代码中引用的常量定义的一种方式是使用超类链，如同它进行方法查找那样。示例 6-18 展示了在类的超类中查找常量。

```
  class MyClass
❶   SOME_CONSTANT = "Some value..."
  end

❷ class Subclass < MyClass
    p SOME_CONSTANT
  end
```

示例 6-18　Ruby 查找定义于超类中的常量

在示例 6-18 中，我们定义了含有一个常量 SOME_CONSTANT❶的 MyClass 类。然后创建了 Subclass，并将 MyClass 指定为它的超类 ❷。当打印 SOME_CONSTANT 值的时候，Ruby 使用了跟查找方法一样的算法，如图 6-20 所示。

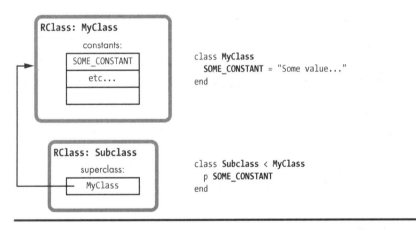

图 6-20　Ruby 使用超类链检索常量，如同方法查找那样

图 6-20 中右侧是示例 6-18 中的代码，左侧是与我们创建的那两个类分别对应的 RClass 结构体。在图 6-20 左上角，你可以看到 MyClass，它的常量表中含有 SOME_CONSTANT 的值，下面是 Subclass。当在 Subclass 中引用 SOME_CONSTANT 的时候，Ruby 使用 super 指针来查找 MyClass 和 SOME_CONSTANT 的值。

6.3.2 Ruby 如何在父级命名空间中查找常量

How Does Ruby Find a Constant in the Parent Namespace?

示例 6-19 展示了定义常数的另一种方法。

```
❶ module Namespace
❷   SOME_CONSTANT = "Some value..."
❸   class Subclass
❹     p SOME_CONSTANT
   end
end
```

示例 6-19　使用定义在命名空间上下文中的常量

我们使用地道的 Ruby 风格创建了名为 Namespace 的模块❶，然后在模块内部声明了同样的 SOME_CONSTANT❷。接下来，在 Namespace 内部声明 Subclass❸，可以引用并打印 SOME_CONSTANT，如示例 6-18 所示。

但是在示例 6-19 中，Ruby 如何查找 SOME_CONSTANT 呢❹？图 6-21 体现了这个问题。

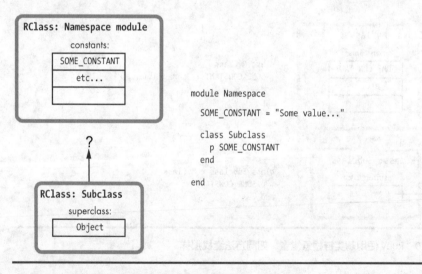

图 6-21　Ruby 如何在命名空间上下文查找常量

图 6-21 的左侧是两个 RClass 结构体，一个对应 Namespace 模块，一个对应 Subclass。注意 Namespace 不是 Subclass 的超类，Subclass 的 super 指针是引用了 Object 类（Ruby 里那个默认的超类）。那么，当在 Subclass 里引用

SOME_CONSTANT 的时候，Ruby 是如何查找这个常量的呢？ Ruby 允许按照"命名空间链"向上检索常量。这种行为叫做：使用词法作用域（lexical scope）来查找常量。

6.4 Ruby 中的词法作用域
Lexical Scope in Ruby

词法作用域是指一段代码内的程序语法结构，而不是超类等级或其他的体系结构。例如，假设我们用 class 关键字定义 MyClass，如示例 6-20 所示。

```
class MyClass
   SOME_CONSTANT = "Some value..."
end
```

示例 6-20　使用 class 关键字定义类

这段代码告诉 Ruby 创建 RClass 结构体的新副本，但同时它也定义了新的作用域，也就是程序的语法片段。这是一片介于 class 和 end 关键字之间的区域，如图 6-22 中的阴影区所示。

```
class MyClass


   SOME_CONSTANT = "Some value..."



end
```

图 6-22　class 关键字创建了类和新的词法作用域

把 Ruby 程序设想为一系列作用域，一部分是你创建的模块或类，另一部分是默认的，即顶级词法作用域。为了记录新的作用域位于程序的词法作用域里哪个位置，Ruby 附带了一对指针，指向对应于编译新作用域内代码的 YARV 指令片段，如图 6-23 所示。

图 6-23 中附带于 Ruby 代码右侧的词法作用域信息。这里有两个重要的值：

● nd_next 指针，被设置为父层或上下文的词法作用域——在本例中是默认的，也就是顶级作用域。

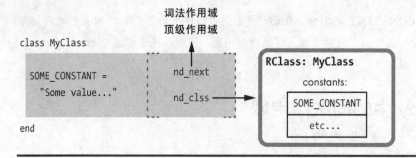

图 6-23 Ruby 使用指针来跟踪每个编译代码片段的父词法作用域和当前的类或模块

- nd_clss 指针，表示哪个 Ruby 类或模块对应于这个作用域。在本例中，因为我们只使用 class 关键字定义了 MyClass，所以 Ruby 把 nd_class 指针设置为与 MyClass 对应的 RClass 结构体。

6.4.1 为新类或模块创建常量

Creating a Constant for a New Class or Module

无论何时创建类或模块，Ruby 都会自动创建对应的常量，并将其保存在父词法作用域的类或模块中。

让我们回到 namespace 示例 6-19 中。图 6-24 展示了在 Namespace 中创建 MyClass 时 Ruby 内部的行为。

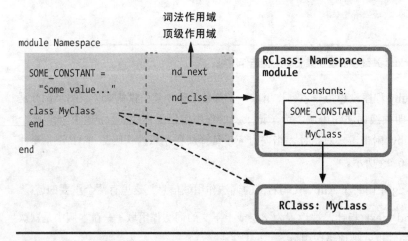

图 6-24 每当声明新类的时候，Ruby 就会创建新的 RClass 结构体，并且定义新的常量，然后将其值设置为新的类名

图 6-24 中的虚线箭头展示了在创建新的类或模块的时候 Ruby 的行为：

● Ruby 为新模块或类创建新的 RClass 结构体，如图 6-24 底部所示。

● Ruby 使用新的模块名或类名创建新的常量，并且把它保存在父词法作用域类中。Ruby 把新常量的值设置为指向新 RClass 结构体的引用或指针。在图 6-24 中可以看到 MyClass 常量出现在 Namespace 模块的常量表中。

新类也有它自己的新词法作用域，如图 6-25 所示。

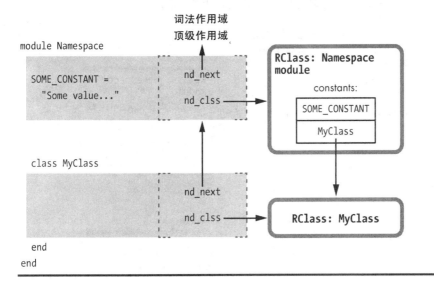

图 6-25 新类也有新的词法作用域，如第二个阴影矩形框所示

图 6-25 使用新的阴影矩形来展示新的作用域。它的 nd_clss 指针指向新的 MyClass 的 RClass 结构体，并且它的 nd_next 指针指向了父作用域（与 Namespace 模块对应的作用域）。

6.4.2 在父命名空间中使用词法作用域查找常量
Finding a Constant in the Parent Namespace Using Lexical Scope

示例 6-21 复用了示例 6-19，打印 SOME_CONSTANT 的值。

```
module Namespace
  SOME_CONSTANT = "Some value..."
  class Subclass
```

```
❶    p SOME_CONSTANT
    end
end
```

示例 6-21　在父词法作用域中查找常量（复用示例 6-19）

在图 6-20 中，我们见过 Ruby 迭代 super 指针在超类中查找常量。但是在图 6-21 中，Ruby 不能用 super 指针来查找示例 6-21 中的 SOME_CONSTANT，因为 Namespace 并不是 MyClass 的超类。但是，如图 6-26 所示，Ruby 能利用 nd_next 指针向上迭代程序的词法作用域来查找常量值。

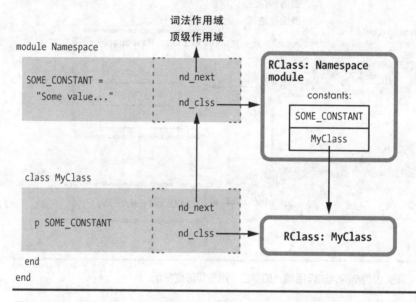

图 6-26　Ruby 能利用 nd_next 和 nd_clss 指针在父词法作用域查找 SOME_CONSTANT

按照图 6-26 中的箭头，你可以看到示例 6-21 中的 p SOME_CONSTANT 命令 ❶ 是如何工作的。

- Ruby 在当前作用域的类中，也就是 MyClass 中查找 SOME_CONSTANT 的值。在图 6-26 中，当前作用域包含 p SOME_CONSTANT 代码。Ruby 通过右侧的 nd_clss 指针找到当前作用域的类。在这里，MyClass 的常量表中没有任何东西。

- Ruby 使用 nd_next 指针查找父词法作用域，移往图 6-26 上方。

● Ruby 重复上面的过程，使用 nd_clss 来搜索当前作用域的类。这次当前作用域的类是 Namespace 模块，在图 6-26 的右上角。此时，Ruby 在 Namespace 的常量表中找到了 SOME_CONSTANT。

6.4.3　Ruby 的常量查找算法
Ruby's Constant Lookup Algorithm

图 6-27 的流程表总结了 Ruby 在查找常量的时候迭代词法作用域链的方式。

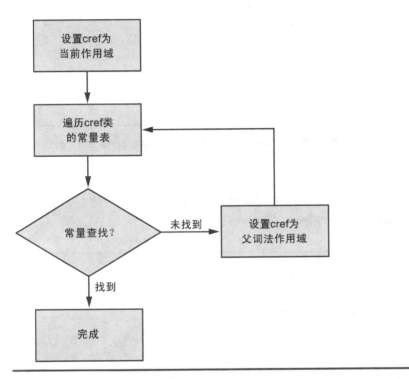

图 6-27　部分 Ruby 常量查找算法

　　请注意，图 6-27 与图 6-3 非常相似。当查找常量的时候，Ruby 会遍历由每个词法作用域内的 nd_next 指针构成的链表，就像在查找方法时使用 super 遍历那样。Ruby 使用超类来查找方法，使用父词法作用域来查找常量。然而，这只是 Ruby 常量查找算法的一部分。正如我们之前在图 6-20 中看到的那样，Ruby 也通过超类来查找常量。

实验 6-2：Ruby 会先找哪个常量？

刚刚学习了 Ruby 为了查找常量值去迭代词法作用域链表。然而，我们在图 6-20 看到了 Ruby 也用超类链来查找常量。下面用示例 6-22 来了解更多的细节。

```
❶ class Superclass
  FIND_ME = "Found in Superclass"
end
❷ module ParentLexicalScope
  FIND_ME = "Found in ParentLexicalScope"

  module ChildLexicalScope

   class Subclass < Superclass
    p FIND_ME
   end

  end
end
```

示例 6-22　Ruby 是先搜索词法作用域链还是先搜索超类链（find-constant.rb）

注意，这里定义了两次常量 FIND_ME ——❶和❷所示。Ruby 会先找哪个常量？Ruby 是先迭代词法作用域链来找到常量呢❷还是迭代超类链来找到常量呢❶？让我们来看看，运行示例 6-22 后得到如下输出：

```
$ ruby find-constant.rb
"Found in ParentLexicalScope"
```

Ruby 首先通过词法作用域来查找常量。

现在注释掉示例 6-22 中第二个定义❷试试：

```
module ParentLexicalScope
❷  #FIND_ME = "Found in ParentLexicalScope"
```

运行修改后的示例 6-22，可以得到如下输出：

```
$ ruby find-constant.rb
"Found in Superclass"
```

因为现在仅留下了一个 FIND_ME 的定义，Ruby 当然是通过迭代超类链来查找它了。

6.4.4 Ruby 真实的常量查找算法

Ruby's Actual Constant Lookup Algorithm

然而，事情并非如此简单。Ruby 还有一些跟常量有关的奇怪行为。图 6-28 是
Ruby 整个常量查找算法的简化流程图。

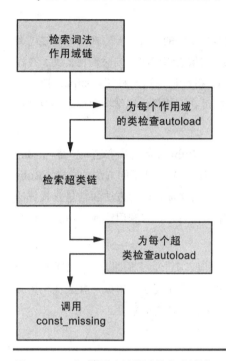

图 6-28　Ruby 常量查找算法的宏观总结

在图 6-28 顶部，正如我们在示例 6-22 中所见到的，你可以看到 Ruby 通过迭
代词法作用域链开始。Ruby 一定会找到常量，包括定义于父词法作用域中的类或
模块。然而，在向上迭代作用域链的时候，Ruby 会查看是否有 autoload 关键字被
用到，如果给定的常量没有被找到，这个关键字就指示 Ruby 打开并读取新的代码
文件（Rails 框架使用 autoload 来加载 model、controller 和其他的 Rails 对象，而
不必明确使用 require）。

如果 Ruby 遍历了整个词法作用域链并没有发现给定的常量或对应的 autoload
关键字，它就会向上遍历超类链，如示例 6-18 所示。这样就可以加载定义在超类
中的常量。同样，Ruby 一旦碰到可能存在于任何超类中的 autoload 关键字，如果
需要，就会加载额外的文件。

最后，如果所有方法都尝试过，常量依然没有找到，Ruby 就会调用模块的 const_missing 方法（前提是你提供了此方法）。

6.5 总结
Summary

在本章，我们学习了组织 Ruby 程序的两种不同的方式。一方面，你能通过类和超类组织代码；另一方面，也能通过词法作用域组织代码。同时，也看到了在程序执行的时候，Ruby 在内部使用不同的 C 指针记录这两种树。super 指针在 RClass 结构体中形成了超类树，nd_next 指针在词法作用域结构中形成了命名空间或词法作用域树。

我们学习了用到这些树的两个重要的算法：Ruby 如何查找方法和常量。Ruby 使用类树来查找代码（以及 Ruby 自己的内部代码）中调用的方法。同样，Ruby 使用词法作用域树和超类层来查找代码中引用的常量。理解方法和常量查找算法是至关重要的，你可以针对具体的问题选择适合的方式来利用这两种树去设计和组织代码。

乍一看，这两种组织方式似乎完全无关，但事实上，它们跟 Ruby 类的行为及其密切。在创建类或模块的时候，同时增加了超类和词法作用域，并且在引用类或超类的时候，Ruby 需要使用词法作用域树来查找特定的常量。

Ruby 用散列表来存储大部分内部数据。

散列表：Ruby 内部的主力军

THE HASH TABLE: THE WORKHORSE OF RUBY INTERNALS

实验 5-1 展示了 Ruby 1.9 和 Ruby 2.0 中 RObject 结构体的成员 ivptr 指针，它指向了由实例变量的值组成的数组。我们还了解到，Ruby 添加新值是非常快的，但保存第三个或第四个实例变量时会有点慢，因为它不得不分配更大的数组空间。

纵观 Ruby 底层的 C 源码，我们发现这种技术并不常用。Ruby 经常使用的数据结构是散列表（hashtable）。与我们在实验 5-1 中看到的简单数组不同，散列表可以自动扩容以容纳更多的值，使用散列表并不需要担心有多少空间可用或需要分配多少内存。

除此之外，Ruby 还使用散列表来保存创建于 Ruby 脚本中的散列对象的数据。Ruby 也在散列表中保存更多的内部数据。每次创建方法或常量时，Ruby 都会在散列表中插入新值，并在散列表中保存很多特殊变量（已在实验 3-2 中见过）。此外，Ruby 也在散列表中保存基本类型对象的实例变量，比如整数（integer）或符号（symbol）。因此，散列表是 Ruby 内部的主力军。

本章先解释散列表的工作原理：当在表中保存键-值对，以及随后使用此键检索相应值的时候会发生什么。还会解释散列表如何自动扩容以容纳更多的值。最后，将介绍 Ruby 里散列函数（hash 方法）的工作原理。

学习路线图

7.1 Ruby 中的散列表 ·········· 182

在散列表中保存值 ·········· 183

从散列表中检索值 ·········· 185

实验 7-1：从大小不等的散列中检索值 ·········· 186

7.2 散列表如何扩展以容纳更多的值 ·········· 188

散列冲突 ·········· 188

重新散列条目 ·········· 189

Ruby 如何对散列表中的条目进行重新散列 ·········· 190

实验 7-2：在大小不等的散列中插入新的元素 ·········· 190

魔数 57 和 67 是从哪来的? ·········· 193

7.3 Ruby 如何实现散列函数 ·········· 195

实验 7-3：在散列中用对象做键 ·········· 197

Ruby 2.0 中的散列优化 ·········· 202

7.4 总结 ·········· 203

7.1 Ruby 中的散列表
Hash Tables in Ruby

散列（hash）表是计算机科学的常用概念。散列表是基于 hash 值[1]来组织数据的。当你想取某个值的时候，可以通过重新计算其 hash 值来

每创建一个方法，Ruby 就会在散列表中创建一个条目

---

[1] 译注：比如在 Ruby 中求一个 hash 值: 'hello'.hash #=> 2127116037762680473。

查找它在哪个容器中，从而加快搜索。

7.1.1　在散列表中保存值

Saving a Value in a Hash Table

图 7-1 展示了一个散列对象及其散列表。

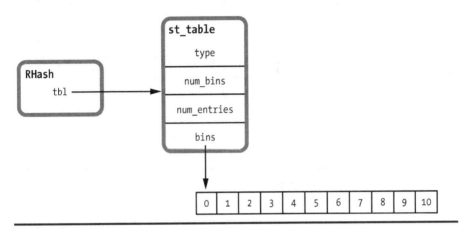

图 7-1　具有空散列表的 Ruby 散列对象

图 7-1 的左侧是 RHash（Ruby Hash 的缩写）结构体。右侧是被此散列对象使用的散列表，用 st_table 结构体表示。这个 C 结构体包含关于散列表的基本信息，包括保存在这个表中条目的数量、容器的数量及容器的指针。每个 RHash 结构体都包含一个与 st_table 结构体对应的指针。右下角有（11 个）空容器出现在那里，是因为 Ruby 1.8 和 Ruby 1.9 用 11 个容器来初始化一个新的空散列（Ruby 2.0 的工作方式稍有不同，见 7.3.1 节"Ruby2.0 中的散列优化"）。

理解散列表工作原理最好的方式就是通过实例来学习。假如给散列 my_hash 添加新的键-值对，代码如下：

```
my_hash[:key] = "value"
```

执行这行代码时，Ruby 创建了新的结构体，叫 st_table_entry，它会保存到 my_hash 的散列表中，如图 7-2 所示。

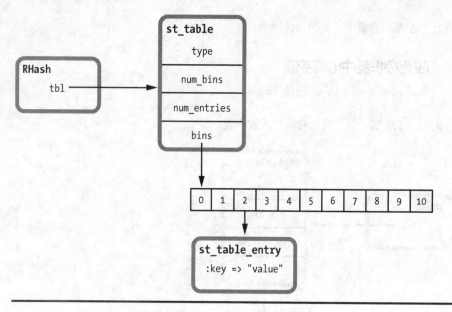

图 7-2 包含单一值的 Ruby 散列对象

这里，你可以看到 Ruby 把新的键-值对保存到 2 号桶[1](bucket)的下面。Ruby 把给定的键（即本例中的:key）传给内部的散列函数来返回一个伪随机整数：

```
some_value = internal_hash_function(:key)
```

下一步，Ruby 拿着该散列值（即本例的 some_value）并根据容器的数量取模，也就是 some_value 除以容器的数目所得到的余数。

```
some_value % 11 = 2
```

NOTE 在图 7-2 中，假设:key 的实际散列值除以 11 的余数是 2。在之后的章节里，会探索 Ruby 实际使用的散列函数的更多细节。

现在让我们给散列中增加第二个元素：

```
my_hash[:key2] = "value2"
```

这次假设:key2 的散列值除以 11 的余数是 5。

------

[1]译注：即前面说的容器。

```
internal_hash_function(:key2) % 11 = 5
```

图 7-3 展示了 Ruby 在 5 号容器，也就是第 6 个容器下面放置了第二个
st_table_entry 结构体。

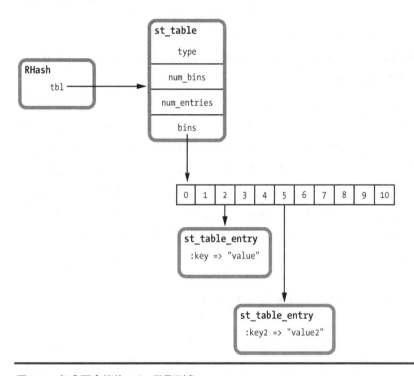

图 7–3　包含两个值的 Ruby 散列对象

7.1.2　从散列表中检索值

Retrieving a Value from a Hash Table

使用给定的键检索相应值时，使用散列表的优点就很明显了。例如：

```
p my_hash[:key]
 => "value"
```

如果 Ruby 在数组或链表中保存所有的键和值，就不得不在数组或链表中遍历
所有的元素来查找:key。这个过程可能会花费很长时间，这取决于元素的数量。
使用散列表，Ruby 重新计算该键的散列值就能直接跳到要找的那个键。

计算特定键的散列值，Ruby 只需要再次调用散列函数即可：

```
some_value = internal_hash_function(:key)
```

然后该散列值再次除以容器数目得到余数（模数）。

```
some_value % 11 = 2
```

此时，Ruby 知道用:key 的键去看 2 号容器的条目。随后，Ruby 通过重复相同的散列计算来找到:key2 的值。

```
internal_hash_function(:key2) % 11 = 5
```

NOTE Ruby 中实现散列表的 C 库是 20 世纪 80 年代由加州大学伯克利分校的彼得·摩尔所写。后来，又被 Ruby 核心团队修改。你可以在 C 代码文件 st.c 和 include/ruby/st.h 中找到摩尔的散列表代码。所有的函数和结构体都使用 st_ 命名约定，用于表示每个 Ruby 散列对象的 RHash 结构体定义在 include/ruby/ruby.h 文件中。除了 RHash，这个文件还包含其他在 Ruby 源码中使用的主要对象的结构体：RString、RArray、RValue 等。

实验 7-1：从大小不等的散列中检索值

此实验会创建一些大小有很大差异的散列，从 1 到 1 百万个元素，然后测量从这些散列中查找并返回值所花费的时间。示例 7-1 展示了本次实验的代码。

```
require 'benchmark'

❶ 21.times do |exponent|

     target_key = nil

❷   size = 2**exponent
     hash = {}
❸   (1..size).each do |n|
       index = rand
❹     target_key = index if n > size/2 && target_key.nil?
❺       hash[index] = rand
     end

     GC.disable

     Benchmark.bm do |bench|
       bench.report("retrieving an element
```

```
                from a hash with #{size} elements 10000 times") do
    10000.times do
      val = hash[target_key]
    end
  end
end

  GC.enable
end
```

示例 7-1　测试从大小有很大差异的散列中检索元素的时间开销

外层的循环❶遍历 2 的幂次方次，用于计算散列的大小❷。这个大小会从 1 变到大约 1 百万。接下来，内部循环❸往空散列❺中插入相应数量的元素。

在禁用垃圾回收避免影响测试结果之后，实验 7-1 使用了 benchmark 来测试每个散列检索 10000 次要花费多长时间❻。位置❹那行代码保存了随机的键值，用作下方的 target_key❻。

图 7-4 的结果展示了 Ruby 从包含有超过 1 百万元素的散列中查找并返回值，与从一个小散列中返回值的速度一样快。

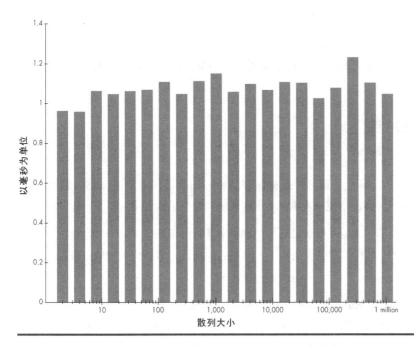

图 7-4　Ruby 2.0 中检索 10000 个值的时间（ms，毫秒）vs 散列大小

显然 Ruby 的散列函数非常快，一旦 Ruby 识别出目标键所在的容器，它就能

非常快地找到相应的值并且返回它。这里值得注意的地方是上面的图表差不多是水平对齐的。

7.2 散列表如何扩展以容纳更多的值
How Hash Tables Expand to Accommodate More Values

如果有数百万个 st_table_entry 结构体，为什么把它们分配到 11 个容器中就能帮助 Ruby 提高检索速度呢？即使散列函数再快，如果有 1 百万个元素（假设它们被均匀分配到容器中），Ruby 在每个容器中查找目标键仍然需要检索将近 10 万个元素。

此事必有蹊跷。当元素越来越多时，Ruby 似乎一定会往散列表里增加新的容器。现在假设我们不断地往散列中加入元素，下面再来看看 Ruby 内部散列表代码的工作原理。

```
my_hash[:key3] = "value3"
my_hash[:key4] = "value4"
my_hash[:key5] = "value5"
my_hash[:key6] = "value6"
```

不断增加元素，Ruby 就会不断创建 st_table_entry 结构体并把它们增加到不同的容器中。

7.2.1 散列冲突
Hash Collisions

最终两个或多个元素可能会被保存到相同的容器中。当发生这种情况的时候，就是散列冲突。这意味着 Ruby 不能再单凭散列函数去唯一标识和检索键了。

图 7-5 展示了 Ruby 用来记录每个容器中条目的链表。在同一个容器中的每个 st_table_entry 结构体都包含指向下一个条目的指针。散列中增加的条目越多，该链表就会变得越长。

为了检索值，Ruby 需要迭代链表并且用目标键和其中的每个键做比较。如果在单个容器中的条目数量不太大，就不会有什么严重的问题。整数或符号通常被用做散列的键，这是一个简单的数值比较。然而，如果使用更复杂的数据类型，比如自定义对象，Ruby 则会调用 eql?方法来检查链表中的每个键是不是目标键。你可能已经猜到，如果两个值相等，那么 eql?会返回 true；如果不相等，就会返回 false。

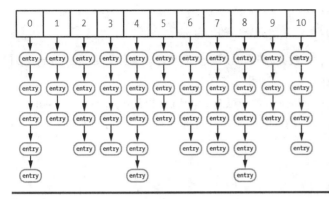

图 7-5　包含 44 个值的散列表

7.2.2　重新散列条目

Rehashing Entries

为了避免链表的增长失控，Ruby 会测量密度，也就是每个容器中条目的平均
数目。在图 7-5 中，你可以看到每个容器中条目的平均数量大约是 4。这意味着不
同键的散列值跟 11 取模后的值出现重复了，因此，这里存在散列冲突。

一旦密度超过 Ruby 的 C 源码中规定的常数值 5，那么 Ruby 会分配更多的容
器，然后重新散列（rehash），也可以称为重新分配（redistribute），现有的条目
会分散到新的容器集中。对于本例，如果增加更多的键-值对，那么 Ruby 会放弃
11 个容器的数组，转而分配 19 个容器的数组，如图 7-6 所示。

图 7-6 中容器的密度已经下降到 3 了。

通过监控容器的密度，Ruby 保证了链表的简短，这样检索散列元素总是很
快。在算出散列值之后，Ruby 只需要遍历 1 到 2 个元素就能查到目标键。

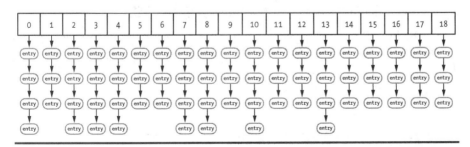

图 7-6　包含 65 个值的散列表

Ruby 如何对散列表中的条目进行重新散列

你能在 st.c 源文件中找到 rehash 函数（该代码循环遍历 st_table_entry 结构体，重新计算要把条目放到哪个容器中）。为了便于理解，示例 **7-2** 展示了 Ruby 1.8.7 的 rehash 版本。虽然 Ruby 1.9 和 Ruby 2.0 中 rehash 的工作方式也是大致相同的，但是它们 rehash 的 C 代码更加复杂。

```
static void
rehash(table)
   register st_table *table;
{
   register st_table_entry *ptr, *next, **new_bins;
   int i, old_num_bins = table->num_bins, new_num_bins;
   unsigned int hash_val;
❶ new_num_bins = new_size(old_num_bins+1);
   new_bins = (st_table_entry**)Calloc(new_num_bins,
                                        sizeof(st_table_entry*));
❷ for(i = 0; i < old_num_bins; i++) {
       ptr = table->bins[i];
       while (ptr != 0) {
           next = ptr->next;
❸         hash_val = ptr->hash % new_num_bins;
❹         ptr->next = new_bins[hash_val];
           new_bins[hash_val] = ptr;
           ptr = next;
       }
   }
❺ free(table->bins);
   table->num_bins = new_num_bins;
   table->bins = new_bins;
}
```

示例 7–2　Ruby 1.8.7 中对散列表重新散列的 C 代码

在此示例中，**new_size** 方法❶调用返回新的容器数量。一旦 Ruby 有新的容器数，就会分配新的容器并且遍历所有存在的 st_table_entry 结构体（散列中所有的键-值对）❷。Ruby 使用相同的模数公式❸为每个 st_table_entry 重新计算容器位置：hash_val = ptr->hash % new_num_bins。然后 Ruby 使用新容器中的链表保存每个条目❹。最后，Ruby 更新 st_table 结构体，并且释放旧的容器❺。

实验 7-2：在大小不等的散列中插入新的元素

测试重新散列或重新分配是否真正发生的方法是：测量 Ruby 在不同大小的散

列中添加新元素的时间开销。如果不断地给散列增加元素，那么应该能发现 Ruby
为了对这些元素进行重新散列而花费额外时间的蛛丝马迹。

　　本次实验代码如示例 7-3 所示。

```
require 'benchmark'

❶ 100.times do |size|

    hashes = []
❷  10000.times do
      hash = {}
      (1..size).each do
        hash[rand] = rand
      end
      hashes << hash
    end

    GC.disable

    Benchmark.bm do |bench|
      bench.report("adding element number #{size+1}") do
        10000.times do |n|
❸        hashes[n][size] = rand
        end
      end
    end

    GC.enable
  end
```

示例 7-3　为不同大小的散列添加更多的元素

　　外层循环❶从 0 到 100 遍历散列的大小，内部循环❷创建了 10000 个给定大
小的散列。在禁用垃圾回收之后，本例用 benchmark 来测量 Ruby 在全部 10000
个给定大小的散列中插入单个新值❸所花费的时间。

　　结果令人意外！图 7-7 展示的是 Ruby 1.8 的结果。

　　下面从左到右来解释这些数值的含义。

● 在空散列中插入第一个元素（10000 次）大概花费 7 毫秒。

● 随着散列大小从 2 增加到 3，然后增加到大概 60 或 65，插入一个新元素
  所要花费的时间量也在缓慢增加。

● 在包含 64、65 或 66 个元素大小的散列中插入新的键-值对，需要花费 11
  到 12 毫秒（10000 次）。

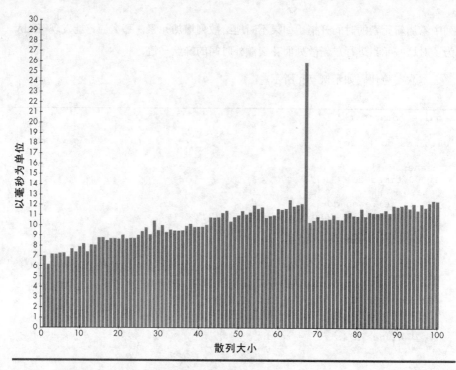

图 7-7 增加 10000 个键–值对的时间 vs 散列大小（Ruby 1.8）

- 达到峰值了！在插入第 67 个键–值对时花费了大概两倍的时间：10000 个散列大概 26 毫秒，而不是 11 毫秒。

- 在插入第 67 个元素之后，插入其他元素所需的时间降至大概 10 到 11 毫秒，并且再次有了缓慢的增幅。

这是怎么回事呢？答案是，Ruby 插入第 67 个键–值对时重新分配了容器数组，从 11 个扩展到 19 个容器，然后为新的容器数组重新指派了 st_table_entry 结构体，这些工作花费了 Ruby 额外的时间。

图 7-8 展示的是使用 Ruby 2.0 时的情况。这次容器的密度阈值不同。Ruby 2.0 不是在插入第 67 个元素，而是在插入第 57 个元素的时候重新分配元素的容器。随后，Ruby 2.0 在第 97 个元素被插入之后又执行了一次重新分配。

图 7-8 中第 1 个和第 7 个较小的峰值有点奇怪。虽然没有第 57 个和第 97 个元素那么明显，但也值得注意。事实证明，Ruby 2.0 包含了另一种优化，让少于 7 个元素的小散列访问速度更快。第 7.3.1 节"Ruby 2.0 中的散列优化"会讨论此特性。

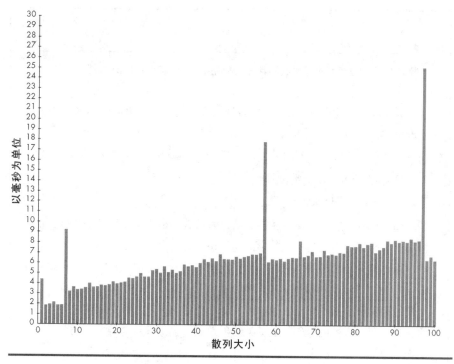

图 7-8　增加 10000 个键-值对需要的时间 vs 散列大小（Ruby 2.0）

魔数[1]57 和 67 是从哪来的？

为了知道这些魔数（57、67，等等）来自哪里，来看看 Ruby 的 st.c
代码文件的顶部。你应该能发现一列素数，类似于示例 7-4 中列出的那
些。

```
/*
Table of prime numbers 2^n+a, 2<=n<=30.
*/
static const unsigned int primes[] = {
❶    8 + 3,
❷    16 + 3,
❸    32 + 5,
     64 + 3,
     128 + 3,
     256 + 27,
```

1译注：魔数（magic number），一般指程序中由作者指定的一些用于特殊目的的数字。

```
 512 + 9,
--snip--
```

示例 7-4 Ruby 使用基于素数的算法来确定每个散列表所需的桶的数目

　　这个 C 数组列出了位于 2 的幂次方附近的一些素数。彼得·摩尔（Peter Moore）的散列表代码使用这个表来决定在散列表中要使用多少个容器。例如，在列表上方的第一个素数 11❶，是 Ruby 的散列容器数量始于 11 个的原因。之后，随着元素数目增加，容器的数目也扩展到 19 个❷，然后是 37 个❸，以此类推。

　　Ruby 总是把散列表的容器数设置为素数，是为了尽可能地让散列的值均匀分配到容器之间。从数学的角度讲，这里之所以用素数，是因为它们不太可能与散列值共享相同的因子，糟糕的散列函数会返回不完全随机的值[1]。记住 Ruby 用散列值除以容器的数目来计算哪个容器该放哪个值。如果散列值和容器数共享因子，或者更糟的情况是，如果散列值是容器数的倍数，那么容器的号码（模数）可能总是相同的。这会导致表的条目无法均匀地分部在容器中。

　　在 st.c 文件中应该能看到这个 C 常数：

```
#define ST_DEFAULT_MAX_DENSITY 5
```

　　该常数定义了允许的最大密度，或者说，是每个容器中元素的平均数量。

　　最后，通过查找 ST_DEFAULT_MAX_DENSITY 常数在 st.c 中被使用的位置，可以看到决定何时执行容器再分配的代码。在 Ruby 1.8 中能发现下面的代码：

```
if (table->num_entries/(table->num_bins) > ST_DEFAULT_MAX_DENSITY) {
  rehash(table);
```

　　Ruby 1.8 中，当 num_entries/11 的值超过 5 时，就会从 11 重新散列为 19 个容器——也就是当 num_entries 等于 66 的时候。在新元素被添加

---

[1]译注：这里涉及散列函数算法实现的优劣，感兴趣的读者可以参考：http://www.embeddedrelated.com/showarticle/535.php。

之前会执行这个检查，当添加第 67 个元素的时候条件为真，因为
num_entries 会是 66。

在 Ruby 1.9 和 Ruby 2.0 中，你会找到如下代码：

```
if ((table)->num_entries >
    ST_DEFAULT_MAX_DENSITY * (table)->num_bins) {
  rehash(table);
```

你能看到 Ruby 2.0 第一次重新散列是在 num_entries 大于 5*11 的时
候，也就是在插入第 57 个元素的时候。

7.3 Ruby 如何实现散列函数
How Ruby Implements Hash Functions

现在来深度探索 Ruby 用来在散列表中给
容器指派键和值的散列函数。该函数是实现
散列对象的核心方法——如果它工作得很
好，那么 Ruby 的散列会很快，否则一个差的
散列算法会导致严重的性能问题。除散列对
象中的数据之外，Ruby 还用散列表来保存它
自己的内部信息。显然，有个好的散列函数
是非常重要的。

Ruby 用散列函数来查找给定的键–
值对包含在哪个容器中

下面回顾 Ruby 如何使用散列值。还记得
吗，当在散列中保存新元素（新的键-值对）
时，Ruby 把该元素分配给散列对象内部所用的散列表，如图 7-9 所示。

Ruby 基于容器的数量来对键的散列值求模。

```
bin_index = internal_hash_function(key) % bin_count
```

引用前面的例子，这个公式会变成如下所示：

```
2 = hash(:key) % 11
```

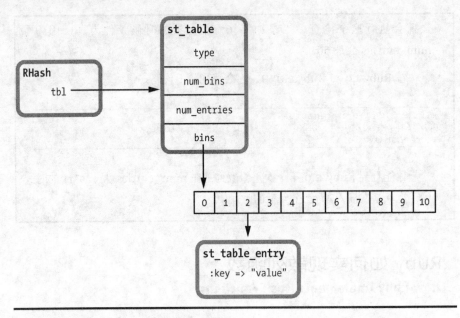

图 7-9　包含单个值的 Ruby 散列对象（复用图 7-2）

　　该公式之所以能工作，是因为 Ruby 的散列值对于给定的输入数据基本都是随机的整数。为了感受 Ruby 的散列函数是如何工作的，可以调用 hash 方法，如示例 7-5 所示。

```
$ irb
> "abc".hash
 => 3277525029751053763
> "abd".hash
 => 234577060685640459
> 1.hash
 => -3466223919964109258
> 2.hash
 => -2297524640777648528
```

示例 7-5　为不同的 Ruby 对象展示散列值

　　这里，即使是相似的值，也有完全不同的散列值。对相同的输入数据再次调用 hash 方法，总会得到相同的一串数字。

```
> "abc".hash
 => 3277525029751053763
> "abd".hash
 => 234577060685640459
```

下面的 Ruby 散列函数实际的工作原理对于大多数 Ruby 对象都适用。

- 当调用 hash 时，Ruby 在 Object 类中找到默认的实现。如果愿意，也可以重载它。

- Object 类中实现 hash 方法的 C 代码能获取到目标对象的 C 指针值，也就是该对象的 RValue 结构体的实际内存地址。这本质上是对象的唯一 ID。

- Ruby 把该指针值传到一个复杂的 C 函数（散列函数）中，该函数打乱了此值的比特位，并按可重复的方式生成一个伪随机的整数。

对于字符串和数组而言，Ruby 实际是迭代在字符串的所有字符或数组中的所有元素来计算累计散列值。这保证了该散列对于任何字符串或数组的实例都是唯一的，并且当字符串或数组中的任意一个值改变的时候它也会随着改变。对于整数和字符，Ruby 只需把它们的值传给散列函数就行了。

为了计算散列，Ruby 1.9 和 Ruby 2.0 使用了称为 MurmurHash 的散列函数，这是 Austin Appleby 于 2008 年发明的。Murmur 这个名字来源于算法中使用的机器语言操作：multiply 和 rotate[1]。（想了解 Murmur 算法的实际工作原理，可以阅读 Ruby 源文件 st.c 中的相关代码，或者阅读 Austin 关于 Murmur 的网页：http://sites.google.com/site/murmurhash/。）

Ruby 1.9 和 Ruby 2.0 在初始化 MurmurHash 的时候使用了随机种子（seed），在每次重新启动 Ruby 的时候就会重新初始化该随机种子。这意味着如果你重启 Ruby（程序进程），那么对同一个输入数据会得到不同的散列值。这也意味着，如果自己尝试了上述代码，也会得到跟上面结果不同的值，但是在同一个 Ruby 进程中，散列值总是会相同的。

实验 7-3：在散列中用对象做键

因为散列值是伪随机数，一旦 Ruby 用它们除以容器数，假设为 11，余数（模数）就是介于 0 到 10 之间的随机数。这意味着 st_table_entry 结构体在保存到散列表的时候被均匀地分布在可用的容器中，这确保了 Ruby 可以很快找到给定键的值。同时也保证了每个容器中条目的数量较小。

1译注：multiply 和 rotate 都是属于机器语言中的指令，分别用于乘法算术运算和指令循环。

但是，如果 Ruby 的散列函数对每个输入数据没有返回随机的整数，而是返回了相同的整数，会发生什么？

那种情况下，每次给散列增加键-值对，它就总会指派给同一个容器。Ruby 最终会把所有的条目放在同一个容器下的单一的长链表中，而在其他容器中没有任何条目，如图 7-10 所示。

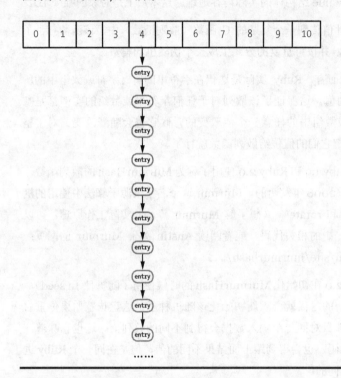

图 7-10　用非常差的散列函数创建的散列表

如果尝试从这个散列中检索值，Ruby 就不得不遍历这个很长的链表，逐一查找。在这种场景下，要从散列中加载值就会非常慢。

为了证明这种情况——也为了说明 Ruby 的散列函数到底有多么重要——可以在散列中使用散列函数很差的对象来当键。这里复用实验 7-1 的例子，但是使用我定义的类的实例来作为键的值，而不是随机数。示例 7-6 展示了来自于实验 7-1 的代码，更新了两个地方。

```
require 'benchmark'

❶ class KeyObject
```

```
  def eql?(other)
    super
  end
end

21.times do |exponent|

  target_key = nil

  size = 2**exponent
  hash = {}
  (1..size).each do |n|
❷   index = KeyObject.new
    target_key = index if n > size/2 && target_key.nil?

    hash[index] = rand
  end

  GC.disable

  Benchmark.bm do |bench|
    bench.report("retrieving an element
                  from a hash with #{size} elements 10000 times") do
      10000.times do
        val = hash[target_key]
      end
    end
  end

  GC.enable

end
```

示例 7-6　在有很大差异的不同散列中测量检索元素所需的时间。这和示例 7-1 是相同的，但是使用了 KeyObject 的实例来当键

我们定义了一个叫做 KeyObject❶的空类。注意，我实现了 eql?方法，它允许 Ruby 在检索值的时候搜索到正确的目标键。然而，在本例的 KeyObject 中并没有任何有意义的数据，所以只是简单调用 super 并且使用 Object 类中默认的 eql?实现。

然后，使用 KeyObject 的新实例❷作为散列值的键。图7-11 展示了这个测试的结果。

如你所见，结果跟图 7-4 很相似，图表比较整齐。从有 100 万个元素的散列中检索值与从有 1 个元素的散列中检索值花费的时间量大概相同。毫无意外，使用对象做键并没有让 Ruby 的执行速度变慢。

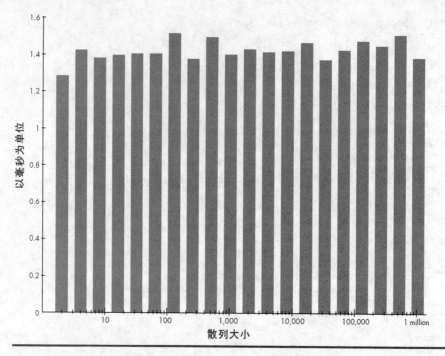

图 7-11 检索 10000 个值的时间 vs 散列大小，使用对象当键（Ruby 2.0）

现在让我们修改 KeyObject 类再试一次。示例 7-7 展示的代码中 KeyObject 新加了 hash 函数❶。

```
require 'benchmark'

class KeyObject
  def hash
❶   4
  end
  def eql?(other)
    super
  end
end

21.times do |exponent|

  target_key = nil

  size = 2**exponent
  hash = {}
  (1..size).each do |n|
    index = KeyObject.new
    target_key = index if n > size/2 && target_key.nil?
    hash[index] = rand
  end
```

```
GC.disable

Benchmark.bm do |bench|
  bench.report("retrieving an element
                from a hash with #{size} elements 10000 times") do
    10000.times do
      val = hash[target_key]
    end
  end
end

GC.enable

end
```

示例 7-7   KeyObject 现在有了一个非常差的散列函数

我故意写了一个非常差的 hash 函数。示例 7-7 的 hash 函数总是返回整数 4❶，而不是返回伪随机整数，不管是哪个 KeyObject 的实例去调用都是如此。

现在 Ruby 在计算散列值的时候总是会得到 4。它将不得不指派所有的散列元素到内部散列表的 4 号容器中，如图 7-10 所示。

让我们试试这个，看会发生什么！图 7-12 展示了示例 7-7 的运行结果。

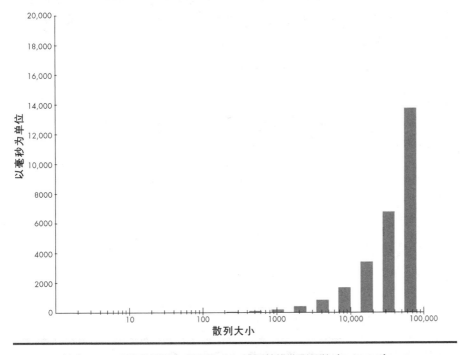

图 7-12   检索 10000 个值的时间 vs 散列大小，使用差的散列函数（Ruby 2.0）

图 7-12 与图 7-11 有很大的不同！注意图的比例。Y 轴展示的是毫秒，X 轴展示的是散列中元素数量的对数刻度。但是这次注意，在 Y 轴上有成千上万毫秒——其实也就是几秒。

当元素只有一个或几个的时候，可以非常快地检索 10000 个值——图 7-12 中几乎都没显示时间。事实上，它花费了大约 1.5 毫秒。然而，当元素的数目增加到 100 甚至 1000 的时候，加载 10000 个元素所需要的时间就跟散列的大小呈线性增加。对于含有大概 10000 个元素的散列，大概花费了超过 1.6 秒来加载 10000 个值。如果继续用更大的散列来测试，则需要使用分钟甚至小时为单位来衡量检索值所需的时间了。

这里的情况是，所有的散列元素都被保存到同一个容器下，强制 Ruby 逐个按键来检索列表。

7.3.1 Ruby 2.0 中的散列优化
Hash Optimization in Ruby 2.0

从 Ruby 2.0 开始，Ruby 引入了新的优化使得散列工作得更快。对于包含 6 个或更少元素的散列，Ruby 现在完全避免去计算其散列值，只是简单在数组中保存散列数据，这被称为散列打包（packed hash）。图 7-13 展示了散列打包。

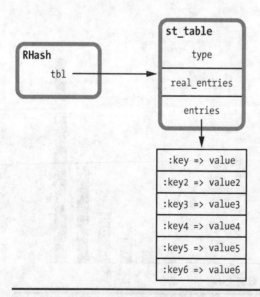

图 7-13   在内部，Ruby 2.0 用数组保存含有 6 个或更少元素的小散列

　　Ruby 2.0 对小散列并没有使用 st_table_entry 结构体，也不会创建容器表，而是创建了数组，并且把键-值对直接保存在了数组中。该数组足够容纳 6 个键-值对，一旦插入第 7 个键-值对，Ruby 就会舍弃该数组转而创建容器数组，然后照例通过计算散列值把 7 个元素全部移到 st_table_entry 结构体中。这解释了在图 7-8 中插入第 7 个元素时看到的小峰值。real_entries 保存了存储于数组 0~6 之间的值的数量。

　　在打包散列中仅有 6 个或更少的元素，因此 Ruby 遍历键的值来查找目标值，相比于计算散列值和使用容器数组的速度更快。图 7-14 展示了 Ruby 如何从打包散列中检索元素。

　　为了找到给定键的目标值，Ruby 迭代数组，如果值是对象，就调用每个键的 eql?方法。对于简单值，比如整数或符号，Ruby 仅使用数值比较。Ruby 2.0 从来不为打包散列调用散列函数。

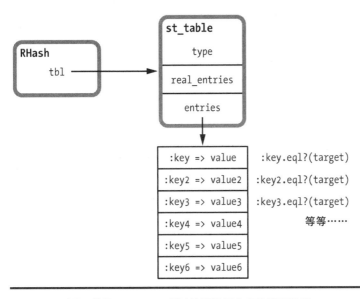

图 7-14　对于小散列，Ruby 2.0 通过遍历数组去查找给定的键

7.4　总结
Summary

　　理解散列表是理解 Ruby 内部工作原理的关键，因为散列表的速度和灵活性促使 Ruby 将它应用在许多地方。

在本章的起始部分，我们学习了散列表不管包含多少元素都能快速地返回值。接下来学习了 Ruby 的散列表随着元素的增加会自动增加扩容。散列表的用户不需要担心该表有多快或多大。散列表总是很快，并且会按需自动扩展。

最后，了解了 Ruby 的散列函数的重要性。散列表的算法依赖于底层的散列函数。使用高效的散列函数，值就会被均匀地分布于散列表的容器中且少有冲突，从而使得它们可以快速地存取。然而，如果用了很差的散列函数，值就会被保存到同一个容器中，导致性能变差。

块（Block）是 Ruby 的闭包实现。

8

Ruby 如何借鉴 Lisp 几十年前的理念

HOW RUBY BORROWED A DECADES-OLD IDEA FROM LISP

块（block）是 Ruby 最常用且最强大的特性之一，因为它可以传递代码片段给可枚举的方法，比如 each、detect 或 inject。使用 yield 关键字既可以编写自定义的迭代器，也可以定义能调用块的函数另作他用。包含块的 Ruby 代码跟 C 语言编写的等效代码相比，更加简洁、优雅和富有表现力。

但可别轻易得出这样的结论：块是 Ruby 的首创！事实上，块并不是新概念。块背后的计算机科学理论叫做闭包（closure），这个概念是在 1964 年由 PeterJ.Landin 发明的，距离 1958 年被 John MacCarthy 创造的 Lisp 最初版本没几个年头。随后，闭包被 Lisp 所采用——更精确一点来说是一种叫 Scheme 的 Lisp 方言，它是在 1975 年由 Gerald Sussman 和 Guy Steele 发明的，Scheme 首次把闭包这种理念带到了广大程序员的面前。

但是"闭包"这个词是什么意思呢？换句话说，块到底是什么呢？它们只是出现在 do 和 end 关键字之间的代码片段吗？本章会深入讲解块的内部实现方式，并说明它们如何与 1975 年 Sussman 和 Steeled 的闭包定义相匹配。我也会展示 block、lambda 和 proc 这三种不同的闭包用法。

学习路线图

8.1　块: Ruby 中的闭包 ⋯⋯⋯⋯⋯⋯⋯⋯⋯⋯⋯⋯⋯⋯⋯⋯⋯⋯⋯⋯⋯⋯ 208

　　Ruby 如何调用块 ⋯⋯⋯⋯⋯⋯⋯⋯⋯⋯⋯⋯⋯⋯⋯⋯⋯⋯⋯⋯⋯ 210

　　借用 1975 年的理念 ⋯⋯⋯⋯⋯⋯⋯⋯⋯⋯⋯⋯⋯⋯⋯⋯⋯⋯⋯⋯ 212

　　rb_block_t 和 rb_control_frame_t 结构体 ⋯⋯⋯⋯⋯⋯⋯ 214

　　实验 8-1:while 循环和使用块的 each 哪个更快 ⋯⋯⋯⋯⋯⋯ 216

8.2　Lambda 和 Proc：把函数当做一等公民 ⋯⋯⋯⋯⋯⋯⋯⋯⋯ 219

　　栈内存 vs 堆内存 ⋯⋯⋯⋯⋯⋯⋯⋯⋯⋯⋯⋯⋯⋯⋯⋯⋯⋯⋯⋯⋯ 220

　　深入探索 Ruby 如何保存字符串的值 ⋯⋯⋯⋯⋯⋯⋯⋯⋯⋯⋯ 220

　　Ruby 如何创建 Lambda ⋯⋯⋯⋯⋯⋯⋯⋯⋯⋯⋯⋯⋯⋯⋯⋯⋯⋯ 223

　　Ruby 如何调用 Lambda ⋯⋯⋯⋯⋯⋯⋯⋯⋯⋯⋯⋯⋯⋯⋯⋯⋯ 226

　　Proc 对象 ⋯⋯⋯⋯⋯⋯⋯⋯⋯⋯⋯⋯⋯⋯⋯⋯⋯⋯⋯⋯⋯⋯⋯⋯ 227

　　实验 8-2: 在调用 Lambda 之后改变本地变量 ⋯⋯⋯⋯⋯⋯⋯ 230

　　在同一个作用域中多次调用 lambda ⋯⋯⋯⋯⋯⋯⋯⋯⋯⋯⋯ 232

8.3　总结 ⋯⋯⋯⋯⋯⋯⋯⋯⋯⋯⋯⋯⋯⋯⋯⋯⋯⋯⋯⋯⋯⋯⋯⋯⋯⋯⋯ 234

8.1　块: Ruby 中的闭包
Blocks: Closures in Ruby

Ruby 在内部使用名为 rb_block_t 的结构体来表示块，如图 8-1 所示。通过学习 Ruby 如何在 rb_block_t 中存储数据，就能明白块到底是什么。

```
rb_block_t
    ??
```

图 8-1　C 结构体 rb_block_t 内部构造是什么

就像第 5 章介绍 RClass 结构体一样，我们来根据 Ruby 中块的行为来推断 rb_block_t 结构体的内容。从块最明显的属性开始，我们知道块都是由一段 Ruby 代码构成的，也就是说，块在内部是会被编译为 YARV 字节码指令集的。现在，调用一个方法并把块作为参数传入，如示例 8-1 所示。

```
10.times do
  str = "The quick brown fox jumps over the lazy dog."
  puts str
end
```

示例 8-1　表面上，块只是一段 Ruby 代码

执行 10.times 时，Ruby 需要知道遍历什么样的代码。因此，rb_block_t 结构体一定包含指向那些代码的指针，如图 8-2 所示。

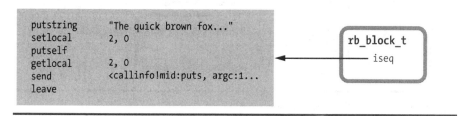

图 8-2　rb_block_t 结构体包含指向 YARV 指令片段的指针

iseq 指针指向块中代码对应的 YARV 指令。

另一个明显但常常被忽视的行为是：块可以访问上下文环境或父层作用域中的变量，如示例 8-2 所示。

```
❶ str = "The quick brown fox"
❷ 10.times do
❸   str2 = "jumps over the lazy dog."
❹   puts "#{str} #{str2}"
end
```

示例 8-2　块中的代码可以访问上下文环境中的变量 str

这里 puts 函数调用❹同时引用了块中 str2 变量和定义在上下文环境中的 str 变量❶。很明显，块可以从代码上下文环境中访问值。这正是块有用的特性之一。

一方面，块的行为像是独立的方法，你能调用它们，并且可以像普通方法那样传递参数。另一方面，它是上下文函数或方法的一部分。

8.1.1 Ruby 如何调用块
Stepping Through How Ruby Calls a Block

块内部的工作原理是什么？Ruby 是把块当做单独方法来实现的呢还是作为方法上下文的一部分呢？让我们单步调试示例 8-2 来看看调用块时的内部情形。

Ruby 执行示例 8-2 中第一行代码时❶，str = "The quick brown fox"，YARV 在它的内部栈里存储本地变量。YARV 使用位于当前 rb_control_frame_t 结构体中的 EP，也就是环境指针（environment pointer）来记录 str 的位置，如图 8-3 所示[1]。

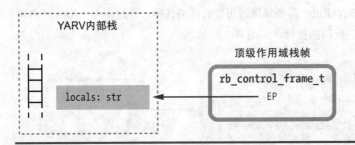

图 8-3 Ruby 在栈中保存本地变量 str

下一步，Ruby 执行示例 8-2 中 10.times do 的调用❷。在实际迭代执行之前（调用 times 方法之前），Ruby 创建并初始化了一个新的 rb_block_t 结构体来表示块。Ruby 需要现在创建该块的结构体是因为它只是 times 方法的另一个参数。图 8-4 展示了这个新的 rb_block_t 结构体。

当创建新的块结构体的时候，Ruby 把 EP 的当前值复制给了该块。换句话说，Ruby 在新的块中保存了当前栈帧的位置。

接下来，Ruby 调用 Fixnum 类的实例对象 10 的 times 方法。此时，YARV 在它的内部栈中创建了新的栈帧。现在我们有两个栈帧了：位于上方的 Fixnum.times 方法的新栈帧和位于下方的被顶级作用域使用的原始栈帧（见图 8-5）。

---

[1]如果外层代码位于函数或方法内部，那么 EP 会如图 8-3 所示那样指向栈帧。但是，如果代码位于 Ruby 程序的顶级作用域中，那么 Ruby 会动态访问保存在 TOPLEVEL_BINDING 环境中的变量。无论如何，EP 始终指向 str 变量的位置。

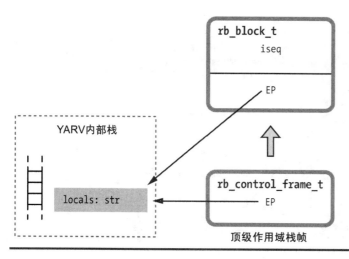

图 8-4 Ruby 在调用该方法并传入块之前会创建新的 rb_block_t 结构体

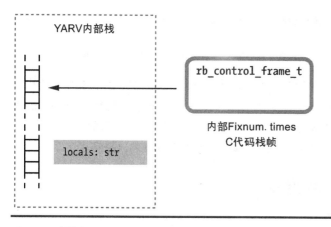

图 8-5 当执行 10.times 调用时 Ruby 创建新的栈帧

Ruby 内部使用 C 代码实现了 times 方法。虽然这是一个内建的方法,但是 Ruby 对它的实现跟我们想要的行为是一致的。Ruby 从数字 0、1、2 开始迭代,依次类推直到数字 9,然后它使用 yield 为每个整数都调用一次该块。最后,实现 yield 的内部代码每次调用块的时候会通过循环将第三个栈帧压入栈的顶部以供块中的代码使用。图 8-6 展示了第三个栈帧。

图 8-6 的左侧目前有三个栈帧。

1. 顶部是为执行块代码产生的新栈帧,包含示例 8-2 中定义的 str2 变量❸。

2. 中间是被内部实现 Fixnum#times 方法的 C 代码使用的栈帧。

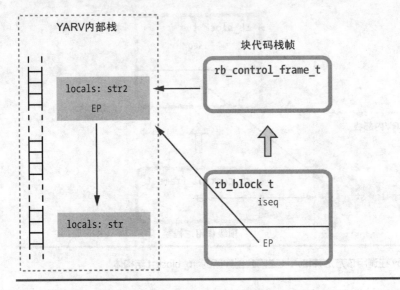

图 8-6　调用 10.times 方法 yield 块时，Ruby 创建第三个栈帧

3. 底部是顶级作用域的栈帧，包含示例 8-2 中定义的 str 变量❶。

当创建新栈帧的时候，Ruby 的内部 yield 代码把块中的 EP 复制到新的栈帧中。现在 block 中的代码可以直接通过 rb_control_frame_t 结构体来访问它的本地变量，也可以用动态变量访问间接通过 EP 指针访问父层作用域的变量。具体来说，这样就允许示例 8-2 中的 puts 语句❹访问父层作用域的 str2 变量。

8.1.2　借用 1975 年的理念
Borrowing an Idea from 1975

迄今为止，我们已经看到 rb_block_t 结构体包含了两个重要的值。

● YARV 代码指令片段的指针——iseq 指针。

● YARV 内部栈位置的指针，该位置是块被创建时栈的顶部——EP 指针。

图 8-7 展示了 rb_block_t 结构体中的这两个值。

我们知道，Ruby 使用 EP 从上下文代码中访问变量。表面上，这似乎只是一种必要的技术实现，并无特别之处，因为这明显是我们期望块所表现的行为，而且 EP 似乎是 Ruby 的内部块实现中并不重要且无趣的部分。是这样吗？

EP 实际上是 Ruby 内部极为重要的部分。它是 Ruby 闭包（closure）实现的基础，在 20 世纪 90 年代 Ruby 出现之前，闭包这个计算机科学概念已经被 Lisp 使用很久了。下面是 Sussman 和 Steeled 在 1975 年对闭包的学术定义[1]。

为了解决这个问题，我们引入了闭包[11,14][2]的概念，这是一种包含了 lambda 表达式，以及当 lambda 表达式被用作参数时所用环境的数据结构。

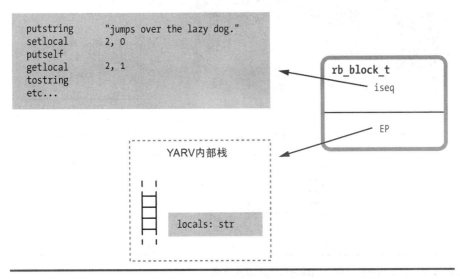

图 8-7　块包含 YARV 指令片段的指针以及它在 YARV 栈中的位置

20 世纪 60 年代初的 IBM704，是第一台运行 Lisp 的机器（来源：NASA）

他们使用如下组合来定义闭包：

---

[1]Gerald J. Sussman 和 Guy L. Steele, Jr，"Scheme: 扩展 lambda 演算的解释器"（麻省理工学院人工智能实验室，AI 备忘录第 349 号，1975 年 12 月）。
[2]译注：该论文中提到的参考文献条目编号，可参考论文：https://cs.au.dk/~hosc/local/HOSC-11-4-pp405-439.pdf

- "lambda 表达式"——也就是携带一组参数的函数。

- 调用 lambda 或函数时所用的环境（environment）。

让我们再看看 rb_block_t 结构体，为了方便复用了之前的图，如图 8-8 所示。

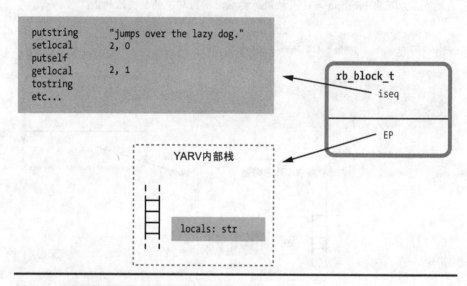

```
putstring      "jumps over the lazy dog."
setlocal       2, 0
putself
getlocal       2, 1
tostring
etc...
```

图 8-8　块是函数和调用该函数时所用环境的组合

这种结构体满足 Sussman 和 Steeled 对闭包的定义。

- iseq 是 lambda 表达式（函数或代码片段）的指针。

- EP 是调用 lambda 或函数时所用环境的指针——指向上下文栈帧的指针。

根据这一思路，可以看出块是 Ruby 的闭包实现。块这种使 Ruby 如此优雅的特性，原来是基于距 Ruby 诞生至少 20 年之前的研究和工作实现的！

---

rb_block_t 和 rb_control_frame_t 结构体

Ruby 1.9 及随后的版本可以在 vm_core.h 文件中找到 rb_block_t 结构体的定义，如示例 8-3 所示。

```
typedef struct rb_block_struct {
❶    VALUE self;
❷    VALUE klass;
❸    VALUE *ep;
❹    rb_iseq_t *iseq;
```

```
❺    VALUE proc;
} rb_block_t;
```

示例 8-3　vm_core.h 中的 rb_block_t 定义

　　除了上面描述的值 iseq❹ 和 ep❸ 外，还有一些其他的值，如下：

- self❶：块中第一个用到的 self 指针也是闭包环境的重要部分。Ruby 在与块之外的代码相同的上下文中执行块代码。

- klass❷：除 self 外，Ruby 也使用该指针来跟踪当前对象的类。

- proc❺：当 Ruby 根据块创建 proc 对象的时候使用该值，正如在第 8.2 节将要看到的，proc 与块是密切相关的。

　　在 vm_core.h 中 rb_block_t 的上方是 rb_control_frame_t 结构体的定义，如示例 8-4 所示。

```
typedef struct rb_control_frame_struct {
    VALUE *pc; /* cfp[0] */
    VALUE *sp; /* cfp[1] */
    rb_iseq_t *iseq; /* cfp[2] */
    VALUE flag; /* cfp[3] */
❶   VALUE self; /* cfp[4] / block[0] */
    VALUE klass; /* cfp[5] / block[1] */
    VALUE *ep; /* cfp[6] / block[2] */
    rb_iseq_t *block_iseq; /* cfp[7] / block[3] */
❷   VALUE proc; /* cfp[8] / block[4] */
    const rb_method_entry_t *me;/* cfp[9] */

#if VM_DEBUG_BP_CHECK
    VALUE *bp_check; /* cfp[10] */
#endif
} rb_control_frame_t;
```

示例 8-4　vm_core.h 中的 rb_control_frame_t 定义

　　注意这个 C 结构体也包含了与 rb_block_t 结构体一样的值：从 self❶ 到 proc❷ 的所有值。这两个结构体共享相同的值既有趣又让人困扰。Ruby 在内部使用这种优化手段来提升性能。每当通过以方法参数的方式引用块时，Ruby 都要创建新的 rb_block_t，并且从当前 rb_control_frame_t 结构体中复制一些值，比如 EP。因为这两个结构体以相同的顺序包含相同的值（rb_block_t 是 rb_control_frame_t 的子集），Ruby 避免了创建新的 rb_block_t 结构体，把新块的指针指向 rb_control_frame_t 结构体中公共的部分。换句话说，Ruby 只需要传递指向 rb_control_frame_t 结构体中间部分的指针，而不是分配新的内存来保存新的**rb_block_t**结构体。
如此一来，就避免了不必要的**malloc**调用，从而加速了创建块的过程。

实验 8-1：while 循环和使用块的 each 哪个更快

使用块的 Ruby 代码，通常比一些老式语言（比如 C）的等效代码更优雅和简洁。例如，用 C 代码编写 while 循环，用于计算 1 到 10 的和（见示例 8-5）。

```c
#include <stdio.h>
main()
{
  int i, sum;
  i = 1;
  sum = 0;
  while (i <= 10) {
    sum = sum + i;
    i++;
  }
  printf("Sum: %d\n", sum);
}
```

示例 8-5　C 的 while 循环

示例 8-6 展示了 Ruby 代码表示的等效 while 循环。

```ruby
sum = 0
i = 1
while i <= 10
  sum += i
  i += 1
end
puts "Sum: #{sum}"
```

示例 8-6　用 Ruby 代码编写的 while 循环

然而，大多数的 Rubyist 会使用带有块的 Range（范围），如示例 8-7 所示。

```ruby
sum = 0
(1..10).each do |i|
  sum += i
end
puts "Sum: #{sum}"
```

示例 8-7　在 Ruby 中使用 Range 对象和块来计算 1 到 10 的和

　　这里使用块会有任何性能上的损失吗？为了创建新的 rb_block_t 结构体，复制 EP 的值和创建新的栈帧，Ruby 的速度会明显减慢吗？

　　我不打算编写 C 代码的基准测试，因为它显然要比使用 Ruby 的任何一段代码都要快。下面测量 Ruby 中使用 while 循环来计算从 1 到 10 得到 55 花费了多长时间，如示例 8-8 所示。

```
require 'benchmark'
ITERATIONS = 1000000
Benchmark.bm do |bench|
  bench.report("iterating from 1 to 10, one million times") do
    ITERATIONS.times do
      sum = 0
      i = 1
      while i <= 10
        sum += i
        i += 1
      end
    end
  end
end
```

示例 8-8　while 循环的基准测试（while.rb）

　　这里，使用了 Benchmark 来测量执行 100 万次 while 循环所需的时间，使用了块来控制 100 万次迭代（ITERATIONS.times do），在接下来的测试中也会用到同样的块。在我的笔记本上使用 Ruby 2.0，半秒内跑完了这段代码：

```
$ ruby while.rb
    user system total real
    iterating from 1 to 10, one million times 0.440000 0.000000
                                    0.440000 ( 0.445757)
```

　　现在让我们测量运行示例 8-9 中代码所需要的时间，该代码使用了带有块的 each 方法。

```
require 'benchmark'
ITERATIONS = 1000000
Benchmark.bm do |bench|
  bench.report("iterating from 1 to 10, one million times") do
    ITERATIONS.times do
      sum = 0
      (1..10).each do |i|
        sum += i
      end
    end
```

```
    end
  end
```

示例 8-9　调用块的基准测试（each.rb）

这次运行 100 万次循环花费的时间稍长，大约为 0.75 秒。

```
$ ruby each.rb
    user system total real
iterating from 1 to 10, one million times 0.760000 0.000000
                                      0.760000 ( 0.765740)
```

相比简单迭代 while 循环 10 次，Ruby 需要多花 71% 的时间来调用 10 次块（见图 8-9）。

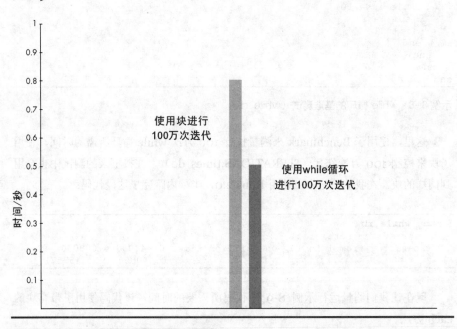

图 8-9　Ruby 2.0 多用 71% 的时间来调用块

使用 each 更慢，因为在内部 Range#each 方法循环的时候必须调用（yield）块。这牵涉相当大的工作量。为了 yield 块，首先，Ruby 必须为该块创建新的 rb_block_t 结构体，设置新块中的 EP 为引用环境，并且把该块传到 each 调用中。然后，每次执行循环 Ruby 不得不在 YARV 的内部栈中创建新的栈帧，用于调用该块的代码。最后，把 EP 从块中复制到新栈帧中。运行 while 循环更快，因为 Ruby 只需要在每次循环的时候重置 PC（程序计数器），它不调用方法，也不创建新的栈帧（或新的 rb_block_t 结构体）。

71%的时间似乎是巨大的性能损失。如果应用对响应度要求高，并且在循环内没有其他的费时操作，那么最好用老式的 C 风格的 while 循环来写迭代。然而，大多数 Ruby 应用（当然是 Ruby on Rails 网站）的性能，通常都受限于数据库的查询、网络连接及其他的因素，而不是 Ruby 的执行速度。Ruby 的执行速度很少会影响到应用的整体性能。（当然，如果使用了大型框架，比如 Ruby on Rails，那么你的代码将是极其庞大系统中非常小的一部分。我想，除你自己的代码之外，一个简单的 HTTP 请求就能动用 Rails 的很多块迭代了。）

8.2　Lambda 和 Proc：把函数当做一等公民
Lambdas and Procs: Treating a Function as a First-Class Citizen

现在用另外一种更复杂的方式来打印 quick brown fox 字符串。示例 8-10 中使用了 lambda。

```
❶ def message_function
❷   str = "The quick brown fox"
❸   lambda do |animal|
❹     puts "#{str} jumps over the lazy #{animal}."
   end
 end
❺ function_value = message_function
❻ function_value.call('dog')
```

示例 8-10　在 Ruby 中使用 lambda

让我们仔细逐行查看该代码。它首先定义了 message_function 的方法❶。在 message_function 内部，创建了本地变量 str❷。其次，调用 lambda❸，然后把块传给它。在这个块内部❹，我们再次打印 quick brown fox 字符串。然而，message_function 不会立即显示该字符串，因为它没有真正调用该块❸，它返回的是 lambda。

这是"把函数作为一等公民"的示例，这可能是计算机科学常用的表达。一旦从 message_function 中返回 lambda，就把它保存在 function_value 这个本地变量中❺，然后使用 call 方法❻　显式地调用它。使用 lambda 关键字，或者是等价的 proc 关键字——Ruby 允许你使用这种方式来把块转换为数据值。

关于示例 8-10 我有很多问题。调用 lambda 时发生了什么？Ruby 如何把块转换为数据值？把块当一等公民是什么意思？message_function 返回的是

rb_block_t 结构体，还是 rb_lambda_t 结构体？如果是 rb_lambda_t，它会包含什么信息呢（见图 8-10）？

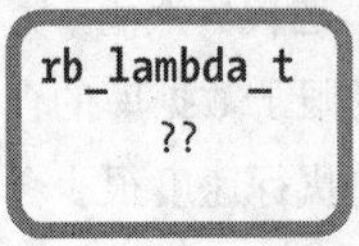

```
rb_lambda_t
    ??
```

图 8–10   Ruby 是使用 rb_lambda_t 结构体吗？如果是，它包含了什么？

8.2.1   栈内存 vs 堆内存
Stack vs. Heap Memory

在回答这些问题之前，需要先了解 Ruby 保存数据的方式。Ruby 在两个地方保存数据：栈（stack）和堆（heap）。

前面已经介绍过栈。这是 Ruby 为程序中每个方法保存本地变量、返回值和参数的地方。栈中的值仅在方法运行时有效。方法返回时，YARV 会删除它的栈帧以及里面所有的值。

即使某个方法已经返回了，Ruby 也使用堆来保存需要保留一段时间的信息。在堆中的每个值，只要它被引用，就仍然有效。如果堆中的值不被程序中的任何变量或对象引用，Ruby 的垃圾回收系统就会删除它，释放它的内存以供他用。

此方案并不是只在 Ruby 中被用到。事实上，其他编程语言也使用这种方案，包括 Lisp 和 C。别忘了，Ruby 本身也是 C 程序。YARV 的栈设计是基于 C 程序使用栈的方式，Ruby 的堆也是使用底层 C 实现的堆。

栈和堆有一个重要的不同点。Ruby 仅在栈里保存数据的引用——也就是指那些 VALUE 指针。对于简单的整数值、符号和诸如 nil、true 或 false 这样的常数，引用就是真实的值。然而，对于其他数据类型，VALUE 是包含真实数据的 C 结构体指针，比如 RObject。如果只有 VALUE 引用进入栈中，那么 Ruby 在哪里保存结构体呢？答案是，堆。让我们通过例子来更好地理解这一点。

8.2.2   深入探索 Ruby 如何保存字符串的值
A Closer Look at How Ruby Saves a String Value

让我们来仔细看看 Ruby 如何处理示例 8-10 中字符串 str 的值。首先，假设 YARV 有外层作用域的栈帧，但是尚未调用 message_function。图 8-11 展示了这个初始栈帧。

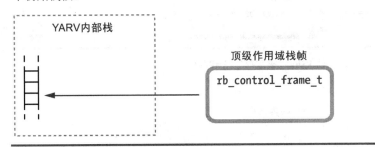

图 8-11　为了执行示例 8-11 中的代码，Ruby 开始初始化栈帧

图 8-11 的左侧是 YARV 的内部栈，右侧是 rb_control_frame_t 结构体。现在假设 Ruby 执行了 message_function 函数调用，如同示例 8-10❺。图 8-12 展示了接下来的情形。

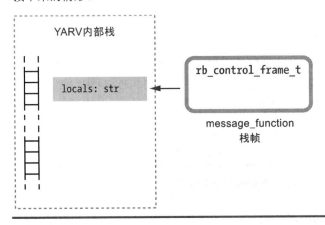

图 8-12　当调用 message_function 的时候 Ruby 创建了第二个栈帧

Ruby 在被 message_function 使用的新栈帧中保存了本地变量 str。让我们看看 str 变量，以及 Ruby 如何在其中保存 quick brown fox 字符串。Ruby 在 C 结构体 RObject 中保存对象，在 C 结构体 RArray 中保存数组，在 C 结构体 RString 中保存字符串，以此类推。图 8-13 展示了用 RString 来保存 quick brown fox 字符串的情形。

图 8-12 的右侧是 RString 结构体，左侧是该字符串的指针或引用。当 Ruby 在 YARV 栈中保存字符串值（或任何对象）的时候，它实际上只在栈中放置了该字符串的引用。而真正的字符串结构体被保存在堆中，如图 8-14 所示。

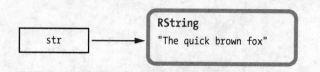

图 8-13 Ruby 使用 C 结构体 RString 来保存字符串的值

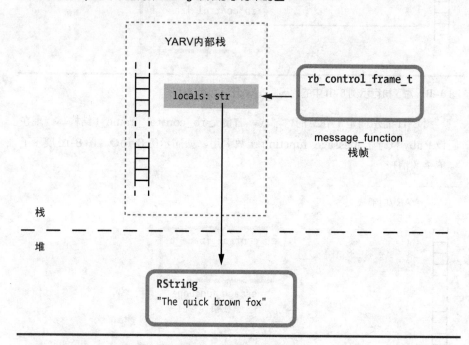

图 8-14 栈中 str 的值是保存于堆中的 RString 结构体的引用

如果不再有任何指针引用堆中的特定对象或值，Ruby 就会在下一次垃圾回收系统运行的时候释放该对象或值。为了便于演示，假设示例 8-11 所示的代码根本没有调用 lambda，而是在保存 str 变量之后立即返回 nil。

```
def message_function
  str = "The quick brown fox"
  nil
end
```

示例 8-11 该代码没有调用 lambda

一旦 message_function 调用完成，YARV 便会从栈中弹出 str 的值（和保存在这里的任何其他临时值一样），并返回到原始栈帧，如图 8-15 所示。

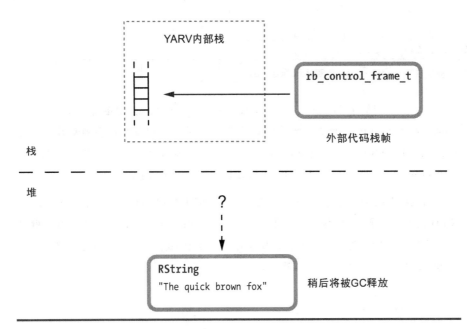

图 8-15　现在不再有对 RString 结构体的引用

如图 8-15 所示，这里不再有对包含 quick brown fox 字符串的 RString 结构体的引用。Ruby 的垃圾回收系统可以识别堆中没有任何引用的值，就像这里的 quick brown fox 字符串。在识别它们之后，GC 系统会释放这些孤立的值，把内存返还给堆。

8.2.3　Ruby 如何创建 Lambda

How Ruby Creates a Lambda

"把函数当做一等公民"的意思是 Ruby 允许把函数作为数据值保存在变量中，或当做参数传递，等等。Ruby 是用块来实现这些理念的。

lambda（或 proc）关键字会把块转换为数据值。但是记住，块是 Ruby 的闭包实现。这意味着新的数据值一定以某种方式同时包含块代码和环境的引用。

为了方便理解，让我们再回到示例 8-10（示例 8-12 复用了其中的代码），来看看 lambda 的使用。

```
   def message_function
❶    str = "The quick brown fox"
❷    lambda do |animal|
❸      puts "#{str} jumps over the lazy #{animal}."
     end
```

```
      end
      function_value = message_function
❹     function_value.call('dog')
```

示例 8-12　使用 lambda（复用示例 8-10）

注意，当调用 lambda 的时候❹，块里的 puts 语句❸能访问定义在 message_function 里❶的 str 字符串变量。这是怎么回事？我们刚刚看到了在 message_function 返回的时候，引用 RString 结构体的 str 从栈中弹出！显然，在调用 lambda 之后，str 的值驻留其中以便块随后可以访问它。

当调用 lambda 的时候，Ruby 会把当前 YARV 栈帧的数据项内容复制到堆中 RString 结构体所在位置。例如，图 8-16 展示了 message_function 开始执行❶时 YARV 栈的概貌（为了方便理解，我没有展示 RString 结构体，但是要记住这个 RString 结构体也会被保存在堆中）。

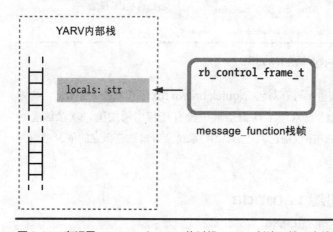

图 8-16　在调用 message_function 的时候，Ruby 创建了第二个栈帧

接下来，示例 8-12 调用了 lambda❷。图 8-17 展示了调用 lambda 时的情形。

图 8-17 虚线下面横着的栈图标展示了 Ruby 在堆中为 message_function 创建的新的栈帧副本。现在这里有第二个 str 的 RString 结构体引用，这意味着当 message_function 返回的时候 Ruby 不会释放它。

事实上，除了栈帧副本，Ruby 还在堆中创建了另外两个对象：

● 内部环境对象，图 8-17 左下方由 C 结构体 rb_env_t 表示。本质上它是对栈在堆中副本的包装。第 9 章会介绍可以使用 Binding 类间接访问程序中这个环境对象。

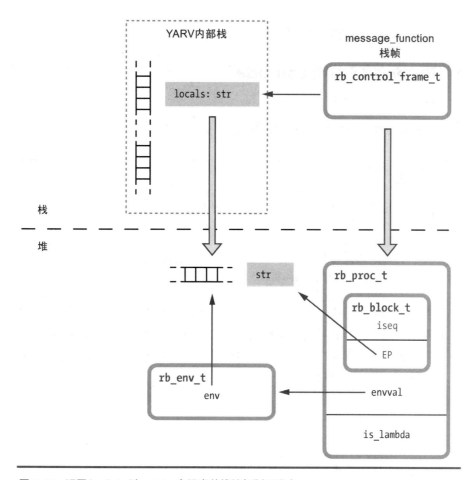

图 8-17 调用 lambda 时，Ruby 会把当前栈帧复制到堆中

● Ruby 的 proc 对象用 rb_proc_t 结构体来表示。这是从 message_function
  返回的 lambda 关键字实际的返回值。

注意新的 proc 对象，rb_proc_t 结构体包含了 rb_block_t 结构体，
rb_block_t 结构体中包含了 iseq 指针和 EP 指针。可以认为 proc 是一种包装了块
的 Ruby 对象。与正常的块一样，它们也记录块代码及其闭包的环境引用。Ruby
在块中让 EP 指向该栈帧中新的堆副本。

还要注意 proc 对象包含了名为 is_lambda 的内部值。这个例子中它的值被设
置为 true，是因为我们使用了 lambda 关键字来创建 proc。如果用 proc 关键字来
创建 proc 对象，或者通过调用 Proc.new 来创建，那么 is_lambda 就会被设置为
false。虽然 Ruby 使用此标记来产生 proc 和 lambda 之间的细微行为差异，但最好

还是认为 proc 和 lambda 在本质上是相同的。

8.2.4 Ruby 如何调用 Lambda

How Ruby Calls a Lambda

让我们来看看示例 8-13 中的 lambda。

```
def message_function
  str = "The quick brown fox"
  lambda do |animal|
    puts "#{str} jumps over the lazy #{animal}."
  end
end
❶ function_value = message_function
❷ function_value.call('dog')
```

示例 8-13　使用 lambda（再次复用示例 8-10）

当 message_function 返回❶时会发生什么？因为 lambda 或 proc 对象是它的返回值，所以该 lambda 的引用被保存在外层作用域的栈帧的 function_value 局部变量中。这阻止了 Ruby 释放 proc、内部环境对象和 str 变量，并且现在有指针引用了堆中的这些值（见图 8-18）。

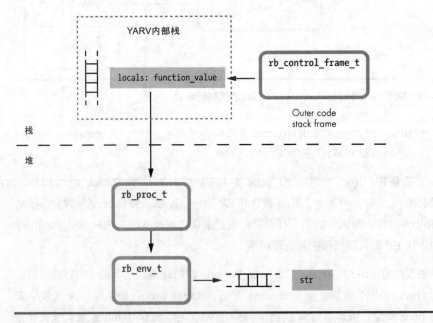

图 8-18　一旦 message_function 返回，上下文代码会持有 proc 对象的引用

当 Ruby 执行 proc 对象的 call 方法时❷，该 proc 对象的块也会被执行。图 8-19 展示了在使用 lambda 或 proc 的 call 方法时，Ruby 内部的情形。

和块一样，Ruby 调用 proc 对象时，它会创建新的栈帧以及把 EP 设置为块的引用环境。只不过这个环境是先前复制到堆中的栈帧副本，新的栈帧包含了指向此堆的 EP。此 EP 允许 puts 访问定义在 message_function 中的 str 的值。图 8-19 展示了 proc 的参数 animal，它保存在新栈帧中，与其他方法或块参数类似。

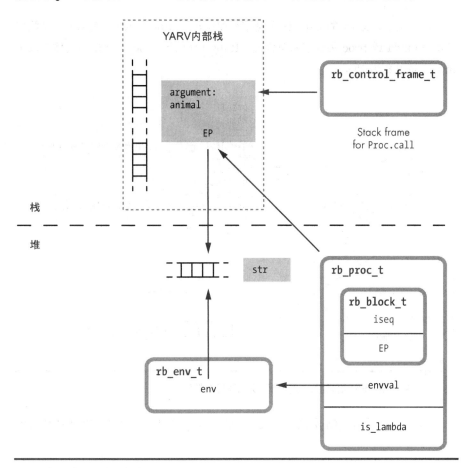

图 8-19　通常，调用 proc 对象会创建新的栈帧，并且设置 EP 指向堆中的环境

8.2.5　Proc 对象
The Proc Object

我们已经知道 Ruby 没有叫做 rb_lambda_t 的结构体。换句话说，在图 8-20

中展示的该结构体其实并不存在。

图 8-20 Ruby 实际没有使用名为 rb_lambda_t 的结构体

在本例中，Ruby 的 lambda 关键字反而创建了 proc 对象——实际上，是我们传给 lambda 或 proc 关键字的块包装。Ruby 使用 rb_proc_t 的 C 结构体来表示 proc，如图 8-21 所示。

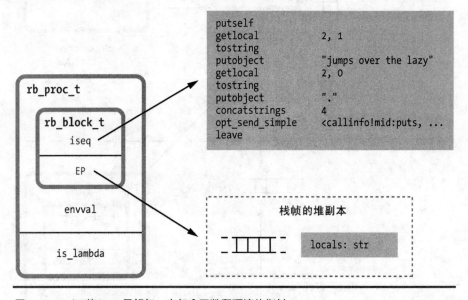

图 8-21 Ruby 的 proc 是闭包，它包含函数和环境的指针

闭包包含函数和该函数被引用或创建的环境。环境是持久保存在堆中的栈帧副本。

proc 是 Ruby 对象。它包含的信息跟其他对象一样，包括 **RBasic** 结构体。为了保存它的对象相关信息，Ruby 使用了名为 **RTypedData** 的结构体，跟 rb_proc_t 一起来表示 proc 对象的实例。图 8-22 展示了这些结构体如何一起工作。

你可以把 **RTypedData** 当成一种 Ruby C 代码的技巧，用来把 C 数据结构包装为 Ruby 对象。就本例而言，Ruby 使用 **RTypedData** 来创建由单个 rb_proc_t 结

构体副本表示的 Proc 实例。RTypedData 结构体包含与所有 Ruby 对象都相同的
RBasic 信息。

flags：Ruby 需要跟踪的某些内部技术信息。

klass：实例对象的类指针，在本例中就是 Proc 类。

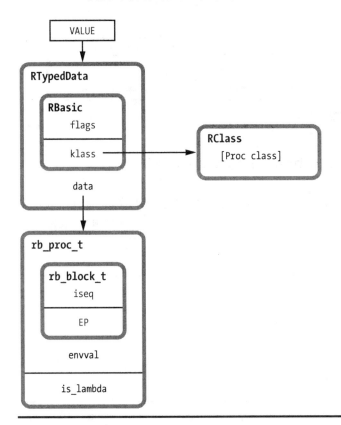

图 8-22 Ruby 在 RTypedData 结构体中保存 proc 对象的相关信息

图 8-23 再次展示了 Ruby 如何表示 proc 对象。该 proc 对象是在 RString 结构
体右侧。

注意，Ruby 处理字符串跟处理 proc 是相似的。跟字符串一样，proc 能被保存
为变量或作为参数传递给函数。引用 proc 或在变量中保存 proc 时，Ruby 会用
VALUE 指针指向它。

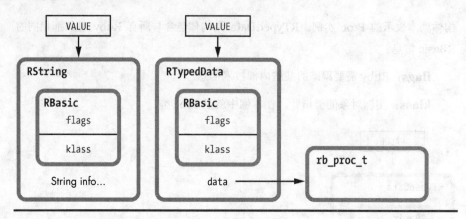

图 8–23　使用 Ruby 字符串对比 proc

实验 8-2：在调用 Lambda 之后改变本地变量

示例 8-10~示例 8-13 展示了如何调用 lambda 把当前栈帧复制到堆中。现在有一个稍微不同的例子，示例 8-14 跟之前的例子基本类似，只是在调用 lambda 之后改变了 str❷。

```
def message_function
  str = "The quick brown fox"
❶ func = lambda do |animal|
    puts "#{str} jumps over the lazy #{animal}."
  end
❷ str = "The sly brown fox"
  func
end
function_value = message_function
❸ function_value.call('dog')
```

示例 8-14　哪个版本的 str 会将 lambda 复制到堆中（modify_after_lambda.rb）

我们在把 str 变为 The sly brown fox 之前❷调用了 lambda❶，Ruby 应该已经把栈帧复制到了堆中，包括 str 的原始值。这意味着当再调用 lambda 时❸，应该可以看到原始字符串 quick brown fox。然而，运行该代码，可得到如下输出：

```
$ ruby modify_after_lambda.rb
The sly brown fox jumps over the lazy dog.
```

发生了什么？Ruby 似乎以某种方式把 str 的新值 The sly brown fox 复制到了堆中，所以在调用 lambda 的时候❸可以访问它。

为了弄明白 Ruby 如何做到这一点，让我们看看调用 lambda 时的情形。图 8-24 展示了 Ruby 如何把栈帧复制到堆中，包括示例 8-14 中的 str 值。

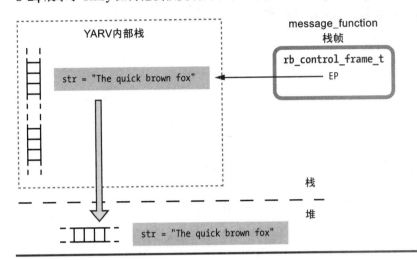

图 8-24 调用 lambda 时，Ruby 把栈帧复制到堆中

栈帧副本刚复制完，str 字符串就改为 sly fox，如示例 8-14 所示的代码❷。

```
str = "The sly brown fox"
```

因为 Ruby 在调用 lambda 时复制栈帧，所以修改的应该是 str 的原始副本，而不是新的 lambda 副本（见图 8-25）。

新的堆副本中的字符串应该还未修改，调用 lambda 之后应该得到原始的 quick fox 字符串，而不是修改后的 sly fox 字符串。Ruby 是如何允许我们修改 lambda 创建好的栈帧副本的呢？

一旦 Ruby 创建好新的栈帧副本（新的 rb_env_t 结构体，也就是内部环境对象），就会让 rb_control_frame_t 结构体中的 EP 指向该副本。图 8-26 展示了 Ruby 创建栈帧的持久堆副本之后重新设置 EP 的情形。

这里的不同是 EP 现在指向了堆。当调用示例 8-14 中 str="The sly brown fox"❷ 的时候，Ruby 会用新的 EP 来访问堆中的值，而不是栈中的原始值。注意 The sly brown fox 出现在图 8-26 底部的堆中。

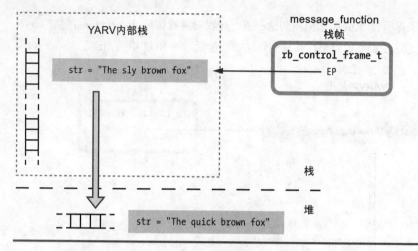

图 8-25 创建堆副本之后 Ruby 还会继续使用原始栈帧吗？

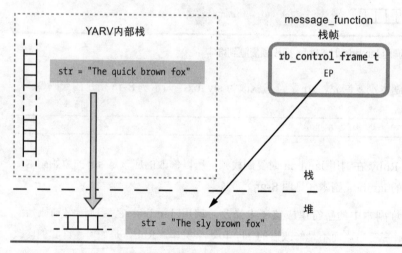

图 8-26 Ruby 创建栈帧的持久堆副本之后重新设置了 EP

8.2.6 在同一个作用域中多次调用 lambda
Calling lambda More Than Once in the Same Scope

lambda 关键字的另外一个有趣的行为是 Ruby 会避免栈帧的多次复制，如示例 8-15 所示。

```
i = 0
increment_function = lambda do
  puts "Incrementing from #{i} to #{i+1}"
  i += 1
```

```
end
decrement_function = lambda do
  i -= 1
  puts "Decrementing from #{i+1} to #{i}"
end
```

示例 8-15　在同一个作用域中调用 lambda 两次

该代码希望两个 lambda 都去操作 main 作用域中的局部变量 i。

但是，如果 Ruby 在每次调用 lambda 时都会生成独立的栈帧副本，那么每个函数操作的都是各自副本中的 i，如示例 8-16 所示。

```
increment_function.call
decrement_function.call
increment_function.call
increment_function.call
decrement_function.call
```

示例 8-16　调用示例 8-15 中创建的 lambda

如果 Ruby 对每个 lambda 函数都使用了 i 的独立副本，那么前面的示例就会得到示例 8-17 这样的输出结果。

```
Incrementing from 0 to 1
Decrementing from 0 to -1
Incrementing from 1 to 2
Incrementing from 2 to 3
Decrementing from -1 to -2
```

示例 8-17　如果每个 lambda 调用都有自己的栈帧副本，那么输出是这样的

但是实际看到的是示例 8-18 中展示的输出结果：

```
Incrementing from 0 to 1
Decrementing from 1 to 0
Incrementing from 0 to 1
Incrementing from 1 to 2
Decrementing from 2 to 1
```

示例 8-18　示例 8-16 的实际输出结果

通常我们希望传给 lambda 的每个块都能访问父作用域中相同的变量。Ruby 通过检查 EP 是否已经指向堆来实现这一点。如果已经指向堆，则与示例 8-15 中第二个 lambda 调用一样，Ruby 将不会创建第二个副本，它只是简单地复用第二个 rb_proc_t 结构体中的 rb_env_t 结构体。最终，两个 lambda 都使用了同一个栈的

堆副本。

8.3 总结
Summary

在第 3 章中，我们了解到调用块时 YARV 就像调用方法那样创建新的栈帧。乍一看，Ruby 的块似乎是一种可以调用和传递参数的特殊方法。然而，正如我们在本章中所看到的，块并不像当初看到的那样简单。

了解了 rb_block_t 结构体之后，我们知道了块是 Ruby 中对计算机科学理论闭包的实现。块是函数与调用该函数时所用环境的组合。同时也了解到块在 Ruby 中有奇怪的双重性：它们跟方法相似，但是它们也能变成方法调用的一部分。Ruby 这种双重角色语法带来的简约是该语言最优雅的特性之一。

随后学习了 Ruby 把使用 lambda 关键字的函数或代码当作"一等公民"，lambda 关键字可以把块转换成可以被传递、保存和复用的数据值。在回顾完栈和堆的内存差异之后，我们学习了 Ruby 实现 lambda 和 proc 的方式，看到了 Ruby 在调用 lambda 或 proc 时会把栈帧复制到堆中，并在调用 lambda 时复用它。最后学习了 proc 对象在 Ruby 中如何表示为数据对象。

一旦学会了 Ruby 元编程内部的实现原理，理解它就会更加容易。

9

元编程

METAPROGRAMMING

元编程（metaprogramming）是最令 Ruby 开发者感到困扰并望而却步的概念之一。它的前缀 meta 表示在更高的抽象层面去编程。Ruby 可提供许多方法来实现元编程，并允许程序自省（inspect）并动态地改变自己。

Ruby 的元编程特性可允许程序查询关于自己的信息（有关方法、实例变量和超类的信息）。元编程特性还可以执行普通任务，比如以更灵活的方式定义方法和常量。最后，像 eval 这样的方法可允许程序生成全新的代码，在运行时解析和编译。

本章主要讲解元编程的两个重要方面。首先学习元编程中最常见和最实用的技术，如何改变标准的方法定义过程。同时还会学习 Ruby 如何为类指派方法，以及它们如何引用词法作用域。然后学习如何使用元类（metaclass）和单类[1]（singleton class）以另外一种方式定义方法。最后学习 Ruby 如何实现新的 refinement 特性，该特性允许你定义方法并按你的需求激活它们。

---

[1]译注：singleton class 这里译为"单类"，主要是避免读者将其与设计模式中的"单例类"混淆。

学习路线图

9.1 定义方法的多种方式 ·· 239

    Ruby 的普通方法定义过程 ·· 239

    使用对象前缀定义类方法 ·· 241

    使用新的词法作用域定义类方法 ·································· 242

    使用单类定义方法 ·· 244

    在单类的词法作用域中定义方法 ·································· 245

    创建 Refinement ··· 246

    使用 Refinement ··· 248

    实验 9-1: 我是谁? 词法作用域如何改变 self ··············· 249

    顶级作用域中的 self ·· 250

    类作用域中的 self ·· 251

    元类作用域中的 self ·· 252

    类方法中的 self ··· 253

9.2 元编程与闭包: eval、instance_eval 和 binding ············· 255

    能写代码的代码 ·· 255

    使用 binding 参数调用 eval ······································ 257

    instance_eval 示例 ·· 259

    Ruby 闭包的另一个重点 ·· 260

    instance_eval 改变接收者的 self ································· 262

    instance_eval 为新的词法作用域创建单类 ····················· 262

    Ruby 如何跟踪块的词法作用域 ·································· 263

    实验 9-2: 使用闭包定义方法 ···································· 265

    使用 define_method ··· 266

    充当闭包的方法 ·· 266

9.3 总结 ·· 268

    在本章的后半部分,我们会看到如何编写出能写代码的代码:使用 eval,这是元编程最纯粹的形式。同时也会发现元编程和闭包是相关的。就像块、lambda 和

proc 一样，eval 和相关的元编程方法被调用时也会创建闭包。事实上，我们将像理解块（block）那样来理解 Ruby 元编程的诸多特性。

9.1　定义方法的多种方式

Alternative Ways to Define Methods

　　Ruby 通常用 def 关键字定义方法，在 def 之后是新方法的名称，紧接着是方法体。然而，使用元编程特性，还能用另外的方式定义方法。我们可以创建类方法而不是普通方法，也可以为单一对象实例创建方法，此外，还可以创建使用闭包访问上下文环境的方法（见实验 9-2）。

　　接下来将会看到使用元编程的每一种方式定义方法时 Ruby 内部的情形。学习每种情形下 Ruby 内部的行为会使元编程语法理解起来更容易。但是在着手学习元编程之前，先来学习更多有关 Ruby 定义普通方法的知识。这些知识是学习使用其他方式定义方法的基础。

9.1.1　Ruby 的普通方法定义过程

Ruby's Normal Method Definition Process

　　示例 9-1 展示了一个简单的 Ruby 类，它只包含了单个方法。

```
class Quote
  def display
    puts "The quick brown fox jumped over the lazy dog."
  end
end
```

示例 9-1　用 def 关键字为类添加方法

　　Ruby 如何执行这个小程序？又是如何知道给 Quote 类分配 display 方法呢？

　　当 Ruby 执行 class 关键字时，它会为 Quote 类创建新的词法作用域（见图 9-1）。Ruby 会在词法作用域中设置 nd_clss 指针指向 Quote 类的 RClass 结构体。因为它是新类，所以 RClass 结构体初始的方法表为空，正如图 9-1 右侧所示。

　　接下来，Ruby 执行 def 关键字去定义 display 方法。但是 Ruby 如何创建普通方法呢？调用 def 时内部会发生什么呢？

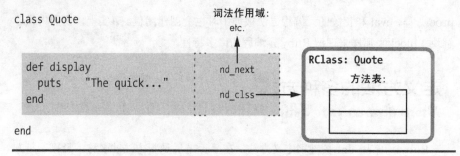

图 9-1 定义类时 Ruby 创建了新的词法作用域

默认情况下，调用 **def** 时你提供的只是新方法的名字（我们会在下一节看到，也可以为新方法名指定对象前缀）。只用 **def** 和方法名定义的新方法指示 Ruby 使用当前词法作用域去查找目标类，如图 9-2 所示。

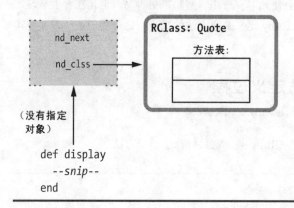

图 9-2 默认情况下，Ruby 使用当前的词法作用域来查找新方法的目标类

在 Ruby 开始编译示例 9-1 的时候，它会为 display 方法创建了单独的 YARV 代码片段。之后执行 **def** 关键字时，Ruby 会把这段代码指派给目标类 Quote，并在方法表里保存给定的方法名（见图 9-3）。

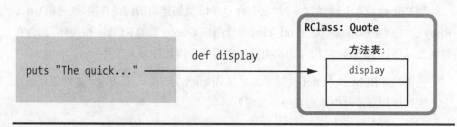

图 9-3 Ruby 在目标类的方法表中添加新方法

执行此方法时，Ruby 会按照第 6.2 节介绍的方式查找该方法。因为 display 出现在 Quote 的方法表中，Ruby 能找到该方法并执行之。

总之，在程序中使用 def 关键字定义新方法，Ruby 会遵循下面三个步骤。

1. 把每个方法体编译成独立的 YARV 指令片段（这种情况发生在 Ruby 解析和编译程序的时候）。

2. 使用当前的词法作用域来获取类或模块的指针（这种情况发生在 Ruby 执行程序的时候遇到了 def 关键字）。

3. 在该类的方法表中保存新的方法名——实际上是保存对应方法名的整数 ID 值。

9.1.2 使用对象前缀定义类方法

Defining Class Methods Using an Object Prefix

我们已经了解了普通 Ruby 方法定义的工作原理，接下来学习使用元编程定义方法。正如在图 9-2 中看到的，Ruby 通常将新方法分配给当前词法作用域对应的类。然而，有时你想在不同的类里增加方法——比如，定义类方法（记住，Ruby 是在类的元类中保存类方法）。示例 9-2 展示了创建类方法的例子。

```
class Quote
❶  def self.display
     puts "The quick brown fox jumped over the lazy dog."
   end
end
```

示例 9-2　使用 def self 来添加类方法

虽然使用 def 定义新方法❶，但是这次使用了 self 前缀。这个前缀告诉 Ruby 把方法添加到被指定为前缀的那个对象的类中，而不是当前的词法作用域。图 9-4 展示了 Ruby 内部如何做到这点。

这种行为与标准方法的定义过程不同！给 def 提供一个对象前缀时，Ruby 可用以下算法来决定把新方法放在哪里。

1. Ruby 对前缀表达式求值。示例 9-2 中用到了 self 关键字。当 Ruby 在类 Quote 作用域内执行代码时，self 就被设置为 Quote 类（前缀不仅可以设置成 self，还可以是任意 Ruby 表达式）。在图 9-4 中，从 self 向上延伸的箭头指向 RClass 结构体，表示 self 的值是 Quote。

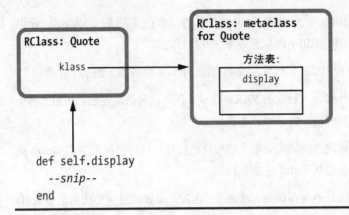

图 9-4 为 def 提供对象前缀来指示 Ruby 在该对象的元类（metaclass）中添加新方法

2. Ruby 找到该对象的元类。在示例 9-2 中，因为 self 是指类本身（Quote），所以该对象的元类就是 Quote 的元类。图 9-4 使用从 Quote 的 RClass 结构体向右延伸的箭头表示了这点。

3. Ruby 在该元类的方法表中保存新的方法。本例中，Ruby 在 Quote 的元类中放置 display 方法，使 display 成为新的类方法。

> **NOTE** 如果调用 Quote.class，则 Ruby 会返回 Class。所有的类本质上都是 Class 类的实例。元类是内部的概念，通常对 Ruby 程序来说是不可见的。想看到 Quote 的元类，只需要调用 Quote.singleton_class[1]，会返回 #<Class:Quote>。

9.1.3 使用新的词法作用域定义类方法
Defining Class Methods Using a New Lexical Scope

示例 9-3 展示了另外一种方式来指派 display 为 Quote 的类方法。

```
❶ class Quote
❷   class << self
    def display
      puts "The quick brown fox jumped over the lazy dog."
    end
  end
end
```

示例 9-3 使用 class << self 来定义类方法

---

[1] 译注：前面把 singleton class 译作"单类"，跟这里的元类所表达的是同一个事物，至于为什么用不同的词（metaclass vs singleton_class）表示，本章后面会解释。

与 class Quote 一样❶，class << self 也声明了新的词法作用域❷。在第
9.1.1 节中，我们看到了使用 def 在 class Quote 创建的作用域中给 Quote 指派新
方法。但是在 class<<self 创建的作用域中 Ruby 给什么类指派方法呢？答案是
self 的类。因为❷self 被设置为 Quote，这里所说的 self 的类就是指 Quote 的元
类。

图 9-5 展示了 class << self 如何为 Quote 的元类创建新的词法作用域。

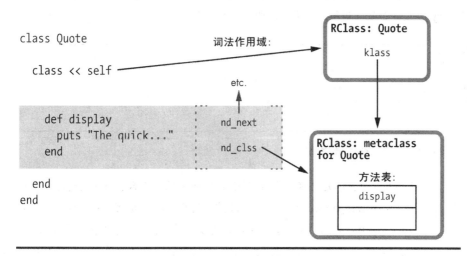

图 9–5 当使用 class<<self 的时候，Ruby 会为类的元类创建新的词法作用域

在图 9-5 中，Ruby 的 class <<元编程语法功能如下。

1. Ruby 首先对出现在 class <<之后的表达式求值。示例 9-3 中的这个表达
   式就是 self，其求值结果为 Quote 类，就像它在示例 9-2 中使用的对象
   前缀语法那样。从 self 指向 RClass 结构体的长箭头表示 self 的值就是
   Quote 类。

2. Ruby 用于查找由对象表达式求值得到的类。在示例 9-3 中，这将会是
   Quote 的类，也就是 Quote 的元类，图 9-5 右边的从 Quote 到 Quote 元类
   的向下箭头表示了此关系。

3. Ruby 为这个元类创建了新的词法作用域。在本例中，就是 Quote 元类所
   在的词法作用域，由新作用域中的 nd_clss 指向右侧的箭头来表示。

现在可以在新的词法作用域中照常使用 def 定义一系列类方法。在示例 9-3 中，
Ruby 会直接给 Quote 的元类指派 display 方法。这是为 Quote 定义类方法的不同

方式。你可能觉得 class << self 比 def self 令人困扰，但是通过在内部元类的词法作用域中声明的方式来创建一系列类方法还是挺方便的。

9.1.4 使用单类定义方法
Defining Methods Using Singleton Classes

我们已经看到元编程允许通过在类的元类中添加方法的方式声明类方法。Ruby 也允许给单个对象添加方法，如示例 9-4 所示。

```
❶ class Quote
  end

❷ some_quote = Quote.new
❸ def some_quote.display
    puts "The quick brown fox jumped over the lazy dog."
  end
```

示例 9-4　为单个对象实例添加方法

我们声明了 class Quote❶，随后创建了 Quote 的实例❷:some_quote。然而这次，我们为 some_quote 实例创建了新的方法❸，而不是 Quote 类。其结果是，仅 some_quote 会有 display 方法，而 Quote 的其他实例则没有此方法。

在内部，Ruby 使用了被称为单类（singleton class）的隐藏类来实现这种行为，这就好比是单个对象的元类。区别如下。

● 单类（singleton class）是 Ruby 内部创建的特殊隐藏类，用于容纳特定对象独有的方法。

● 当对象本身就是类的情况下，元类（metaclass）就是单类（singleton class）。

所有的元类都是单类，但不是所有的单类都是元类。Ruby 会自动为每个你创建的类创建元类，用于保存你随后可能会声明的类方法。另一方面，Ruby 仅在你给单个对象定义方法的时候去创建单类，如示例 9-4 所示。Ruby 也会在你使用 instance_eval 或相关方法的时候创建单类。

NOTE　大多数 Ruby 开发者把单类和元类这两个术语互换使用，当调用 singleton_class 方法的时候，Ruby 会返回单类或元类。然而在内部，Ruby 的 C 源码在单类和元类之间是有区分的。

图 9-6 展示了 Ruby 如何在执行示例 9-4 的时候创建单类。Ruby 会计算提供给 def 的前缀表达式：some_quote。因为 some_quote 是一个实例对象，Ruby 为 some_quote 创建了新的单类，并为这个单类指派了新方法。用对象前缀来使用 def 关键字指示 Ruby 要么使用元类（如果前缀是类），要么创建单类（如果前缀是一些其他对象）。

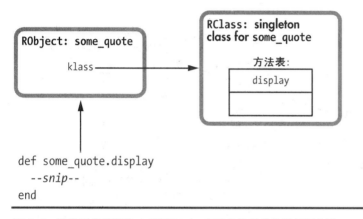

图 9-6　提供对象前缀的 def 指示 Ruby 在对象的单类中添加新方法

9.1.5　在单类的词法作用域中定义方法

Defining Methods Using Singleton Classes in a Lexical Scope

你也可以使用 class <<语法为单个对象声明新的词法作用域来添加方法，如示例 9-5 所示。

```
class Quote
end

some_quote = Quote.new
❶ class << some_quote
  def display
    puts "The quick brown fox jumped over the lazy dog."
  end
end
```

示例 9-5　使用 class <<增加新的单类（singleton class）方法

这段代码和示例 9-4 的区别是，当 some_quote 表达式使用 class <<语法时，该表达式的求值结果是单独的实例对象。如图 9-7 所示，class << some_quote 指示 Ruby 创建新的单类，以及新的词法作用域。

在图 9-7 的左侧，你可以看到部分来自示例 9-5 的代码。Ruby 会先对 some_quote 表达式进行求值，发现它是一个对象而不是类。图 9-7 使用指向 some_quote 的 RObject 结构体的长箭头表示了这一点。因为它不是类，所以 Ruby 会为 some_quote 创建新的单类，同时也会创建新的词法作用域。接着，它会把新作用域的类设置为新的单类。如果 some_quote 的单类已经存在，则 Ruby 会复用它。

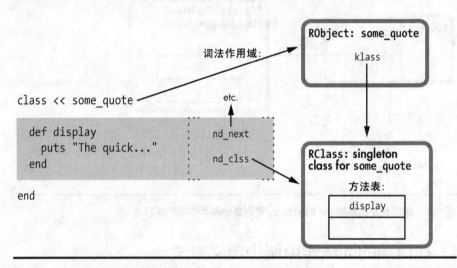

图 9-7 Ruby 为 some_quote 创建新的 singleton 类和词法作用域

9.1.6　创建 Refinement

Creating Refinements

Ruby 2.0 的 refinement 特性赋予了一种定义方法之后可以按需将其添加到类中的能力。下面用示例 9-1 的 Quote 类和 display 方法来了解它的工作原理。

```ruby
class Quote
 def display
  puts "The quick brown fox jumped over the lazy dog."
 end
end
```

现在假设我们在 Ruby 程序的其他地方重载或修改 display 的行为，而又不修改 Quote 类里的 display 方法（否则就会在所有用到 display 的地方生效）。Ruby 提供了一种优雅的方法来做到这点，如示例 9-6 所示。

```
module AllCaps
  refine Quote do
    def display
      puts "THE QUICK BROWN FOX JUMPED OVER THE LAZY DOG."
    end
  end
end
```

示例 9-6　在模块中使用 refine 类

在 refine Quote do 中，我们用到了 refine 方法和作为参数的 Quote 类。这为 Quote 定义了新的行为，以方便随后能激活它。图 9-8 展示了调用 refine 时的内部情形。

在图 9-8 中，由左上角向下，可以看到如下的内容：

● refine 方法创建了新的词法作用域（阴影矩形）。

● Ruby 创建了新的 refinement 模块，并把它作为新作用域的类来使用。

● Ruby 在新的 refinement 模块内部的 refined_class 中保存 Quote 类的指针。

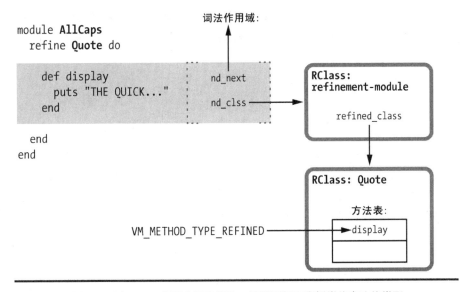

图 9-8　调用 refine 时，Ruby 创建专门的模块，并且更新了目标类的方法的类型

当在 refine 块中定义新方法时，Ruby 会在 refinement 模块中保存它们。但是它也会沿着 refined_class 指针更新目标类中的同名方法去使用 **VM_METHOD_TYPE_REFINED** 方法类型。

9.1.7 使用 Refinement

Using Refinements

你可以使用 using 方法在程序的特殊部分激活这些 refine 方法，如示例 9-7 所示。

❶ `Quote.new.display`
  `=> The quick brown...`

❷ `using AllCaps`

❸ `Quote.new.display`
  `=> THE QUICK BROWN...`

示例 9–7 激活 refine 方法

第一次调用 display 时❶，Ruby 调用了原始方法。然后，我们用 using 激活了 refinement❷，当再次调用 display 时❸，Ruby 使用了更新后的方法。

这个 using 方法将把 refinement 从指定的模块附加到当前的词法作用域中。编写本书时，Ruby 的最新版本是 2.0，该版本的 Ruby 仅允许在顶级作用域中使用 refinement，如示例 9-7 所示，using 是顶级 main 对象的方法（未来版本可能允许在程序中的任何词法作用域中使用 refinement[1]）。图 9-9 展示了 Ruby 内部如

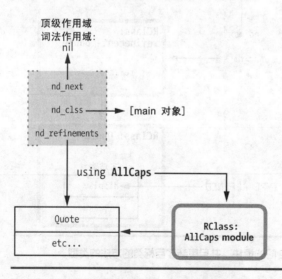

图 9–9 using 方法关联顶级词法作用域和模块的 refinement

----

[1]译注：翻译本书时，Ruby 的最新版本是 2.2，仍然只能在顶级作用域中激活 refinement。

何联合顶级词法作用域和 refinement。

注意每个词法作用域都包含 nd_refinements 指针,用来跟踪该作用域激活的 refinement。using 方法用来设置 nd_refinements 指针,否则该指针就是 nil。

最后,图 9-10 展示了在调用 using 方法之后,Ruby 的方法调度算法如何查找更新后的方法。

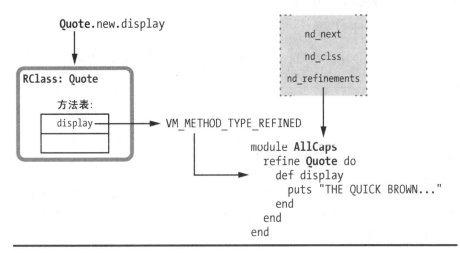

图 9-10 原始方法被标记为 VM_METHOD_TYPE_REFINED 类型,Ruby 就会在 refine 块中查找方法

当你调用方法时,Ruby 使用了复杂的方法调度过程。该算法的一部分是用来查找 VM_METHOD_TYPE_REFINED 类型的方法的。如果遇到 refine 方法,那么 Ruby 在当前的词法作用域查找任何激活的 refinement。如果找到激活的 refinement,就会调用 refine 方法,否则就调用原始方法。

实验 9-1:我是谁?词法作用域如何改变 self

我们已经看到了各种定义 Ruby 方法的方式,包括常规的使用 def 关键字创建方法、对元类和单类创建方法,以及如何使用 refinement。

尽管每种技术都在不同的类中添加方法,但是它们也遵循一条简单规则:不管使用哪种技术,Ruby 都是把新方法添加到当前词法作用域对应的类中去。(然而,def 关键字给方法添加前缀时,会把该方法分配到不同的类中去,而不是当前的词法作用域。)使用 refinement,当前作用域的类实际上是用于保存 refine 方法而创建的专用模块。事实上,这是词法作用域在 Ruby 中扮演的重要角色之一:识别我们正在往哪个类或模块中添加方法。

我们还知道 self 关键字会返回当前的对象——当前正被 Ruby 执行的方法的接收者。回想一下，Ruby 在 rb_control_frame_t 结构体中为 Ruby 调用栈的每一级都保存了 self 的当前值。此对象跟当前词法作用域的类相同吗？

9.1.8　顶级作用域中的 self

self in the Top Scope

从示例 9-8 开始，让我们运行一个小程序来看看 self 的值如何改变。

```
p self
 => main
p Module.nesting
 => []
```

示例 9-8　仅有一个词法作用域的 Ruby 程序

为了便于理解，我展示了控制台内的输出。你可以看到 Ruby 在开始执行代码之前创建了顶级 self 对象。该对象充当顶级作用域中方法调用的接收者。Ruby 使用 main 字符串来表示该对象。

Module.nesting 调用返回了显示词法作用域栈的数组——这表示，代码中该调用点之前的哪些模块被"嵌套"了。该数组会包含词法作用域栈里的每个词法作用域元素。因为是在该脚本的顶级作用域的位置，所以 Ruby 返回空数组。

图 9-11 展示了词法作用域栈和这个简单程序中 self 的值。

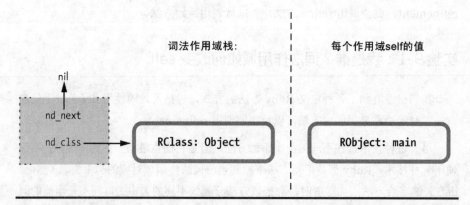

图 9-11　在顶级作用域中，Ruby 把 self 设置为 main 对象，并且词法作用域栈中只有一个数据项

在图 9-11 的右侧，你可以看到 main 对象：self 的当前值。图的左侧是词法作用域栈，它只包含顶级作用域的单个数据项。Ruby 把顶级作用域的类设置为 main 对象的类，也就是 Object 类。

NOTE 回想一下，当使用 def 关键字声明一个新方法的时候，Ruby 会在该类的词法作用域中添加方法。我们刚才看见的顶级词法作用域的类是 Object。因此，可以得出结论，当在脚本的顶级作用域中（即在任何类或模块之外）定义方法的时候，Ruby 会在 Object 类中添加方法。你可以在任何地方调用这些定义在顶级作用域中的方法，因为 Object 是其他类[1]的超类。

9.1.9 类作用域中的 self
self in a Class Scope

现在让我们定义一个新类，看看 self 的值和词法作用域栈会发生什么，如示例 9-9 所示。

```
p self
p Module.nesting

class Quote
  p self
❶ => Quote
  p Module.nesting
❷ => [Quote]
end
```

示例 9-9 声明的新类改变了 self，并在词法作用域中创建新的数据项

示例 9-9 中显示了打印语句的输出。我们看到 Ruby 已经把 self 改成了新类 Quote❶，并且有新的一级词法作用域被加入词法作用域栈里。图 9-12 展示了大致的情况。

在图 9-12 的左边，我们看到了词法作用域栈。顶级作用域是在左上角，在它的下面我们看到的新词法作用域是 class 关键字创建的。同时，在图 9-12 的右侧，我们可以看到 self 的值在调用 class 的时候是如何改变的。在顶级作用域，self 被设置为 main 对象，但是当调用 class 时，Ruby 将 self 的值改成了新类。

---

[1]译注：除了直接显式地指定超类为 BasicObject 的类。

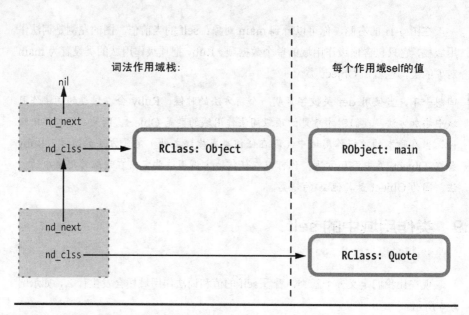

词法作用域栈: **每个作用域self的值**

图 9-12　现在 self 和当前词法作用域的类相同

9.1.10　元类作用域中的 self

self in a Metaclass Scope

让我们用 class << self 语法来创建新的元类作用域。示例 9-10 展示了相同的程序，只是多了几行代码。

```
p self
p Module.nesting

class Quote
  p self
  p Module.nesting
  class << self
    p self
❶    => #<Class:Quote>
    p Module.nesting
❷    => [#<Class:Quote>, Quote]
  end
end
```

示例 9-10　声明元类作用域

我们看到 Ruby 再次改变了 self 的值❶。#<Class:Quote>语法表明 self 被设置为了 Quote 的元类。此外，Ruby 在词法作用域栈里增加了另外一级作用域❷。图

9-13 展示了下一级栈。

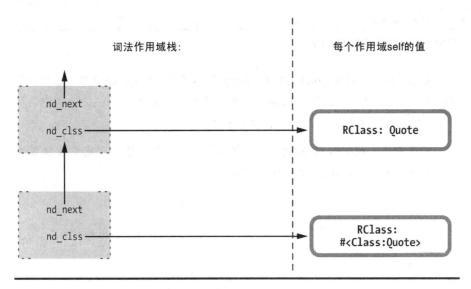

词法作用域栈:

每个作用域self的值

图 9-13　metaclass 的新词法作用域被创建

图 9-13 的左侧，我们可以看到 Ruby 在执行 class << self 的时候创建了新的作用域。图的右侧，展示了新作用域中 self 的值为 Quote 的元类。

9.1.11　类方法中的 self

self Inside a Class Method

让我们再做一个测试。假设给 Quote 类添加了类方法，然后如示例 9-11 那样调用它（输出在底部是因为只有调用 class_method 的时候 p 语句才会被调用）。

```
p self
p Module.nesting

class Quote
  p self
  p Module.nesting
  class << self
    p self
    p Module.nesting

    def class_method
      p self
      p Module.nesting
    end
  end
end
```

```
Quote.class_method
❶ => Quote
❷ => [#<Class:Quote>, Quote]
```

示例 9-11 声明和调用类方法

我们看到调用 class_method 时，Ruby 把 self 设置回 Quote 类❶。这是合理的：当调用接收者的方法时，Ruby 总是把 self 设置为接收者。因为在本例中调用了类方法，所以 Ruby 把那个类设置为了接收者。

在位置❷，我们看到 Ruby 还没有改变词法作用域栈。它依然被设置为 [#<Class:Quote>, Quote]，如图 9-14 所示。

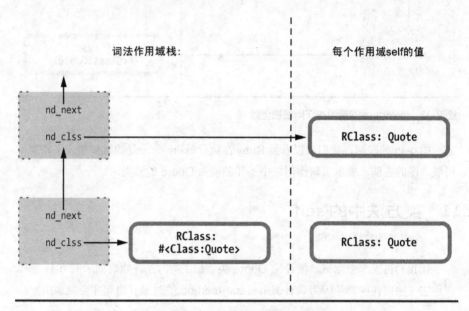

图 9-14 调用方法时，Ruby 改变了 self，但是并没有创建新的作用域

注意，词法作用域并未改变，但是 self 已经变成了该方法调用的接收者 Quote。

你可以用下面的通用规则来跟踪 self 和词法作用域。

- 在类或模块作用域内部，self 总是会被设置为类或模块。Ruby 在使用 class 或模块关键字时创建新的词法作用域，并且把该作用域的类设置为新类或模块。

- 在方法内部（包括类方法），Ruby 会把 self 设置为方法调用的接收者。

9.2　元编程与闭包：eval、instance_eval 和 binding
Metaprogramming and Closures: eval, instance_eval, and binding

在第 8 章我们了解了块是 Ruby 的闭包实现，并且看到了块是如何与函数和函数上下文结合在一起的。在 Ruby 中，元编程和闭包是密切相关的。许多 Ruby 的元编程结构也像闭包一样，允许其内部代码访问引用环境。下面将学习三个重要的元编程特性，以及每个特性如何像块那样通过闭包来访问引用环境。

9.2.1　能写代码的代码
Code That Writes Code

在 Ruby 中，eval 方法是最纯粹的元编程形式：给 eval 传递一个字符串，Ruby 就会立即解析、编译，然后执行该代码，如示例 9-12 所示。

```
str = "puts"
str += " 2"
str += " +"
str += " 2"
eval(str)
```

示例 9-12　使用 eval 解析和编译代码

下面动态构建字符串 puts 2+2，并把它传递给 eval。Ruby 随后对该字符串进行求值。也就是说，Ruby 使用了跟第一次处理主 Ruby 脚本时一样的 Bison 语法规则和解析引擎，对该字符串进行词法分析、解析和编译。一旦这个过程完成，Ruby 就有了另一组新的 YARV 字节码指令，由它执行新代码。

但是有一个跟 eval 有关的非常重要的细节在示例 9-12 中不是很明显。具体来说，Ruby 是在 eval 调用的上下文中对字符串代码求值的。要明白这个意思，下面来看看示例 9-13 所示的代码。

```
a = 2
b = 3
str = "puts"
str += " a"
str += " +"
str += " b"
❶ eval(str)
```

示例 9-13　这里不是很明显，但是 eval 也是通过闭包来访问上下文环境的你期望这段代码的运行结果是 5，但是要注意示例 9-12 和示例 9-13 的区别。示例 9-13 引用了上下文环境的局部变量 a 和 b，并且 Ruby 可以访问它们的值。图 9-15 展示了在调用 eval❶之前 YARV 内部栈的样子。

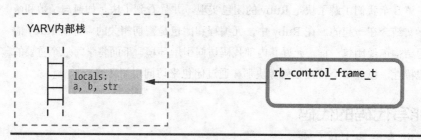

图 9–15　Ruby 通常在 YARV 的内部栈保存局部变量 a、b 和 str

和预期的一样，我们看到了 Ruby 已经在图 9-15 左侧的栈保存了 a、b 和 str 的值。在右侧，由 rb_control_frame_t 结构体来表示外部环境，或者是这个脚本的 main 作用域。

图 9-16 展示了在调用 eval 方法时发生的情况。

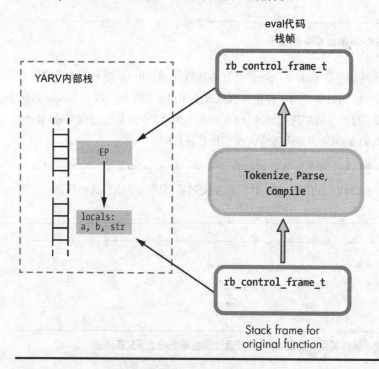

图 9–16　调用 eval 并且访问父作用域的值

我们传入的文本会让 eval 调用唤起解析器和编译器。当编译完成后，Ruby 会创建新的栈帧（rb_control_frame_t）用于新编译代码的运行（如图 9-16 顶部所示）。然而要注意，Ruby 在新栈帧中让 EP 指向了保存变量 a 和 b 的底层栈帧。这个指针允许传给 eval 的代码访问这些值。

这里 Ruby 对 EP 的用法我们应该很熟悉了。除了动态的解析和编译代码外，eval 与某些传入代码块的函数工作方式是一样的，如示例 9-14 所示。

```
a = 2
b = 3
10.times do
  puts a+b
end
```

示例 9-14　块中的代码可以访问上下文作用域中的变量

换句话说，eval 方法创建了闭包：函数和该函数被引用位置环境的组合。在本例中，函数是指最新的编译代码，环境就是我们调用 eval 的位置。

9.2.2　使用 binding 参数调用 eval

Calling eval with binding

eval 方法可以接受第二个参数：绑定（binding）。绑定是指没有函数的闭包——也就是说，它只是一个环境引用，可以认为它是 YARV 栈帧的指针。给 Ruby 传递绑定值是表示你不想用当前环境作为闭包的环境而是想用其他的引用环境，如示例 9-15 所示。

```
   def get_binding
     a = 2
     b = 3
❶    binding
   end
❷ eval("puts a+b", get_binding)
```

示例 9-15　使用绑定来访问其他环境中的变量

函数 get_binding 包含局部变量 a 和 b，但是它也返回（环境）绑定❶。在示例 9-15 底部，我们再次让 Ruby 动态编译并执行代码字符串，然后输出结果。通过给 eval 传入被 get_binding 返回的绑定来告诉 Ruby，在 get_binding 函数的上下文中对 puts a+b 求值。如果在调用 eval 的时候没有传入绑定参数，它就会创建新的、空的局部变量 a 和 b。

Ruby 会为该环境在堆中生成一个持久副本，因为可能在当前栈帧被弹出栈之后很久才会调用 eval。即使在本例中 get_binding 已经返回，当 Ruby 通过 eval 执行代码解析和编译的时候，它仍然可以访问 a 和 b 的值❷。

图 9-17 展示了当调用 binding 的时候内部发生的情况。

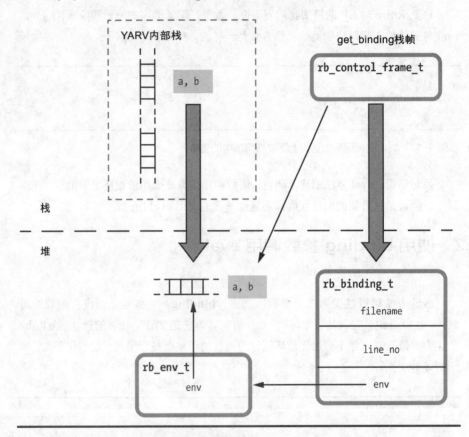

图 9-17　binding 调用在堆中保存了当前栈帧的副本

图 9-17 除 Ruby 创建了 C 结构体 rb_binding_t 代替 rb_proc_t 结构体之外，其余部分与调用 lambda 时的行为很像（见图 8-18）。该 binding 结构体是对内部环境结构体（栈帧的堆副本）的包装。同时也包含 binding 调用位置的文件名和行号位置。

与 proc 对象一样，Ruby 使用 RTypedData 结构体来把 C 结构体 rb_binding_t 包装为 Ruby 对象（见图 9-18）。

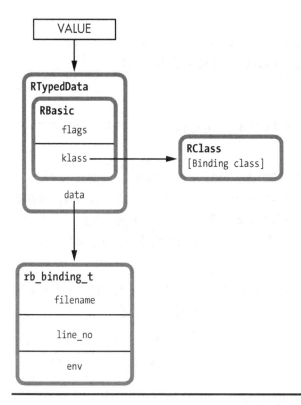

图 9-18　Ruby 使用 RTypedData 结构体把 rb_binding_t 结构体包装为 Ruby 对象

　　binding 对象允许你创建闭包，然后获取它的环境并将其作为数据值。然而，被 binding 创建的闭包不包含任何代码，它没有任何功能。你可以认为 binding 对象是一种间接访问、保存以及传送 Ruby 内部 rb_env_t 结构体的方式。

9.2.3　instance_eval 示例

An instance_eval Example

　　现在来看 eval 方法的变种：instance_eval，如示例 9-16 所示。

```
❶ class Quote
    def initialize
❷     @str = "The quick brown fox"
    end
  end
  str2 = "jumps over the lazy dog."
❸ obj = Quote.new
❹ obj.instance_eval do
```

```
❺  puts "#{@str} #{str2}"
  end
```

示例 9-16 instance_eval 中的代码可以访问 obj 的实例变量

这里发生了什么？

我们创建了名为 Quote 的 Ruby 类❶，在 initialize 的实例变量中保存了前字符串的半部分❷。

● 我们创建了 Quote 类的实例❸，然后调用 instance_eval❹传入 block。instance_eval 方法与 eval 很相似，不同之处在于它是在接收者，也就是在调用对象的上下文环境中对给定字符串进行求值。正如上面代码所示，如果不想动态地解析和编译代码，就可以给 instance_eval 传递一个块来代替字符串。

● 我们传给 instance_eval 的块打印出字符串❺，该字符串的前一部分访问 obj 的实例变量，后一部分从上下文，也就是环境中进行访问。

这是如何实现的呢？似乎传给 instance_eval 的块有两个环境：quote 的实例和上下文环境。换句话说，@str 变量来自一个地方，str2 来自另一个地方。

9.2.4 Ruby 闭包的另一个重点
Another Important Part of Ruby Closures

这个例子突出了 Ruby 闭包环境的另一个重点：self 的当前值。回想一下 Ruby 调用栈的每个栈帧或层级的 rb_control_frame_t 结构体，包含了 self 指针、PC、SP 和 EP 指针，以及其他的一些值（见图 9-19）。

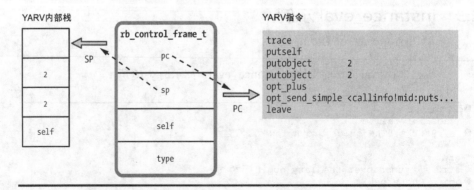

图 9-19 rb_control_frame_t 结构体

这个 self 指针记录了 Ruby 项目中 self 的当前值，它表示哪个对象是 Ruby 当前执行时刻方法的拥有者。在 Ruby 调用栈的每个层级的 self 可能有不同的值。

回忆一下，无论什么时候创建闭包，Ruby 都会为引用环境设置 rb_block_t 结构体中的 EP，也就是环境指针，让块中给定的代码可以访问上下文环境的变量。事实上，Ruby 也往 rb_block_t 中复制 self 的值。这意味着当前对象也是 Ruby 闭包的一部分。图 9-20 展示了 Ruby 闭包包含的内容。

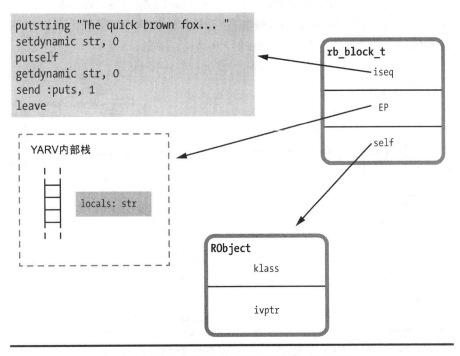

图 9-20　在 Ruby 中，闭包环境包含栈帧和来自于引用代码的当前对象

因为 rb_block_t 结构体包含了引用环境中 self 的值，块中的代码可以访问当前对象（即闭包创建或引用时的对象）中的值和方法。这种能力对于块来说或许很明显：当前对象不管是在调用块之前还是之后，都不会被改变。然而，如果使用 lambda、proc 或 binding，那么在创建它们的时候 Ruby 会记住当前对象。而且，就像我们很快会看到的 instance_eval 一样，Ruby 在创建闭包时可以改变 self，允许代码访问不同对象的值和方法。

9.2.5 instance_eval 改变接收者的 self

instance_eval Changes self to the Receiver

当调用示例 9-16 中的 instance_eval 的时候❹，Ruby 创建了闭包和新的词法作用域。例如在图 9-21 中，instance_eval 内部代码的新栈帧使用了新的 EP 和 self 值。

在图 9-21 的左侧，可以看到执行 instance_eval 创建了闭包，这个结果应该不意外。示例 9-16 给 instance_eval 传递了一个块❹，在栈中创建了新一层级，并且把 EP 设置为引用环境，从而允许块中的代码访问 str2 和 obj 变量。

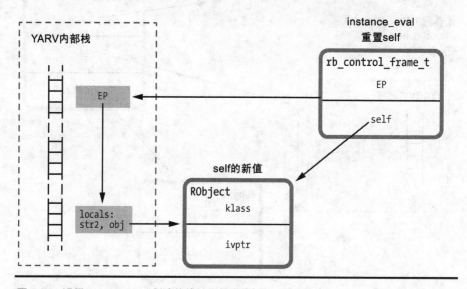

图 9-21 运行 instance_eval 创建的栈帧已经有了新的 self 值

然而，正如你在图 9-21 右侧所看到的，instance_eval 也改变了新闭包中 self 的值。当 instance_eval 块中代码运行的时候，self 指向 instance_eval 的接收者，也就是示例中的 obj。这允许 instance_eval 内的代码可以访问接收者内的值。在示例 9-16 中，代码可以访问 obj 中的@str 和上下文环境代码中的 str2❺。

9.2.6 instance_eval 为新的词法作用域创建单类

instance_eval Creates a Singleton Class for a New Lexical Scope

instance_eval 方法也会创建新的单类，并且把它设置为新词法作用域的类，如图 9-22 所示。

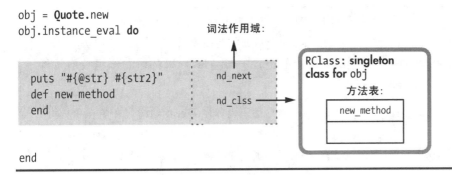

```
obj = Quote.new
obj.instance_eval do

  puts "#{@str} #{str2}"
  def new_method
  end

end
```

图 9-22 instance_eval 为新的单类创建词法作用域

执行 instance_eval 时，Ruby 创建了新的词法作用域，正如 instance_eval 块中矩形阴影展示的那样。如果给 instance_eval 传递字符串，那么 Ruby 将会解析和编译该字符串，然后以相同的方式创建新的词法作用域。

Ruby 为接收者创建了单类。单类允许你为接收者对象定义新的方法（见图 9-22）：instance_eval 块中的 def new_method 调用为 obj 的单类增加了 new_method。因为方法是加到 obj 的单类中（只有 obj 有新的方法），所以程序中的其他对象或类不能访问该方法。（元编程方法 class_eval 与 module_eval 的工作原理相似，也会创建新的作用域，然而，它们只是用目标类或模块作为新的作用域，而不是创建元类或单类。）

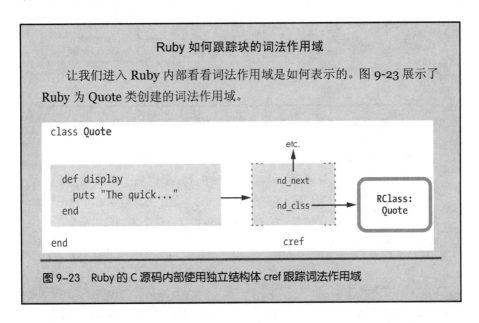

Ruby 如何跟踪块的词法作用域

让我们进入 Ruby 内部看看词法作用域是如何表示的。图 9-23 展示了 Ruby 为 Quote 类创建的词法作用域。

```
class Quote

  def display
    puts "The quick..."
  end

end
```

图 9-23 Ruby 的 C 源码内部使用独立结构体 cref 跟踪词法作用域

图 9-23 左侧的矩形表示了在类 Quote 中声明的 display 方法。在矩形右侧，有一个小箭头指向标记为 cref 的结构体，这就是实际的词法作用域。它依次包含了 Quote 类的指针（nd_clss）和父词法作用域的指针（nd_next）。

如图 9-23 所示，Ruby 的 C 源码内部使用 cref 结构体来表示词法作用域。左边的小箭头表示程序中的每一块代码都用指针来引用 cref 结构体。这个指针记录着那块代码所属的词法作用域。

注意图 9-23 的一个重要细节：代码片段和 class Quote 声明内的词法作用域都引用了同一个 RClass 结构体。代码、词法作用域和类之间是一对一的关系。每次 Ruby 执行 class Quote 声明里的代码，它就会使用同一个 RClass 结构体副本。这种行为很明显，类声明内的代码总是引用同一个类。

然而对于块来说，事情没有如此简单。使用诸如 instance_eval 这样的元编程方法，你能为同一段代码（例如块）在每次被执行的时候指定不同的词法作用域。图 9-24 展示了这个问题。

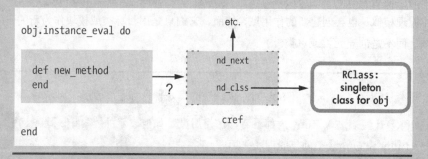

图 9-24 块代码不能引用单个词法作用域，因为作用域的类依赖于 obj 的值

我们在前面的章节中学习过 Ruby 为 instance_eval 创建的词法作用域创建了单类。然而，这段代码可以为不同的 obj 值运行许多次。事实上，你的程序可能在不同的线程中同时执行该代码。这个要求意味着 Ruby 不能像类定义那样为块保持单独的 cref 结构体指针。这个块的作用域会在不同的时刻引用不同的类。

Ruby 通过在别的地方保存块词法作用域指针解决了这个问题：作为 YARV 内部栈的数据项（见图 9-25）。

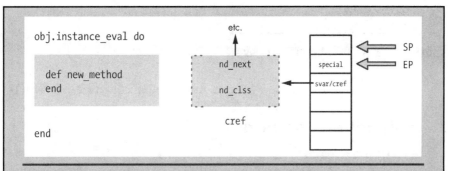

图 9-25　Ruby 使用栈中的 svar/cref 数据项来记录块的词法作用域，而不是用块代码片段

在图 9-25 的左侧，可以看到 instance_eval 调用及块内的代码片段。中间是词法作用域的 cref 结构体。在 9-25 的右侧，可以看到 YARV 在它栈中的第二个数据项保存了作用域指针，标记为 svar/cref。

回忆第 3 章中 YARV 内部栈的第二个数据项包含了这两者之一：svar 或 cref。正如我们在实验 3-2 中所看到的，在执行方法的时候，svar 保存了特殊变量表的指针，比如最新的正则表达式匹配结果。但是当执行块的时候，YARV 在这里保存 cref 的值来代替 svar。通常这个值并不重要，因为块一般使用的是上下文环境的词法作用域。但是在执行 instance_eval 和其他元编程特性（如 module_eval 和 instance_exec）时，Ruby 会以这种方式为当前词法作用域设置 cref。

实验 9-2：使用闭包定义方法

另一种 Ruby 中常见的元编程模式是使用 define_method 在类中动态定义方法。例如，示例 9-17 展示了简单的 Ruby 类，在调用 display 的时候打印字符串。

```
class Quote
  def initialize
    @str = "The quick brown fox jumps over the lazy dog"
  end
  def display
    puts @str
  end
end
```

```
Quote.new.display
=> The quick brown fox jumps over the lazy dog
```

示例 9-17　显示实例变量字符串的 Ruby 类

以上代码和示例 9-1 很相似，不过在这里我们用实例变量来保存字符串的值。

9.2.7　使用 define_method

Using define_method

我们可以用元编程以一种略微冗长但是动态的方式来定义 display，如示例 9-18 所示。

```
class Quote
  def initialize
    @str = "The quick brown fox jumps over the lazy dog"
  end
❶ define_method :display do
    puts @str
  end
end
```

示例 9-18　使用 define_method 来创建方法

我们调用 define_method 而不是 def 关键字❶。因为新方法的名字是作为参数:display 被传递的，所以能动态地用一些数据值来构造方法名，或者迭代方法名数组，为其每一项都调用 define_method。

但是 def 和 define_method 之间有另外一个微妙的差异。对于 define_method，我们以块来提供方法体，也就是使用 do 关键字❶。这个语法差异似乎很小，但是别忘了块实际上是闭包。增加 do 引入了闭包，意味着新方法中的代码能访问外层环境。def 关键字则不行。

在示例 9-18 中，当调用 define_method 的时候，并没有出现局部变量，但是假设在应用程序的另外一个地方确实有我们想在新方法中使用的值，那么可以使用闭包，Ruby 会在堆上产生上下文环境的内部副本，新方法可以访问那里。

9.2.8　充当闭包的方法

Methods Acting as Closures

我们再做另外一个测试。示例 9-19 仅存储实例变量中字符串的前半部分。下面编写一个 Quote 类的新方法来访问它。

```
class Quote
  def initialize
    @str = "The quick brown fox"
  end
end
```

示例 9–19 现在 @str 仅有前半段字符串

示例 **9-20** 展示了如何用闭包访问实例变量和上下文环境。

```
def create_method_using_a_closure
  str2 = "jumps over the lazy dog."
❶ Quote.send(:define_method, :display) do
    puts "#{@str} #{str2}"
  end
end
```

示例 9–20 define_method 构成的闭包

因为 define_method 是 Module 类的私有方法，所以需要使用令人困惑的 send 语法❶。之前，在示例 9-18 中❶之所以能直接调用 define_method，是因为在类的作用域内，但不能在程序的其他地方这样做。通过使用 send，create_method_using_a_closure 方法能调用它平常不能访问的私有方法。

更重要的是，注意 str2 变量是被保存在堆中，这是为了新方法可以使用它，哪怕是在 create_method_using_a_closure 返回之后。

```
create_method_using_a_closure
Quote.new.display
 => The quick brown fox jumps over the lazy dog.
```

Ruby 在内部将此视为 lamdba 调用。也就是说，该代码的功能跟示例 9-21 中的代码是一样的。

```
class Quote
  def initialize
    @str = "The quick brown fox"
  end
end
def create_method_using_a_closure
  str2 = "jumps over the lazy dog."
  lambda do
    puts "#{@str} #{str2}"
  end
end
```

```
❶Quote.send(:define_method, :display, create_method_using_a_closure)
❷Quote.new.display
```

示例 9-21　给 define_method 传 proc

示例 9-21 的代码展示了分开去创建闭包和定义方法。因为我们给 send 传递了三个参数❶，Ruby 认为第三个参数是 proc 对象。虽然这种写法更加烦琐，但是它少了一些困扰，因为调用 lambda 表明 Ruby 将创建一个闭包。

最终，当调用 new 方法的时候❷，Ruby 重新设置了 self 指针，由闭包指向接收者对象，这与 instance_eval 的工作方式相似。这允许 new 方法按我们预想的方式去访问@str。

9.3　总结
Summary

本章从闭包的角度解释了 Ruby 中块、lambda 和 proc 的工作方式。我们知道闭包也适用于 eval、instance_eval 和 define_method 这样的方法，并掌握了这几个方法的工作原理。理解词法作用域是理解 Ruby 如何创建方法并在类中指派方法的基础，掌握它会使 Ruby 的 def 关键字与 class <<语法之间的不同用法更容易理解。

学习 Ruby 的内部工作原理帮助我们理解 Ruby 元编程实际上做了什么。API 中看似杂乱无章、令人困惑的庞大方法集合，现在通过这几个要点联系到了一起。学习 Ruby 的内部原理让我们看到了这些理论并且理解了它们的含义。

JRuby 是基于 Java 平台的 Ruby 实现。

10

JRuby：基于 JVM 的 Ruby

JRUBY: RUBY ON THE JVM

前 9 章我们学习了标准版本的 Ruby 内部工作原理。因为 Ruby 是用 C 编写的，所以它的标准实现通常被称为 CRuby。它也经常被称为 Matz's Ruby Interpreter（MRI），是以松本行弘（Yukihiro Matsumoto）的名字命名的，他在 20 世纪 90 年代创造了这门语言。

在本章，我们会看到另一种称为 JRuby 的 Ruby 实现。JRuby 是用 Java 而非 C 实现的 Ruby。它可以让 Ruby 应用像其他 Java 程序一样使用 Java 虚拟机（JVM）。Ruby 代码也可以和运行于 JVM 平台上用 Java 或其他语言编写的成千上万的库进行交互。由于 JVM 有成熟的垃圾回收（GC）算法、即时（JIT）编译器，以及其他的许多技术创新，使用 JVM 意味着你的 Ruby 代码将会运行得更快更可靠。

在本章的前半部分会比较 JRuby 和标准 Ruby——也就是 MRI。你将了解 JRuby 运行 Ruby 程序时会发生什么，以及 JRuby 如何解析和编译 Ruby 代码。本章后半部分将讲解 JRuby 和 MRI 如何用 String 类保存字符串数据。

学习路线图

10.1　使用 MRI 和 JRuby 运行程序 272

　　　JRuby 如何解析和编译代码 274

　　　JRuby 如何执行代码 276

　　　用 Java 类实现 Ruby 类 278

　　　实验 10-1：监测 JRuby 的即时编译器 280

　　　使用-J-XX:+PrintCompilation 选项 281

　　　JIT 是否提升了 JRuby 程序的性能 283

10.2　JRuby 和 MRI 中的字符串 284

　　　JRuby 和 MRI 如何保存字符串数据 284

　　　写时复制 286

　　　实验 10-2：测量写时复制的性能 288

　　　创建唯一且非共享的字符串 288

　　　可视化写时复制 290

　　　修改共享字符串更慢 291

10.3　总结 293

10.1　使用 MRI 和 JRuby 运行程序
Running Programs with MRI and JRuby

运行标准 Ruby 程序的一般方式是输入 ruby，紧接着是 Ruby 脚本的名字，如图 10-1 所示。

正如图 10-1 中左边的矩形所示，在终端提示符后输入 ruby 会启动二进制可执行文件，它是 Ruby 在构建过程期间编译 Ruby 的 C 源码的产物。在图 10-1 的右侧，你可以看到 ruby 命令的命令行参数包含了 Ruby 代码的文本文件。

为了让 JRuby 运行 Ruby 脚本，通常要在终端提示符输入 jruby（取决于你如何安装 JRuby，标准 ruby 命令可能会被重新映射为启动 JRuby）。

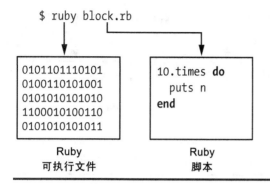

图 10-1 使用标准 Ruby 在命令行运行脚本

图 **10-2** 从宏观层面展示了该命令的工作原理。

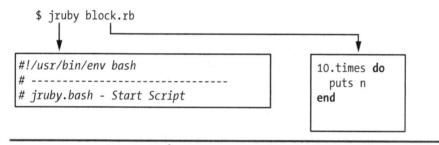

图 10-2 jruby 命令实际映射到了 shell 脚本上

不像 ruby 命令，jruby 命令并没有映射二进制可执行文件，它引用了可执行 java 命令的 shell 脚本。图 **10-3** 展示了 JRuby 用来启动 Java 命令的简化视图。

注意图 **10-3** 中 JRuby 使用著名的 Java 虚拟机（JVM）二进制可执行文件来执行 Ruby 脚本。跟标准 Ruby 可执行文件一样，JVM 是用 C 编写的并被编译而成的二进制可执行文件。JVM 运行 Java 应用，而 MRI 运行 Ruby 应用。

还要注意，图 **10-3** 中间 Java 程序的参数-Xbootclasspath 可为新程序指定额外的编译好的 Java 代码库：jruby.jar。JRuby Java 应用被包含在 jruby.jar 中。在图 **10-3** 的最右侧，还是 Ruby 代码的文本文件。

总之，以下是标准 Ruby 和 JRuby 启动 Ruby 程序时所做的工作：

- 使用 MRI 运行 Ruby 脚本，会启动最初用 C 编写的二进制可执行文件，直接编译和执行 Ruby 脚本。这是 Ruby 标准版。

```
$ java -Xbootclasspath/a:/path/to/jruby.jar org.jruby.Main block.rb
```

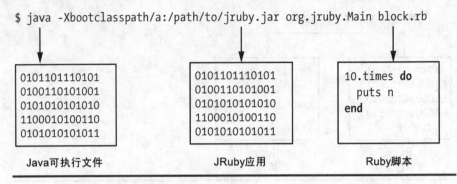

| Java可执行文件 | JRuby应用 | Ruby脚本 |

图 10-3　用于启动 JVM 的 JRuby 命令的简化版

- 当使用 JRuby 运行 Ruby 脚本时，会启动可运行 JRuby 这个 Java 应用的二进制可执行文件 JVM。JRuby 会依次解析、编译和执行在 JVM 中运行的 Ruby 脚本。

10.1.1　JRuby 如何解析和编译代码
How JRuby Parses and Compiles Your Code

JRuby 一旦启动，就需要解析和编译代码。为了做到这一点，它会像 MRI 那样使用解析器生成器。图 10-4 展示了 JRuby 解析和编译的宏观过程。

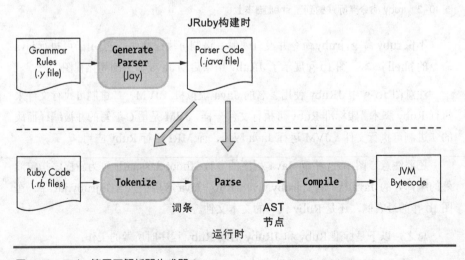

图 10-4　JRuby 使用了解析器生成器 Jay

就像 MRI 使用了 Bison，JRuby 使用的解析器生成器叫做 Jay，它在 JRuby

构建期间创建能解析 Ruby 代码的代码。Jay 和 Bision 非常相似，只不过它是用 Java 而不是用 C 编写的。在运行时，JRuby 用生成的解析器对 Ruby 代码进行词法分析和解析。跟 MRI 一样，这个过程会产生抽象语法树（AST）。

　　一旦 JRuby 解析代码生成了 AST，它就会编译代码。然而，并非像 MRI 那样生成 YARV 字节码，JRuby 生成的是一系列可供 JVM 执行的指令，叫做 Java 字节码。图 10-5 从宏观层面比较了 MRI 和 JRuby 如何处理 Ruby 代码。

　　图 10-5 的左侧展示了在使用 MRI 执行 Ruby 代码时的情形。MRI 将代码转换为词条，然后转换为 AST 节点，最终转换为 YARV 指令。解释（Interpret）这个箭头表示 MRI 可执行文件读取 YARV 指令并且解释或执行它们（你无需编写 C 或机器语言代码，这些工作 YARV 已经帮你做了）。

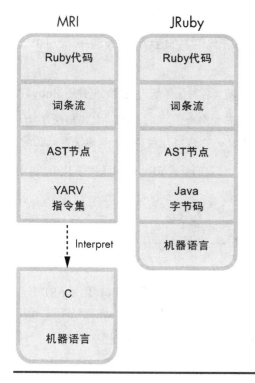

图 10-5　Ruby 代码在 MRI（左）和 JRuby（右）内采取不同的形式

　　图 10-5 右侧的宏观概貌展示了 JRuby 在内部如何处理 Ruby 代码。大矩形框展示了 JRuby 在执行它们的时候采用的不同形式。与 MRI 类似，JRuby 首先转换代码为词条，随后将它转换为 AST 节点。但接着就出现了 MRI 和 JRuby 的分叉点：

JRuby 将 AST 节点编译为 JVM 可执行的 Java 字节码指令。此外，JVM 能使用 JIT 编译器将 Java 字节码转换为机器语言，从而提升程序的速度，因为执行机器语言比执行字节码更快（实验 10-1 会讲解 JIT 编译器的更多细节）。

10.1.2　JRuby 如何执行代码
How JRuby Executes Your Code

我们知道 JRuby 对代码进行词法分析和解析的方式几乎与 MRI 所做的一样。只是 MRI Ruby 1.9 和 Ruby 2.0 将代码编译为 YARV 指令，而 JRuby 将代码编译为 Java 字节码指令。

但它们的相似仅止于此。MRI 和 JRuby 使用了两种非常不同的虚拟机来执行代码。标准 Ruby 用 YARV 来执行程序，而 JRuby 用 JVM 来执行程序。

使用 Java 构建 Ruby 解释器的重点在于能用 JVM 执行 Ruby 程序。使用 JVM 是出于以下两个重要原因。

环境：JVM 允许你在更广泛的 IT 环境（各种服务器、应用）里使用 Ruby。

技术：JVM 是近 20 年深入研究和发展的产物。它包含很多计算机科学难题的复杂解决方案，像垃圾回收和多线程。Ruby 在 JVM 上往往运行得更快更可靠。

为了更好地了解 JRuby 的工作原理，让我们看看 JRuby 如何执行 Ruby 脚本 simple.rb，如示例 10-1 所示。

```
puts 2+2
```

示例 10-1　一行 Ruby 程序代码（simple.rb）

首先，JRuby 会对这行 Ruby 代码进行词法分析和解析，将其转化为 AST 节点结构。下一步，它会遍历 AST 节点并将 Ruby 代码转化为 Java 字节码。使用 --bytecode 选项（见示例 10-2），读者可以自行查看输出的字节码。

```
$ jruby --bytecode simple.rb
```

示例 10-2　JRuby 的–– bytecode 选项显示 Ruby 代码编译成的 Java 字节码

由于此命令的输出很复杂，所以这里就不深究了。图 10-6 总结了 JRuby 如何编译和执行此脚本。

图 10-6 的左侧是代码 puts 2+2，那个向下的大箭头表示 JRuby 将这些代码转换为一系列的 Java 字节码指令，这些指令实现了名为 simpe 的 Java 类（以脚本文件命名）。class simple extends AbstractScript 标记是 Java 代码，这里用于声明一个名为 simple 的 Java 类，使用 AbstractScript 作为超类。

simple 类是 Ruby 代码对 2+2 求和并打印其结果的 Java 版本。simple 使用 Java 做了同样的工作。在 simple 内部，JRuby 创建了名为__file__的 Java 方法，该方法用于执行 2+2 代码，由图 10-6 底部矩形内的__file__表示。矩形方法\<init\>是 simple 类的构造器。

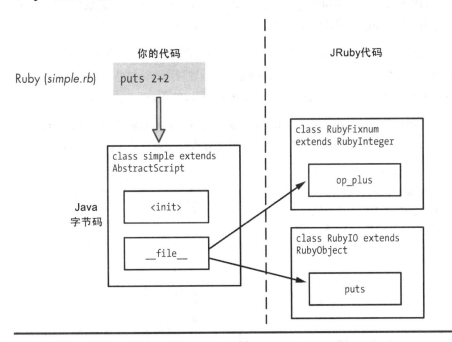

图 10-6　JRuby 将 Ruby 代码转换为 Java 类

在图 10-6 的右侧，你可以看到 Ruby 类对应的一小部分 JRuby 库。这些是 Ruby 的内建类，诸如 Fixnum、String 和 Array。MRI 使用 C 实现了这些类。代码从这些类中调用方法时，方法调度过程使用了 CFUNC 方法类型。然而，JRuby 使用 Java 代码实现了所有的内建 Ruby 类。在图 10-6 右侧你可以看到示例代码调用的两个内建的 Ruby 方法。

- 一个是 2+2 求和代码，使用 Ruby 的 Fixnum 类的+方法。JRuby 使用名为 RubyFixnum 的 Java 类实现了 Ruby 的 Fixnum 类。在本例中，代码调用了这个 RubyFixnum 类中的 Java 方法 op_plus。

● 为了打印总和，该代码调用了 Ruby IO 类内建的 puts 方法（实际在 Kernel 模块内）。JRuby 使用了名为 RubyIO 的 Java 类以相似的方式实现了 Ruby 的 IO 类。

10.1.3 用 Java 类实现 Ruby 类
Implementing Ruby Classes with Java Classes

如你所知，标准 Ruby 内部是用 C 实现的，C 不支持面向对象编程的概念。C 代码不能像 Ruby 代码那样使用对象、类、方法或继承。

然而，JRuby 是用 Java 实现的，它是一种面向对象语言。虽然不如 Ruby 自身那样灵活和强大，但是 Java 支持创建类，创建对象作为这些类的实例，并且通过继承把一个类跟另一个类相关联。这意味着 Ruby 的 JRuby 实现也是面向对象的。

JRuby 使用 Java 对象实现 Ruby 对象。为了更好地理解其中的意思，可参见图 10-7，其中显示了 MRI 的 Ruby 代码以及与其对应的 C 结构体。

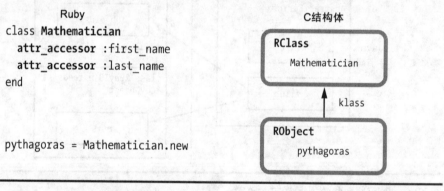

图 10-7　MRI 使用 C 结构体来实现对象和类

Ruby 内部为每个类创建了 RClass C 结构体并为每个对象创建了 RObject 结构体。Ruby 在 RObject 结构体中使用 klass 指针来跟踪每个对象的类。图 10-7 展示了 Mathematician 类的 RClass 和 Mathematician 实例对象 pythagoras 的 RObject。

在 JRuby 中这种结构是非常相似的（见图 10-8），至少第一眼看上去是这样。

在图 10-8 的左侧，我们看到了同样的 Ruby 代码。在右边是两个 Java 对象，一个是 RubyObject 的实例，另一个是 RubyClass 的实例。JRuby 的 Ruby 对象实现与 MRI 的很相似，但是 JRuby 是使用 Java 对象代替了 C 结构体。JRuby 使用 RubyObject 和 RubyClass 这样的命名是因为这些 Java 对象表示的是 Ruby 的对象和类。

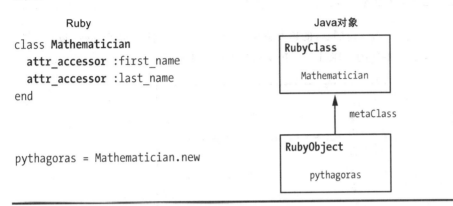

```
                Ruby                                  Java对象
class Mathematician
  attr_accessor :first_name
  attr_accessor :last_name
end


pythagoras = Mathematician.new
```

图 10-8　JRuby 使用 Java 类 RubyObject 来表示对象，使用 Java 类 RubyClass 来表示类

但是再深入一点就会发现，事情并非如此简单。因为 RubyObject 是 Java 类，JRuby 能使用继承来简化其内部实现。事实上，RubyObject 的超类是 RubyBasicObject。这反映了 Ruby 类的关联关系，正如调用 Object 的 ancestors 方法一样。

```
p Object.ancestors
 => [Object, Kernel, BasicObject]
```

ancestor 调用返回的数组包含了接收者超类链中所有的类和模块。此处，我们看到了 Object 的超类是 Kernel 模块，Kernel 模块的超类是 BasicObject。JRuby 在它的内部 Java 类层次中使用了相同的模式，如图 10-9 所示。

```
public class RubyBasicObject
                ↑
public class RubyObject extends RubyBasicObject
```

图 10-9　RubyBasicObject 是 Java 类 RubyObject 的超类

抛开 Kernel 模块不说，还可以看到 JRuby 内部的 Java 类层次结构反映出了它实现的 Ruby 类层次结构。Java 的面向对象设计让这种相似性成为可能。

现在来看第二个示例。让我们再次使用 ancestor 来展示 Ruby 类 Class 的超类。

```
p Class.ancestors
=> [Class, Module, Object, Kernel, BasicObject]
```

这里，我们看到 Class 的超类是 Module，Module 的超类是 Object，以此类推。正如我们所期望的，JRuby 的 Java 代码在内部使用了同样的设计（见图 10-10）。

```
public class RubyBasicObject

public class RubyObject extends RubyBasicObject

public class RubyModule extends RubyObject

public class RubyClass extends RubyModule
```

图 10-10 JRuby 内部 RubyClass 的 Java 类层次结构

实验 10-1：监测 JRuby 的即时编译器

前面提到过 JRuby 能使用 JIT 编译器来提升 Ruby 代码的运行速度。JRuby 总是把 Ruby 程序翻译为 Java 字节码指令，它可以被 JVM 编译为计算机微处理器能直接执行的机器语言。在本实验中，我们将测量 JIT 即时编译何时发生，以及能让代码执行速度提升多少。

示例 10-3 展示了打印 10 次 1 到 100 之间的随机数。

```
❶ array = (1..100).to_a
❷ 10.times do
❸   sample = array.sample
    puts sample
  end
```

示例 10-3 测试 JRuby 的 JIT 行为（jit.rb）

我们创建了包含 100 个元素的数组：从 1 到 100❶。然后，对后面的块迭代 10 次❷。在这个块中，使用 sample 方法❸从数组里挑选随机的值并将其打印出来。在运行这段代码的时候，得到了示例 10-4 所展示的输出片段。

```
$ jruby jit.rb
87
88
69
5
38
--snip-
```

示例 10-4 示例 10-3 的输出片段

现在让我们移除 puts 语句，并且增加迭代的次数（移除输出会让实验易于管理）。示例 10-5 展示了更新后的程序。

```
   array = (1..100).to_a
   1000.times do
❶   sample = array.sample
   end
```

示例 10-5 移除 puts 并把迭代次数增加到 1000

10.1.4 使用-J-XX:+PrintCompilation 选项

Using the -J-XX:+PrintCompilation Option

当然，如果现在运行程序，我们不会看到输出，因为已经移除了 puts。让我们再次运行程序，不过这次加上了 debug 标记（见示例 10-6）显示有关 JVM 的 JIT 编译器的工作信息。

```
$ jruby -J-XX:+PrintCompilation jit.rb
101 1 java.lang.String::hashCode (64 bytes)
144 2 java.util.Properties$LineReader::readLine (452 bytes)
173 3 sun.nio.cs.UTF_8$Decoder::decodeArrayLoop (553 bytes)
200 4 java.lang.String::charAt (33 bytes)
--snip--
```

示例 10-6 通过-J-XX:+PrintCompilation 选项生成的输出结果

这里我们使用了 JRuby 的-J 参数，传入了 XX:+PrintCompilation 选项给底层的 JVM 应用。PrintCompilation 会让 JVM 显示示例 10-6 中的信息。这行 java.lang.String::hashCode 代码表示 JVM 把 String Java 类的 hashCode 方法编译成了机器语言。其他值展示了与此 JIT 过程有关的技术信息（101 是时间戳，1 是编译 ID，64 字节是被编译的字节码片段的长度）。

本次实验的目的是验证这个假说，一旦 JVM 的 JIT 编译器把示例 10-5 转换成机器语言，那么它应该运行得更快。注意示例 10-5 只是循环❶内调用 array.sample

的一行 Ruby 代码。因此，一旦 JRuby 的 Array#sample 实现被编译为机器语言，我们应该期望 Ruby 程序完成得更快，因为 Array#sample 被调用了这么多次。

因为示例 10-6 的输出冗长又复杂，所以我们将使用 grep 来搜索 org.jruby.RubyArray 的输出信息。

```
$ jruby -J-XX:+PrintCompilation jit.rb | grep org.jruby.RubyArray
```

结果是没有输出。PrintCompilation 输出没有一行匹配 org.jruby.RubyArray，这意味着 JIT 编译器没有把 Array#sample 方法转换为机器语言。它没有做这种转换，因为 JVM 仅运行 JIT 编译器来编译被执行很多次的 Java 字节码指令——被称为字节码热点（hot spots）指令区域。因为会被调用很多次，所以 JVM 花了额外的时间来编译热点。为了证明这点，可以增加迭代次数为 100000 来重复测试，如示例 10-7 所示。

```
array = (1..100).to_a
100000.times do
  sample = array.sample
end
```

示例 10-7　增加迭代次数应该能触发 JIT 编译器把 Array#sample 编译为机器语言

当使用 grep 再次重复同样的 jruby 命令的时候，应该可以看到在示例 10-8 中输出的结果。

```
❶ $ jruby -J-XX:+ PrintCompilation jit.rb | grep org.jruby.RubyArray
   1809 165     org.jruby.RubyArray::safeArrayRef (11 bytes)
   1810 166 !   org.jruby.RubyArray::safeArrayRef (12 bytes)
   1811 167     org.jruby.RubyArray::eltOk (16 bytes)
   1927 203     org.jruby.RubyArray$INVOKER$i$0$2$sample::call (36 bytes)
❷  1928 204 !   org.jruby.RubyArray::sample (834 bytes)
   1930 205     org.jruby.RubyArray::randomReal (10 bytes)
```

示例 10-8　使用 –J–XX：+PrintCompilation 运行示例 10–7 之后的输出由管道输送给了 grep

因为使用了 grep org.jruby.RubyArray❶，所以只能看到匹配 org.jruby.RubyArray 文本的 Java 类名。❷同时也能看到 JIT 编译器编译了 Array#sample 方法，因为出现了 org.jruby.RubyArray::sample 文本。

10.1.5　JIT 是否提升了 JRuby 程序的性能

Does JIT Speed Up Your JRuby Program?

现在来看看 JIT 是否提升了性能。使用命令行参数❶——ARGV[0]，示例 10-9 测量了调用 Array#sample 给定次数的时间开销。

```
require 'benchmark'

❶ iterations = ARGV[0].to_i

Benchmark.bm do |bench|
  array = (1..100).to_a
  bench.report("#{iterations} iterations") do
    iterations.times do
      sample = array.sample
    end
  end
end
```

示例 10-9　JIT 性能基准测试代码

运行如下示例，能测量执行 100 次的时间开销。

```
$ jruby jit.rb 100
```

图 10-11 展示了使用 MRI 和 JRuby 进行 100 次到 100 万次迭代的结果。

MRI 差不多是一条往右上方延伸的直线。这意味着在 Ruby 2.0 总是花费相同的时间量来执行 Array#sample 方法。然而，JRuby 的结果并非如此简单。可以看到左边不到 100000 次迭代，JRuby 需要更长的时间来执行示例 10-9。（图 10-11 中使用了对数刻度，所以左侧的绝对时间差值不大。）然而，一旦达到约 1 百万次迭代，JRuby 就会明显加速，开始花费更少的时间来执行 Array#sample。

最后的很多次迭代，JRuby 执行的速度都比 MRI 的快。但是这里最重要的是，不要简单地认为 JRuby 可能会更快，它们的性能特点各有不同。代码运行的时间越长，JVM 优化节约出的时间就越长，它运行的速度就会更快。

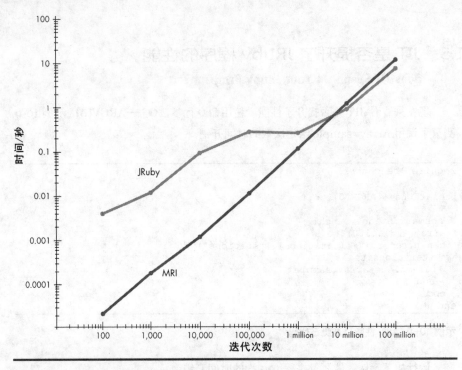

图 10-11　JRuby 与 MRI 的性能比较（使用 JRuby 1.7.5 和 Java 1.6，MRI Ruby 2.0）

10.2　JRuby 和 MRI 中的字符串

Strings in JRuby and MRI

我们已经了解到 JRuby 如何执行字节码指令：是在代码和使用 Java 实现的 Ruby 对象库之间传递控制。现在继续学习 JRuby 如何实现 String 类。JRuby 和 MRI 如何实现字符串？它们如何保存 Ruby 代码中的字符串数据，以及如何实现这些字符串之间的比较？下面将逐一回答这些问题。

10.2.1　JRuby 和 MRI 如何保存字符串数据

How JRuby and MRI Save String Data

这段代码在本地变量中保存了毕达哥拉斯（Pythagoras）的名言。但是这些字符串保存在哪里呢？

```
str = "Geometry is knowledge of the eternally existent."
```

回忆第 5 章，MRI 使用不同的 C 结构体来实现内建的类，比如 RRegExp、RArray 和 RHash，还有用于保存字符串的 RString。图 10-12 展示了 MRI 如何在内部表示 Geometry...字符串。

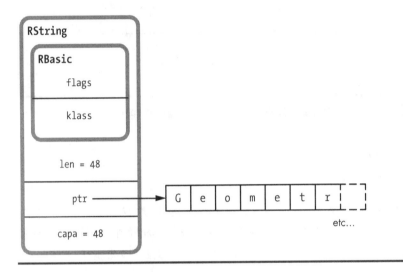

图 10-12　部分 RString C 结构体

MRI 在单独的缓冲器（也就是一块内存）中保存实际的字符串数据，如图 10-12 右边所示。RString 结构体自身包含指向这个缓冲器的指针 ptr。请注意 RString 包含另外两个整数值：len 是指字符串的长度（本例中是 48），capa 是指数据缓冲器的容量（也是 48）。数据缓冲器的尺寸可以比字符串更长，这种情况下 capa 应该大于 len。（如果执行的代码减少了字符串的长度，就会出现这种情况。）

现在让我们把注意力转向 JRuby。图 10-13 展示了 JRuby 如何在内部表示字符串。根据从上面看到的 RubyObject 和 RubyClass 的命名模式，JRuby 使用了 Java 类 RubyString 来表示 Ruby 代码内的字符串。RubyString 使用另一个类来跟踪实际的字符串数据 ByteList。该底层代码跟踪独立的数据缓冲器（按字节保存），与 MRI 中的 RString 结构体所采用的方式类似。ByteList 还在 realSize 实例变量中存储该字符串的长度。

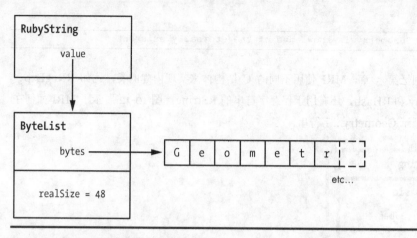

图 10-13　JRuby 对每个字符串都使用两个 Java 对象和一个数据缓冲器

10.2.2　写时复制

Copy-on-Write

无论是 JRuby 还是 MRI，在内部都会使用写时复制技术对字符串和其他数据进行优化。这个技巧允许两个完全相同的字符串值去共享相同的数据缓冲器，从而节省内存和时间，因为 Ruby 避免了为相同的字符串数据做不必要的额外复制。

例如，假设我们使用 dup 方法来复制字符串。

```
str = "Geometry is knowledge of the eternally existent."
str2 = str.dup
```

JRuby 会从一个字符串复制 Geometry is...文本到另一个字符串吗？不会。图 10-14 展示了 JRuby 如何在两个不同的字符串对象之间共享字符串数据。

当调用 dup 的时候，JRuby 创建了新的 Java 对象 RubyString 和 ByteList，但是它不会复制实际的字符串数据，而是设置了第二个 ByteList 对象来指向被原始字符串使用的同一个数据缓冲器。现在我们有两套 Java 对象，但是仅有一个底层字符串内容，如图 10-14 右侧所示。因为字符串可以包含数千个字符或更多的字节，所以这种优化可以节省巨大的内存开销。

MRI 使用了同样的技巧，不过使用了稍微复杂的方式。图 10-15 展示了标准 Ruby 如何共享字符串。

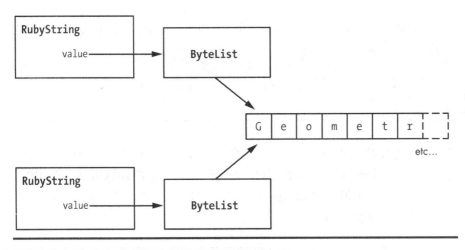

图 10-14　两个 JRuby 字符串对象共享相同的数据缓冲器

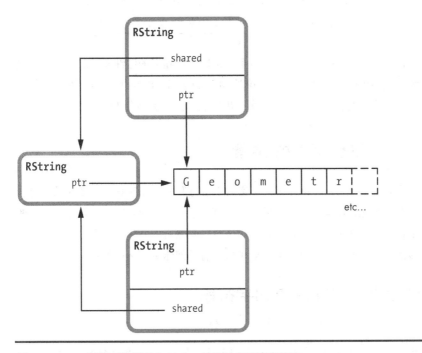

图 10-15　MRI 通过创建第三个 RString 结构体来共享字符串

　　就像 JRuby 一样，MRI 可共享底层的字符串数据。然而，当你在标准 MRI Ruby 中复制字符串时，它会创建第三个 RString 结构体，然后让原始的 RString 和新的 RString 都使用 shared 指针来引用该结构体。

现在有一个疑问：如果改变其中一个字符串将会怎么样？比如，假设按如下方式把一个字符串转换为大写：

```
str = "Geometry is knowledge of the eternally existent."
❶ str2 = str.dup
❷ str2.upcase!
```

无论是 MRI 还是 JRuby❶，都会共享字符串，但是我使用了 upcase!方法改变了第二个字符串❷。现在，两个字符串有区别了，这意味着 Ruby 显然不能继续共享底层的字符串缓冲器，否则 upcase!会把这两个字符串都改变。可以通过显示字符串的值来看到这两个字符串之间的不同。

```
p str
 => "Geometry is knowledge of the eternally existent."
p str2
 => "GEOMETRY IS KNOWLEDGE OF THE ETERNALLY EXISTENT."
```

某种情况下，Ruby 必须分离这两个字符串，创建新的缓冲器。这就是写时复制（copy-on-write）术语的意思：无论是 MRI 还是 JRuby，只有对这两个字符串中的任意一个进行写操作，才会创建字符串数据缓冲器的新副本。

实验 10-2：测量写时复制的性能

在本实验中，我们将收集在对共享字符串进行写入操作时真正发生的额外复制操作的证据。首先，创建一个简单的、非共享的字符串，对它写入。然后，创建两个共享字符串，对其中之一进行写入。如果写时复制真的发生，那么对共享字符串写入应该需要更长的时间，因为 Ruby 在写之前会创建新的字符串副本。

10.2.3 创建唯一且非共享的字符串

Creating a Unique, Nonshared String

让我们再次创建示例字符串 str。起初 Ruby 不可能跟其他数据共享 str，因为这里只有一个字符串。我们将使用 str 作为性能测试的基准。

```
str = "Geometry is knowledge of the eternally existent."
```

但事实上，Ruby 立即共享了 str！为了寻找原因，我们将检验 MRI 用来执行这段代码的 YARV 指令，如示例 10-10 所示。

```
code = <<END
str = "Geometry is knowledge of the eternally existent."
END

puts RubyVM::InstructionSequence.compile(code).disasm
== disasm: <RubyVM::InstructionSequence:<compiled>@<compiled>>==========
local table (size: 2, argc: 0 [opts: 0, rest: -1, post: 0, block: -1] s1)
❶[ 2] str
0000 trace          1                                              ( 1)
❷0002 putstring     "Geometry is knowledge of the eternally existent."
❸0004 dup
❹0005 setlocal_OP__WC__0 2
0007 leave
```

示例 10-10　使用字符串字面量时，MRI Ruby 内部会使用 dup YARV 指令

仔细阅读上面的 YARV 指令，可以看到 Ruby 使用了 putstring 把字符串放入栈中❷。该 YARV 指令内部把字符串参数复制到栈中，就已经创建了共享副本。Ruby 使用 dup 也创建了另外一个字符串副本用作 setlocal 的参数❸。最后，setlocal_OP__WC__0 2 把该字符串保存到 str 变量中❹，即位于❶的本地表[2]。图 10-16 描述了该过程。

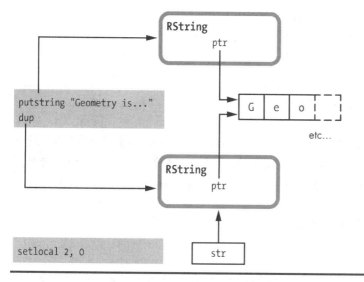

图 10-16　MRI 执行 putstring 和 dup 来创建共享字符串

图 10-16 的左边是 YARV 指令 putstring、dup 和 setlocal，右边是这些指令创建的 RString 结构体和底层的共享字符串数据。正如上面提到过的，putstring 其

实从第三个 RString（除图中那两个 RString 之外的第三个，也就是最初的 str 变量的 RString 结构体）那里复制了字符串字面量，这意味着实际上已经共享该字符串三次了。

因为 Ruby 起初共享了由字面量创建的字符串，所以需要通过如下的方式拼接两个字符串来创建不同的字符串：

```
str = "This string is not shared" + " and so can be modified faster."
```

这样拼接的结果会创建一个新的、唯一的字符串。Ruby 将不会跟其他任何字符串对象共享它的字符串数据。

下面让我们开始做实验。示例 10-11 展示了用于本次实验的代码。

```
require 'benchmark'

ITERATIONS = 1000000

Benchmark.bm do |bench|
  bench.report("test") do
    ITERATIONS.times do
❶     str = "This string is not shared" + " and so can be modified faster."
❷     str2 = "But this string is shared" + " so Ruby will need to copy it
               before writing to it."
❸     str3 = str2.dup
❹     str3[3] = 'x'
    end
  end
end
```

示例 10-11　测量写时复制的延迟

在运行这个测试之前，让我们看一遍这段代码。❶通过拼接两个字符串创建唯一的、非共享的字符串 str。然后❷创建第二个非共享字符串 str2。然而，❸使用 dup 来创建此字符串的复制，str3，并且现在 str2 和 str3 共享了相同的值。

10.2.4　可视化写时复制
Visualizing Copy-on-Write

在示例 10-11 中，我们使用 str3[3] = 'x'改变了字符串 str3 的第四个字符❹。但是这里 Ruby 不能在不改变 str2 的情况下改变 str3，如图 10-17 所示。

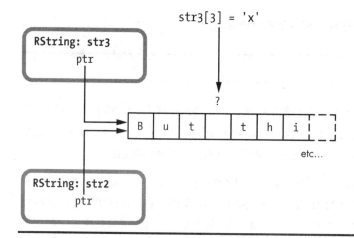

图 10-17 Ruby 不能在不改变 str2 的情况下改变 str3

Ruby 不得不先创建 str3 的单独副本，如图 10-18 所示。

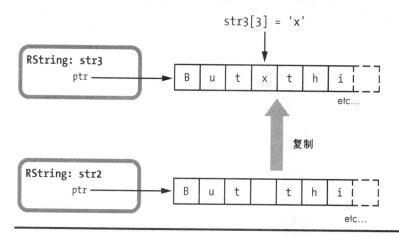

图 10-18 Ruby 在写入 str3 之前把该字符串复制到了新的缓冲器中

现在 Ruby 可以往 str3 的新缓冲器里写入字符串了，且不会影响到 str2。

10.2.5 修改共享字符串更慢

Modifying a Shared String Is Slower

执行示例 10-11 时，benchmark 库测量了它运行内部块 100 万次的时间开销。这个块创建了 str、str2 和 str3，以及之后修改的 str3。在我的笔记本上，benchmark 输出的测量结果是 1.87 秒。

接下来，让我们把 str3[3] = 'x'❹改成修改 str。

```
#str3[3] = 'x'
str[3] = 'x'
```

现在修改的是非共享、唯一的字符串而不是共享字符串。再次运行该测试大约耗时 1.69 秒，也就是比共享字符串的 benchmark 报告少了大约 9.5%的时间。正如预期的那样，修改唯一字符串比修改共享字符串的时间开销要稍少。

图 10-19 的图标展示了我对 MRI 和 JRuby 超过 10 次不同观察结果的评价累计结果。图的左侧是对 MRI 的平均测量结果。MRI 的左右两条柱状图分别表示修改共享字符串 str3 和修改唯一字符串 str 的时间开销。图的右侧两条柱状图展示了 JRuby 下相同的时间开销，但是柱的高度明显更低。显然，JVM 创建字符串新副本的速度比 MRI 的更快。

但是还有更多需要说明的地方：注意 JRuby 运行该实验代码的整体时间减少了 60%。也就是说，它比 MRI 快 2.5 倍！

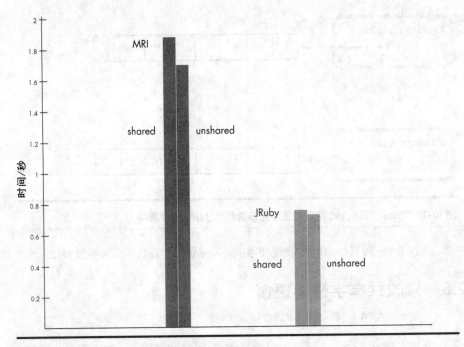

图 10-19　MRI 和 JRuby 展示了写时复制的延迟

10.3　总结
Summary

本章探索了用 Java 编写的 Ruby 版本 JRuby。同时也看到了 jruby 命令将 jruby.jar 作为参数来启动 JVM，探讨了 JRuby 如何解析和编译 Ruby 代码，并在实验 10-1 中学习了 JVM 如何把热点（也就是频繁执行的 Java 字节码片段）编译为机器语言。实验 10-1 的结果表明，热点编译显著提升了性能，让 JRuby 在某些情况下比 MRI 运行得更快。

在本章的第二部分学习了 JRuby 和 MRI 在内部如何表示字符串数据。我们发现这两个 Ruby 版本都使用了写时复制优化，一定条件下会在两个不同的字符串对象之间共享字符串数据。最后，在实验 10-2 中我们证明了写时复制在 JRuby 和 MRI 中都会发生。

JRuby 是非常强大、聪明的 Ruby 实现。通过使用 Java 平台来运行 Ruby 代码，你将受益于已经在 JVM 上投入了多年的研究、开发、调试和测试。JVM 仍然是当今最流行的、成熟和功能强大的软件平台，它不仅被用于 Java 和 JRuby，而且用于其他软件语言，如 Clojure、Scala 和 Jython。通过使用这种共享平台，JRuby 能利用 Java 平台的速度、稳健性和多样化——并且它是免费的！

JRuby 是每位 Ruby 开发者都应该熟悉的突破性技术产品。

Rubinius 用 Ruby 去实现 Ruby。

11

Rubinius：用 Ruby 实现的 Ruby

RUBINIUS: RUBY IMPLEMENTED WITH RUBY

与 JRuby 一样，Rubinius 是另一种 Ruby 实现。Rubinius 内部源码很多都是用 Ruby 编写的，而不是仅用 C 或 Java 编写的。Rubinius 用 Ruby 实现了内建的类，比如 Array、String 和 Integer！

这种设计提供了一种了解 Ruby 内部的独特机会。如果对特定的 Ruby 特性或方法的工作原理有疑问，可以阅读 Rubinius 里的 Ruby 代码解惑，而不需要专门的 C 或 Java 编程知识。

Rubinius 还包含了一个用 C++编写的精致的虚拟机。这个虚拟机像 JRuby 那样执行你的 Ruby 程序，支持 JIT 和真正的并发，并使用先进的垃圾回收算法。

本章从 Rubinius 的整体概述开始，囊括如何使用回溯输出剖析 Rubinius 源码的例子。本章后半部分将学习 Rubinius 和 MRI 如何实现 Array 类，包括 Ruby 如何在数组中保存数据，以及从数组中移除元素会发生什么。

学习路线图

11.1 Rubinius 内核和虚拟机 ·· 296

　　词法分析和解析 ·· 298

　　使用 Ruby 编译 Ruby ··· 299

　　Rubinius 字节码指令 ··· 300

　　Ruby 和 C++一起工作 ·· 302

　　使用 C++对象实现 Ruby 对象 ··································· 303

　　实验 11-1：比较 MRI 和 Rubinius 中的（栈）回溯 ··············· 304

　　Rubinius 中的（栈）回溯 ······································· 305

11.2 Rubinius 和 MRI 中的数组 ····································· 307

　　MRI 中的数组 ·· 307

　　RArray C 结构体定义 ··· 309

　　Rubinius 中的数组 ··· 309

　　实验 11-2：探索 Rubinius 的 Array#shift 实现 ·················· 311

　　阅读 Array#shift 源码 ·· 311

　　修改 Array#shift 方法 ·· 312

11.3 总结 ·· 315

11.1 Rubinius 内核和虚拟机
The Rubinius Kernel and Virtual Machine

要用 Rubinius 运行 Ruby 程序（见图 11-1），一般使用 ruby 命令（像使用 MRI 那样）或 rbx，因为 Rubinius 中的 ruby 命令实际上是可执行 rbx 的符号链接。

与 MRI 一样，在命令行使用能读取和执行指定 Ruby 程序的可执行文件来启动 Rubinius。但是 Rubinius 可执行文件跟标准 Ruby 的可执行文件完全不同。正如前面的图所示，Rubinius 由两个主要部分组成。

Rubinius 内核　这部分是用 Ruby 编写的。它实现了该语言的大部分，包括很多内建、核心类的定义，比如 String 和 Array。Rubinius 内核是可安装到计算机上的已编译字节码指令。

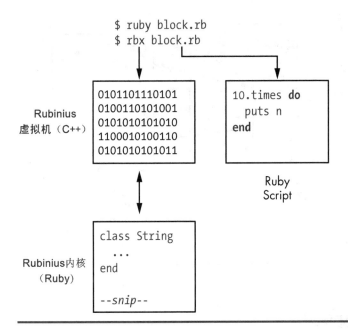

图 11-1　Rubinius 由 C++虚拟机和 Ruby 内核组成

Rubinius 虚拟机　Rubinius 虚拟机是用 C++编写的。它执行 Rubinius 内核的字节码指令，以及执行一系列其他的底层任务，比如垃圾回收。Rubinius 可执行文件包含已编译的该虚拟机的机器语言。

图 11-2 展示了 Rubinius 虚拟机和内核。Rubinius 内核包含了一组诸如 String、Array 和 Object 的 Ruby 类，以及执行各种任务（比如编译和加载代码）的 Ruby 类。图 11-2 左侧的 Rubinius 虚拟机是在命令行启动的 rbx 可执行文件。该 C++虚拟机包含了执行垃圾回收、即时编译的代码（还有其他很多任务），以及诸如 String 和 Array 等内建类的额外代码。事实上，正如箭头所指，每个 Rubinius 内建的 Ruby 类都由 C++和 Ruby 代码协同工作。Rubinius 用 Ruby 定义了某些方法，用 C++定义了其他的方法。

为什么要用两种语言来实现 Ruby？因为 C++提升了 Rubinius 程序的性能，允许它们直接跟底层操作系统交互。用 C++来代替 C 也让 Rubinius 得以在内部使用优雅的面向对象设计。而使用 Ruby 来实现内建类和其他特性使得 Ruby 开发者可以容易阅读和理解大部分的 Rubinius 源码。

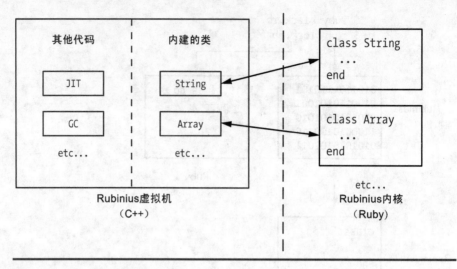

图 11-2　Rubinius 内部特写

11.1.1　词法分析和解析

Tokenization and Parsing

Rubinius 处理 Ruby 程序的方式与 MRI 大致相同，如图 **11-3** 所示。

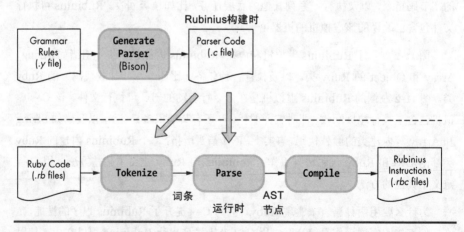

图 11-3　Rubinius 处理代码的过程

与 MRI 一样，Rubinius 在构建过程期间使用 Bison 生成 LALR 解析器。在运行时，解析器把代码转换为词条流、抽象语法树（AST）结构，然后是一系列高级虚拟机指令——Rubinius 指令。图 **11-4** 对 MRI 和 Rubinius 的内部代码形式做了比较。

刚开始 Rubinius 与 MRI 的工作方式很相似，但是 Rubinius 使用了一个叫做 LLVM 的编译框架把代码再次编译为底层指令，而不是像 MRI 那样对代码进行解释。LLVM 使用 JIT 编译器又可以把这些指令编译为机器语言。

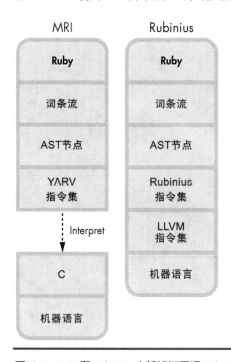

图 11-4　MRI 和 Rubinius 内部如何翻译 Ruby 代码

11.1.2　使用 Ruby 编译 Ruby

Using Ruby to Compile Ruby

Rubinius 最迷人的一面就是它用 Ruby 和 C++的组合来实现 Ruby 编译器的方式。用 Rubinius 运行程序时，代码是由 C++和 Ruby 代码一起处理的，见图 11-5。

在图 11-5 的左上角，跟 MRI 一样，Rubinius 使用 C 代码根据一系列的语法规则解析 Ruby 代码。在图的右侧，Rubinius 开始使用 Ruby 代码来处理 Ruby 程序，使用 Ruby 类的实例来表示 AST 中的每个节点。每个 Ruby AST 节点在编译期间都知道如何生成程序片段的 Rubinius 指令。最后，在图的左下角，LLVM 框架进一步把 Rubinius 指令编译为 LLVM 指令，并最终转化为机器语言。

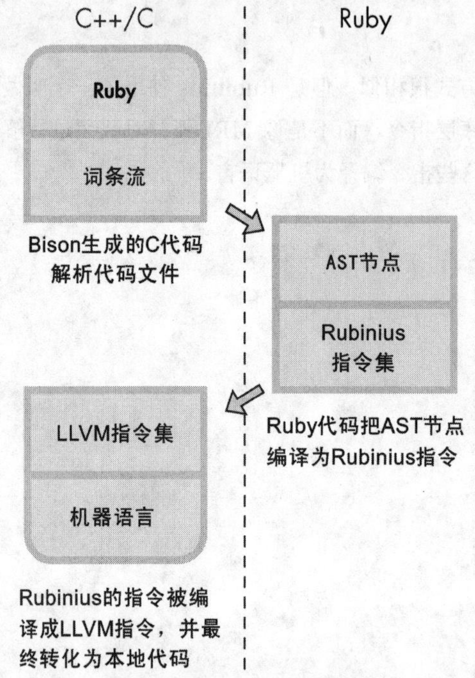

图 11-5　Rubinius 编译代码过程的宏观概貌

11.1.3　Rubinius 字节码指令

Rubinius Bytecode Instructions

为了进一步了解 Rubinius 字节码指令，让我们使用 Rubinius 运行一个小程序（见示例 11-1）。

```
$ cat simple.rb
puts 2+2
$ rbx simple.rb
4
```

示例 11-1　使用 Rubinius 来计算 2+2=4（simple.rb）

当使用编译命令 rbx -B 再次运行 simple.rb 的时候，Rubinius 显示了编译器生成的字节码指令，如示例 11-2 所示。

```
$ rbx compile simple.rb -B
============== :__script__ ==============
Arguments:   0 required, 0 post, 0 total
```

```
Arity: 0
Locals: 0
Stack size: 3
Literals: 2: :+, :puts
Lines to IP: 1: 0..12

0000: push_self
0001: meta_push_2
0002: meta_push_2
❶0003: send_stack :+, 1
0006: allow_private
❷0007: send_stack :puts, 1
0010: pop
0011: push_true
0012: ret
```

示例 11-2 使用包含 –B 选项的 rbx 编译命令显示 Rubinius 字节码指令

该指令有点类似 MRI 的 YARV 指令。这些指令把值压入内部栈中，然后操作栈中的值，或者执行方法，比如 +❶或 puts❷。

图 11-6 展示了 Ruby 代码和 simple.rb 对应的 Rubinius 指令，以及部分 Kernel 模块。

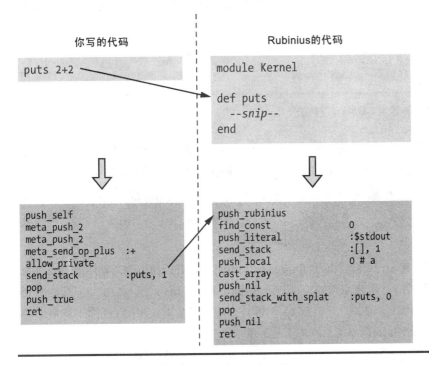

图 11-6 Rubinius 中的 puts 方法是用 Ruby 代码实现的

从图 11-6 上半部分的左右两侧分别可以看到 Ruby 代码：puts 2+2 和 Rubinius 中 puts 方法定义。Rubinius 使用 Ruby 实现了内建的 Ruby 类，比如 Kernel 模块。因此，调用 puts 方法时，Rubinius 只是简单地把控制权交给了包含在 Rubinius 内核中 Kernel#puts 方法的 Ruby 代码。

图 11-6 下半部分的左右两侧分别展示了被编译 Ruby 代码的 Rubinius 指令：puts 2+2 的指令和 Kernel#puts 方法的编译版本。Rubinius 以同样的方式编译它的内建 Ruby 代码和你编写的 Ruby 代码（不包含那些在 Rubinius 构建过程期间编译的部分内建 Ruby 代码）。

11.1.4 Ruby 和 C++ 一起工作
Ruby and C++ Working Together

为了处理某些底层技术细节并提升性能，Rubinius 在它的虚拟机里使用了 C++ 代码来帮助实现内建的类和模块。也就是说，它同时使用了 Ruby 和 C++ 来实现语言的核心类。

为了理解其中的工作原理，让我们用 Rubinius 来执行此 Ruby 脚本（见示例 11-3）。

```
str = "The quick brown fox..."
puts str[4]
=> q
```

示例 11-3 调用 String#[]方法

该程序打印了字符串的第五个字符（索引为 4 的字母 q）。因为 String#[]方法是内建 Ruby 类的一部分，Rubinius 是用 Ruby 代码实现它的，如图 11-7 所示。

图 11-7 左侧是打印字母 q 的 Ruby 脚本。右侧是 Rubinius 用来实现 String#[]方法的 Ruby 代码，来自 Rubinius 源码文件 string.rb（以 String 类命名）（在实验 11-1 中将学习如何查找 Rubinius 源码文件）。

请注意 String#[]是以 Rubinius.primitive 调用开始的。这表明 Rubinius 实际是使用 C++代码来实现该方法的，Rubinius.primitive 是一个指令，用来告诉 Rubinius 编译器生成一个相应 C++代码的调用。真正实现 String#[]的代码是 C++ 代码 String::aref，如图 11-7 右下角所示。

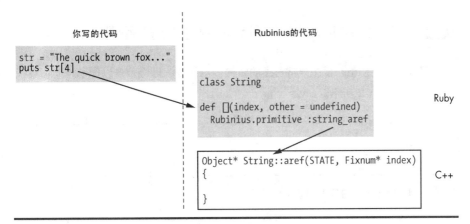

图 11-7　Rubinius 使用 Ruby 和 C++代码组合来实现内建类

11.1.5　使用 C++对象实现 Ruby 对象

Ruby and C++ Working Together

采用面向对象语言 C++，使得 Rubinius 的虚拟机内部可以使用 C++对象来表示每个相应的 Ruby 对象（见图 11-8）。

Rubinius 使用 C++对象的方式与 MRI 使用 RClass 和 RObject C 结构体的类似。定义类时，Rubinius 会创建 C++版本的 Class 类的实例。创建 Ruby 对象时，Rubinius 会创建 C++版本的 Object 类的实例。pythagoras 对象中的 klass_指针表明它是 Mathematician 的实例，与 MRI 中 RObject C 结构体的 klass 指针所做的一样。

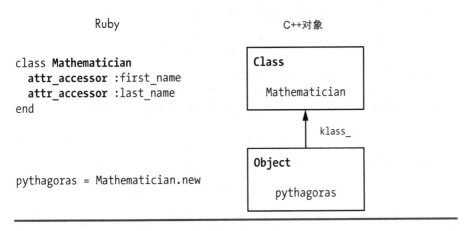

图 11-8　Rubinius 使用 C++对象来表示类和对象

实验 11-1：比较 MRI 和 Rubinius 中的（栈）回溯

回想一下，Ruby 会在异常发生的时候显示（栈）回溯信息以便于帮助你查找问题，如示例 11-4 所示。

```
10.times do |n|
  puts n
  raise "Stop Here"
end
```

示例 11-4　抛出异常的 Ruby 脚本

我们调用 raise 去告诉 Ruby，在首次显示参数 n 的值之后阻止块继续执行。示例 11-5 展示了用 MRI 运行示例 11-4 的输出结果。

```
$ ruby iterate.rb
0
iterate.rb:3:in 'block in <main>': Stop Here (RuntimeError)
    from iterate.rb:1:in 'times'
    from iterate.rb:1:in '<main>'
```

示例 11-5　MRI 显示异常的（栈）回溯信息

你可能在开发 Ruby 程序的时候看到过很多类似这样的输出。然而，有一个微妙的细节值得深究。图 11-9 展示了 MRI（栈）回溯输出的图。

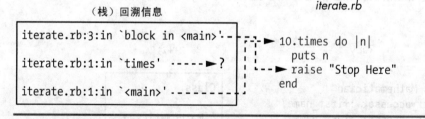

图 11-9　MRI 显示的是内建的 CFUNC 方法被调用的位置，而不是它们被定义的位置

注意 iterate.rb 的第三行出现在了调用栈的顶部，它包含了 raise 调用。在调用栈的底部，MRI 显示了 iterate.rb:1，那是该脚本开始的地方。

还要注意 MRI 的（栈）回溯包含了一个断开的虚线：iterate.rb 没有包含 times 方法的定义，而是引用了调用 times 方法的那行代码 10.times do。真实的 times 方法是使用 MRI 里面的 C 代码实现的——CFUNC 方法。MRI 在（栈）回溯中显示了调用 CFUNC 方法的位置，而不是这些方法真正 C 实现的位置。

11.1.6 Rubinius 中的（栈）回溯

Implementing Ruby Objects with C++ Objects

与 MRI 不同，Rubinius 是使用 Ruby 而非使用 C 去实现的内建方法。这种实现允许 Rubinius 在（栈）回溯中包含关于内建方法的精确的源码文件和行号信息。为了证明这点，下面再次用 Rubinius 来运行示例 11-4。示例 11-6 展示了该输出结果。

```
$ rbx iterate.rb
0
An exception occurred running iterate.rb
  Stop Here (RuntimeError)

Backtrace:
    { } in Object#__script__ at iterate.rb:3
      Integer(Fixnum)#times at kernel/common/integer.rb:83
        Object#__script__ at iterate.rb:1
 Rubinius::CodeLoader#load_script at kernel/delta/codeloader.rb:68
 Rubinius::CodeLoader.load_script at kernel/delta/codeloader.rb:119
      Rubinius::Loader#script at kernel/loader.rb:645
        Rubinius::Loader#main at kernel/loader.rb:844
```

示例 11–6　Rubinius 显示异常的（栈）回溯信息

Rubinius 显示了更多的信息！为了更好地理解这些输出信息，下面看看图 11-10 和图 11-11。

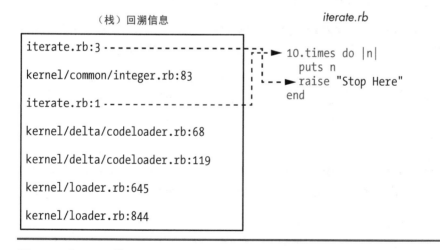

图 11–10　与 MRI 一样，Rubinius 在（栈）回溯中包含了有关程序的信息

图 11-10 左侧是 Rubinius 在运行 iterate.rb 时显示的（栈）回溯信息的简化版。就像 MRI 那样，Rubinius 在（栈）回溯中显示了两行对应于 iterate.rb 的信息。但是 Rubinius 还包含了新的数据项，就是对应于 Rubinius 内核里的 Ruby 源码文件。我们能猜到 loader.rb 和 codeloader.rb 文件中包含了加载和执行示例脚本的代码。

但是在调用栈中最有趣的数据项是 kernel/common/integer.rb:83。该数据项告诉我们 Integer#times 方法在 Rubinius 内核中被实现的位置，如图 11-11 所示。

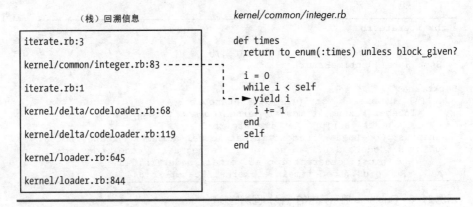

图 11-11 Rubinius 在（栈）回溯中包含了它的内核信息

图 11-11 左侧的（栈）回溯信息与图 11-10 里的相同。箭头从 Ruby 调用栈的第二层指向 puts n 块调用——Integer#times 方法里的 yield 指令。

iterate.rb 变成了庞大 Ruby 程序 Rubinius 内核的一部分。当调用 10.times 的时候，Rubinius 调用了图 11-11 右侧展示的代码，然后用第 83 行的 yield 关键字执行块。

NOTE kernel/common/integer.rb 路径是指 Rubinius 源码树中的位置。如果你是使用二进制安装程序安装的 Rubinius，那么需要从 http://rubini.us/ 或 Github 下载源码以便阅读它。

Rubinius 实现 Integer#times 的方式是从 0 开始计数直到指定的整数（减一），通过循环一次一次地调用块。下面仔细看看 Integer#times 的实现，如示例 11-7 所示。

```
❶ def times
❷   return to_enum(:times) unless block_given?
```

```
❸   i = 0
❹   while i < self
❺     yield i
      i += 1
    end
❻   self
  end
```

示例 11-7 Integer#times 的 Rubinius 实现，来自 kernel/common/integer.rb

开始是 times 方法的定义❶。❷如果没有提供块，Rubinius 就会返回 to_enum 的结果，代码如下（to_enum 方法会返回新的 enumerator 对象，允许你自由地执行枚举操作）。

```
p 10.times
 => #<Enumerable::Enumerator:0x120 @generator=nil @args=[] @lookahead=[]
    @object=10 @iter=:times>
```

如果你提供了块，Rubinius 就会继续执行方法余下的部分。❸Rubinius 会创建计数器 i 并把它初始化为 0。下一步，Rubinius 会使用 while 循环❹来执行迭代。注意，while 循环条件 i < self 使用了 self 的值。在 Integer#times 内部，self 被设置为了当前的整数对象，也就是本例中的 10。❺Rubinius 的 yield 去调用给定的块，把 i 当前的值传递进去。这会调用本例中的块代码 puts n。最后，❻Rubinius 返回 self，意味着 10.times 的返回值将会是 10。

11.2 Rubinius 和 MRI 中的数组

Arrays in Rubinius and MRI

数组在 Ruby 中无处不在，使用它作为例子理所当然。但是，它们在 Ruby 内部是如何工作的呢？Ruby 数组中的对象保存在哪里，以及数组对象在内部如何表示？下面的章节将探索 Rubinius 和 MRI 用来存储数组元素的内部数据结构。

11.2.1 MRI 中的数组

Arrays Inside of MRI

假设把斐波那契前六个序列放到数组里。

```
fibonacci_sequence = [1, 1, 2, 3, 5, 8]
```

如图 11-12 所示，MRI 为数组创建了 C 结构体，但是将该数组元素保存在了别的地方。

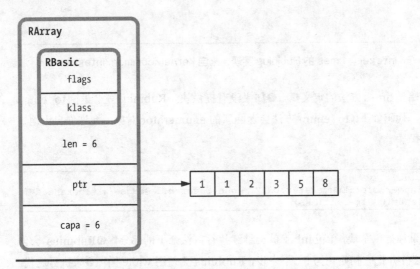

图 11-12　MRI 使用 RArray C 结构体来表示数组

MRI 使用了 RArray 结构体来表示每个被创建的数组。与 RString、RObject 和其他 C 结构体类似，RArray 内部使用了 RBasic 结构体来保存 klass 指针以及其他的技术细节（这里的 klass 指针指向数组类的 RClass 结构体）。

RBasic 下面是一些数组特有的值——ptr、len 和 capa。

- ptr 是 Ruby 分配的用来存储数组元素的独立内存段指针。斐波那契数字出现在图 11-12 右侧的该内存段里。

- len 是数组的长度，也就是指保存在独立内存段中值的个数。

- capa 用来跟踪内存段的容量。此数字经常大于 len。每当改变数组尺寸的时候，MRI 会避免不断调整内存段的尺寸。只不过，它会在你增加数组元素时，偶尔增加独立内存段的大小，以此方式增加的内存要大于新元素所需的内存大小。

独立内存段中的每个值实际上是 Ruby 对象的 VALUE 指针。此时，斐波那契数字将被直接保存到 VALUE 指针里，因为它们是简单整数[1]。

---

[1]译注：像这类值比较小的数字字面量，都是直接保存到 VALUE 指针中，类似的还有 true、false、nil、符号型。

RArray C 结构体定义

示例 11-8 展示了 MRI C 源码中的 RArray 定义。

```
  #define RARRAY_EMBED_LEN_MAX 3
  struct RArray {
    struct RBasic basic;
❶ union {
      struct {
❷      long len;
        union {
❸        long capa;
❹        VALUE shared;
        } aux;
❺      VALUE *ptr;
      } heap;
❻    VALUE ary[RARRAY_EMBED_LEN_MAX];
    } as;
  };
```

示例 11-8 RArray 的定义（出自 include/ruby/ruby.h）

该定义展示了几个图 11-12 缺失的值。首先❶，注意 MRI 使用 C 的 union 关键字声明了 RArray 两种可选的定义[1]。第一个 union 内部的结构体，定义了 len❷、capa❸、shared❹和 ptr❺。与字符串一样，MRI 对数组也使用了写时复制优化，允许两个或更多的数组共享相同的基本数据。对于共享了数据的数组，shared 的值❹引用了另一个包含共享数据的 RArray。

union 的第二部分❻定义了 ary，它是 RArray 中 VALUE 指针的 C 数组。这是一种优化，允许 MRI 在 RArray 结构体自身内部保存带有三个或更少元素的数组数据，以完全避免分配单独内存段。MRI 以同样的方式优化了其他四个 C 结构体[2]：RString、RObject、RStruct（被 Struct 类使用）和 RBignum（被 Bignum 类使用）。

11.2.2　Rubinius 中的数组

Arrays Inside of Rubinius

现在来看看 Rubinius 如何在内部保存相同的斐波那契数组。前面已学习过 Rubinius 使用对应的 C++对象来表示每个 Ruby 对象。数组也如此表示。例如，图

---

[1]译注：代表 RArray 在数组元素个数小于等于 3 个，和大于 3 个的两种不同行为。
[2]译注：查看 Ruby 源码会发现与 RARRAY_EMBED_LEN_MAX 相似的定义，比如 RSTRING_EMBED_LEN_MAX 等。

11-13 展示了 Rubinius 用来表示 fibonacci_sequence 的 C++对象。

Array ObjectHeader	total_ = 6	tuple_	start_ = 0

图 11-13 Rubinius 使用 C++对象来表示数组

这四块区域组合表示数组 C++类的实例。Rubinius 在每次创建数组的时候创建 C++数组对象。从左到右，字段说明如下。

- ObjectHeader 包含了 Rubinius 记录的每个对象内部的技术信息，包括类指针和实例变量数组。ObjectHeader 对应于 MRI 中的 RBasic C 结构体，并且它也是 Rubinius 虚拟机里 Array（C++类）的（C++）超类之一。

- total_是数组的长度，对于 fibonacci_sequence 来说是 6。

- tuple_是另一个 C++类的实例指针，该类叫做元组（Tuple），包含数组数据。

- start_表示数组数据在元组对象里的起始位置（元组可以包含比数组所需更多的数据）。其初始化的值被 Rubinius 设置为了 0。

Rubinius 没有在 C++数组对象中保存数组数据。它把数据保存在元组对象中，如图 **11-14** 所示。

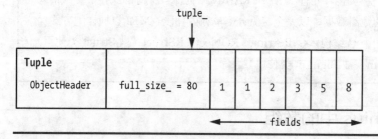

图 11-14 Rubinius 在元组对象中保存数组数据

每个元组都包含与数组相同的对象头（object header）信息。Rubinius 在每个 C++对象中都保存这个头信息。紧跟着对象头，元组对象包含的是叫做 full_size_ 的值，它以字节为单位记录了这个元组对象的大小。在该值后面，Rubinius 把实际的数据值保存在叫做 fields 的 C++数组里。这些数据值就是斐波那契数，如图 **11-14**

右侧所示。

注意，数组对象值被保存在 C++元组对象中。如果我们创建了一个庞大的数组，Rubinius 将会用到庞大的元组对象。如果我们改变数组的尺寸，Rubinius 就会分配另一个大小适当的元组，正如我们将在实验 11-2 中看到的，它能优化某些数组方法来避免分配新的对象，以加快程序的执行速度。

实验 11-2：探索 Rubinius 的 Array#shift 实现

我们已经看到 Rubinius 使用 C++对象来表示数组，但是要记住 Rubinius 使用了 Ruby 和 C++代码的组合来实现 Array 类中的方法。在本次实验中，将通过探索 Rubinius 如何实现 Array#shift 方法来学习更多关于数组的工作原理。

下面先来对 Array#shift 的功能做个简单的回顾。你可能知道，shift 调用会移除数组起始位置的一个元素，并且把余下的元素向左移动，如示例 11-9 所示。

```
fibonacci_sequence = [1, 1, 2, 3, 5, 8]
p fibonacci_sequence.shift
❶ => 1
p fibonacci_sequence
❷ => [1, 2, 3, 5, 8]
```

示例 11-9　Array#shift 移除数组的第一个元素，对剩余的元素进行移位

Array#shift 返回 fibonacci_sequence 的第一个元素❶。我们也能从输出❷中看到 Array#shift 从数组中移除了第一个元素，移动了其他五个元素的位置。但是 Ruby 在内部如何实现 Array#shift？它把剩余的数组元素复制给了左边还是复制到新的数组中呢？

11.2.3 阅读 Array#shift 源码

Reading Array#shift

首先，让我们找出 Rubinius 里面 Array#shift 方法的位置。因为没有像实验 11-1 那样的（栈）回溯供参考，所以我们使用 source_location 来询问 Rubinius 该方法的位置。

```
p Array.instance_method(:shift).source_location
 => ["kernel/common/array.rb", 848]
```

该输出告诉我们，Rubinius 在其源码树目录的 kernel/common/array.rb 文件

第 848 行定义了 Array#shift 方法。示例 11-10 展示了 Rubinius 的 Array#shift 实现。

```
❶ def shift(n=undefined)
     Rubinius.check_frozen

❷   if undefined.equal?(n)
       return nil if @total == 0
❸      obj = @tuple.at @start
       @tuple.put @start, nil
       @start += 1
       @total -= 1

       obj
❹   else
       n = Rubinius::Type.coerce_to(n, Fixnum, :to_int)
       raise ArgumentError, "negative array size" if n < 0

       Array.new slice!(0, n)
     end
   end
```

示例 11-10 Rubinius 内核里的 Array#shift 实现

shift 有一个可选参数 n❶。如果 shift 在没有参数 n 的情况下被调用，如示例 11-9 所示，则它将会移除第一个元素并把剩余的元素都移动一个位置。如果提供了参数 n，则它将会移除 n 个元素，并把剩余的元素往左移动 n 个位置。❷Rubinius 会检查是否有参数 n 被提供。如果提供了参数 n，则它会跳到❹else，然后用 Array#slice! 来移除前面 n 个元素，并把它们作为返回值。

11.2.4 修改 Array#shift 方法
Modifying Array#shift

现在让我们看看，在没有提供参数的情况下调用 shift 会发生什么。Rubinius 如何将数组元素左移一位？不幸的是，Tuple#at 方法调用❸是被 Rubinius 虚拟机里的 C++代码实现的（你在 kernel/common/ tuple.rb 文件中找不到 at 的定义）。这意味着我们只看 Ruby 代码是无法查阅到整个算法的。

然而，可以给 Rubinius 增加 Ruby 代码来显示在调用 shift 时数组数据的相关信息。因为 Rubinius 内核是用 Ruby 编写的，所以可以像修改任何其他的 Ruby 程序那样来修改它！首先，来给 Array#shift 增加几行代码，如示例 11-11 所示。

```
if undefined.equal?(n)
  return nil if @total == 0
```

```
❶   fibonacci_array = (self == [1, 1, 2, 3, 5, 8])
❷   puts "Start: #{@start} Total: #{@total} Tuple: #{@tuple.inspect}" if
    fibonacci_array

    obj = @tuple.at @start
    @tuple.put @start, nil
    @start += 1
    @total -= 1
❸   puts "Start: #{@start} Total: #{@total} Tuple: #{@tuple.inspect}" if
    fibonacci_array

    obj
  end
```

示例 11-11　为 Rubinius 内核增加 debug 代码

现在检查该数组是否为斐波那契数组❶。Rubinius 对系统里的每个数组都使用了该方法，但是我们仅想显示关于该数组的信息。然后，❷显示了@start、@total 和 @tuple 的值。在底层，@tuple 是 C++对象，但是在 Rubinius 中它也被作为 Ruby 对象，允许我们调用它的 inspect 方法。❸一旦该数组被 Array#shift 代码改变，就会显示出相同的信息。

现在需要重新构建 Rubinius 来包含改变的代码。示例 **11-12** 展示了由 rake install 命令生成的输出（在 Rubinius 源码根目录下运行这个命令）。

```
$ rake install

--snip--

RBC kernel/common/hash.rb
RBC kernel/common/hash19.rb
RBC kernel/common/hash_hamt.rb
❶ RBC kernel/common/array.rb
RBC kernel/common/array19.rb
RBC kernel/common/kernel.rb

--snip--
```

示例 11-12　重新构建 Rubinius

Rubinius 构建过程重新编译了 array.rb 源码文件❶，以及其他的很多内核文件（RBC 是指 Rubinius 编译器）。

NOTE　不要在生产环境中尝试使用这种代码改变方式。

现在回到示例 **11-9** 中，使用修改过的 Rubinius 版本。示例 **11-13** 展示了穿插输出结果的原始代码。

```
fibonacci_sequence = [1, 1, 2, 3, 5, 8]
p fibonacci_sequence.shift
❶Start: 0 Total: 6 Tuple: #<Rubinius::Tuple: 1, 1, 2, 3, 5, 8>
❷Start: 1 Total: 5 Tuple: #<Rubinius::Tuple: nil, 1, 2, 3, 5, 8>
 => 1
p fibonacci_sequence
 => [1, 2, 3, 5, 8]
```

示例 11-13　使用被我们修改过的 Array#shift 版本

在位置❶和❷，新的 Ruby 代码里的 Array#shifit 显示了 fibonacci_sequence 的内部内容：@start、@total 和@tuple 实例变量。比较❶和❷能看到 Array#shift 的内部工作原理。

Rubinius 没有分配新的数组对象，它复用了底层的元组对象。Rubinius 做了如下工作。

- 将@total 从 6 改为 5，因为数组的长度已经减少了 1 位。

- 将@start 从 0 改为 1，这让它可以继续使用相同的@tuple 值，现在@tuple 里以第二个值（索引为 1 的）作为数组内容的开始，而不是第一个（索引为 0 的）。

- 将@tuple 里的第一个值从 1 改为 nil，因为该值不再被数组使用了。

创建新对象和分配新内存的时间开销很昂贵，因为 Rubinius 可能要向操作系统请求内存。对元组对象中底层数据的复用，不需要为新数组复制或分配内存，可以让 Rubinius 运行得更快。

图 11-15 和图 11-16 概括了 Array#shift 的工作原理。图 11-15 展示了调用 Array#shift 之前的数组，@start 指向元组中的第一个值，而@length 的值为 6。

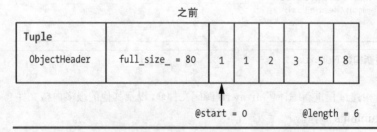

图 11-15　元组对象在调用 Array#shift 之前保存斐波那契数字

图 11-16 展示了在调用 Array#shift 之后的元组，Rubinius 只是改变了@start 和@length 的值，并且把元组中的第一个值设置为了 nil。

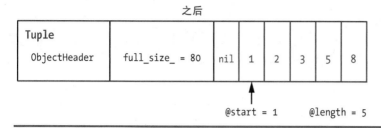

图 11-16　在调用 Array#shift 之后的同一个元组

你可能已猜到，MRI 也可通过记录数组数据在原始数组中开始的位置来对
Array#shift 进行相似的优化。不过它使用的 C 代码更复杂更难理解。Rubinius 内
核让我们对这个算法有了更清晰的理解。

11.3　总结
Summary

从本章可以了解到 Rubinius 是用 C++实现的虚拟机来运行 Ruby 代码的。与
YARV 一样，Rubinius 虚拟机也是被定制设计以便运行 Ruby 程序，并且它用编译
器在内部把 Ruby 代码转换为字节码。我们看到的这些 Rubinius 指令类似于 YARV
指令，它们以相似的方式来操作栈值。

但是 Rubinius 有别于其他 Ruby 实现的部分是它的 Ruby 语言内核。Rubinius
内核使用 Ruby 实现了很多的内建 Ruby 类，比如 Array。这种创新的设计提供了
一个进入 Ruby 内部的窗口——你能使用 Rubinius 去学习 Ruby 内部的工作原理，
而不需要懂 C 或 Java。你只需要通过阅读 Rubinius 内核的 Ruby 源码就能学习
Ruby 如何实现字符串、数组或其他类。Rubinius 不仅是一个 Ruby 的实现，也是
Ruby 社区宝贵的学习资源。

垃圾回收器是 Ruby 对象出生和死亡的地方。

12

MRI、JRuby、Rubinius 垃圾回收

GARBAGE COLLECTION IN MRI, JRUBY, AND RUBINIUS

垃圾回收（garbage collection，GC）是 Ruby 这样的高级语言用来管理内存的过程。当你使用 Ruby 对象时，它们保存在哪里？当程序不再使用这些对象时，Ruby 如何清理它们？Ruby 的 GC 系统就是用来解决这些问题的。

垃圾回收并非 Ruby 独有。垃圾回收最早出现在 Lisp 编程语言里，该语言是 John McCarthy 在 1960 年左右发明的。与 Ruby 类似，Lisp 使用垃圾回收自动管理内存。几十年来，垃圾回收一直是计算机科学研究的热门主题，它已经成为众多计算机语言的一个重要特性，包括 Java、C#，当然还有 Ruby。

计算机科学家发明了许多不同的算法来执行垃圾回收。MRI 使用的是 John McCarthy 在 50 年前发明的 GC 算法：标记-清除垃圾回收（mark-and-sweep garbage collection）。1963 年又出现了一种算法叫复制垃圾回收（copying garbage collection），该算法被 JRuby 和 Rubinius 所采用。它们还借鉴了另一种称为分代垃圾回收（generational garbage collection）的创新算法，以及可以在独立线程中执行 GC 任务而不影响应用运行的并发垃圾回收（concurrent garbage collection）。本章将介绍这些复杂算法背后的基本理念。MRI、JRuby 和 Rubinius 的垃圾回收使用了比我们即将要学习的算法还复杂的垃圾回收器，但是它们的基本原理是相同的。

学习路线图

12.1	垃圾回收器解决三个问题	319
12.2	MRI 中的垃圾回收：标记与清除	320
	空闲列表	320
	MRI 使用多个空闲列表	321
	标记	321
	MRI 如何标记存活对象	323
	清除	323
	延迟清除	324
	RVALUE 结构体	324
	标记-清除的缺点	325
	实验 12-1：观察实际的 MRI 垃圾回收	326
	观察 MRI 执行延迟清除	327
	观察 MRI 执行全回收	328
	解读 GC 分析报告	329
12.3	JRuby 和 Rubinius 中的垃圾回收	332
12.4	复制垃圾回收	333
	碰撞分配	333
	半空间算法	334
	伊甸堆	336
12.5	分代垃圾回收	337
	弱代假说	337

为新生代使用半空间算法 ……………………………………………… 338

晋升对象 ……………………………………………………………… 338

成熟代对象垃圾回收 ……………………………………………… 339

隔代引用 ……………………………………………………………… 340

12.6　并发垃圾回收 ……………………………………………… 341

在对象图改变时进行标记 ……………………………………… 341

三色标记 ……………………………………………………………… 343

JVM 中的三种垃圾收集器 ……………………………………… 344

实验 12-2：在 JRuby 中使用 Verbose GC 模式 ……………… 345

触发主收集 ……………………………………………………… 347

12.7　延伸阅读 ……………………………………………………… 348

12.8　总结 ……………………………………………………………… 349

12.1　垃圾回收器解决三个问题

Garbage Collectors Solve Three Problems

尽管名字叫垃圾回收，但它不仅仅是清理垃圾对象的过程。垃圾回收器实际上要解决以下三个问题。

- 分配（allocate）内存给新对象使用。

- 识别（identify）程序中不再被使用的对象。

- 回收（reclaim）未使用对象的内存。

Ruby 的 GC 系统也不例外。创建新的 Ruby 对象时，垃圾回收器会为该对象分配内存。之后，Ruby 的垃圾回收器会在程序停止使用该对象的时候重用该内存去创建新的 Ruby 对象。分配内存和回收内存如同一枚硬币的两面，让 Ruby 的垃圾回收器同时执行这两项任务是很合理的。

12.2 MRI 中的垃圾回收: 标记与清除
Garbage Collection in MRI: Mark and Sweep

学习垃圾回收，MRI 相对简单的 GC 算法是一个很好的起点，该算法与 John McCarth 在 1960 年对 Lisp 做的开创性工作中所用的 GC 算法类似。在理解算法的工作原理之后，还将学习 JRuby 和 Rubinius 中更复杂的垃圾回收。

MRI 的标记-清除算法管理程序中新对象的内存，直到可用的内存，也就是堆（heap）耗尽。此时，MRI 会暂停程序并且标记对象，把代码中仍被持有引用的变量或其他对象标记为活跃对象（live object）。然后 Ruby 清除（sweep）剩余的对象，即垃圾对象，从而使得它们的内存可以被重用。一旦这个过程完成，Ruby 就会让程序继续运行。

12.2.1 空闲列表
The Free List

标准 MRI Ruby 使用了 McCarth 的原始分配解决方案，叫空闲列表。图 12-1 展示了空闲列表的原理。

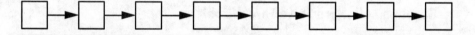

图 12-1 MRI 里的空闲列表

图 12-1 中的每个白色方块表示一小块可用于创建新对象的内存。可以把它看成是未使用的 Ruby 对象的链表。创建新 Ruby 对象时，MRI 会从该链表头部拿出可用的内存块，用它来创建新的 Ruby 对象，如图 12-2 所示。

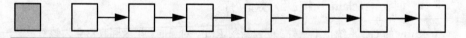

图 12-2 Ruby 从空闲列表中拿出第一个内存块创建新的 Ruby 对象

图 12-2 中的灰色盒子是被分配的活跃对象，剩余的白色盒子仍然可用。在内部，所有的 Ruby 对象都由 C 结构体 RVALUE 表示。MRI 使用 RVALUE 里的 C union 来包含我们迄今为止见过的所有 C 结构体，比如 RArray、RString、RRegexp 等。换句话说，每个方块都可以是任意类型的 Ruby 对象，或者是自定义 Ruby 类的实例。每个对象的内容，比如字符串中的字符，通常被存储在独立的内存位置中。

当程序开始分配更多新的对象时，MRI 需要从空闲列表中获取更多新的 RVALUE 结构体，并缩短未使用值的列表，如图 12-3 所示。

图 12-3　当程序创建更多的对象时，MRI 开始使用空闲列表

MRI 使用多个空闲列表

当 MRI 开始执行 Ruby 脚本的时候，它会在空闲列表中分配内存以备使用。它设置的初始空闲列表的长度约为 10000 个 RVALUE 结构体，这意味着 MRI 能创建 10000 个 Ruby 对象而不需要再分配更多内存。当需要更多对象的时候，MRI 会分配更多的内存，在空闲列表中添加更多空的 RVALUE。

Ruby 并不是创建一整条很长的包含 10000 个元素的链表，而是把分配的内存划分到被称为堆（heap）的分段中。然后为每个堆创建一个空闲列表，初始创建 24 个列表，每个列表 407 个对象，剩下的内存用于其他的内部数据结构。

因为有多个空闲列表，MRI 从一个空闲列表多次返回 RVALUE 结构体直到它变空，然后到另一个空闲列表中返回更多的结构体。MRI 使用这种方式来遍历可用的空闲列表，直到它们全部变空为止。

12.2.2　标记

Marking

随着程序的运行，新的对象被创建，最终 MRI 会用尽空闲列表的剩余对象。此时，GC 系统会停止运行程序，识别代码中不再被使用的对象，并且回收它们的内存用来分配给新的对象。如果没有找到未被使用的对象，Ruby 就会向操作系统请求更多的内存；如果操作系统也没有更多的内存，Ruby 就会抛出内存不足（out-of-memory）的异常并且停止运行。

程序中已经被分配了内存但已经不再被使用的对象叫垃圾对象。要识别垃圾对象，MRI 需要遍历对象的 C 结构体指针，沿着引用从一个对象到另一个对象，以便找出所有的活跃对象（见图 12-4）。MRI 如果没有找到对象的引用，就知道代码中不再使用该对象了。

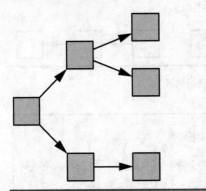

图12-4　Ruby 从左侧的根对象开始，沿着指针（即引用），遍历对象

图 12-4 左边的灰色方块代表根对象（root object），它是由你创建的全局变量，或者是 Ruby 所知道的应用中一定会使用的内部对象。通常会存在多个根对象。箭头表示从根对象到其他对象的引用。这个对象和引用的网络被称为对象图（object graph）。MRI 在遍历对象图时会标记它找到的每个 Ruby 对象，在标记过程中，为了确保不会有新的对象被引用而会暂停程序的运行。

一旦标记过程完成，就能分出已标记的对象和未标记的对象，如图 12-5 所示。

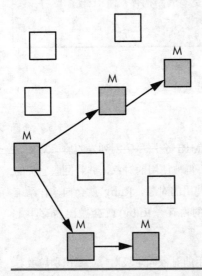

图 12-5　MRI 标记出了五个活跃对象（灰色）和五个垃圾对象（白色）

已标记的对象是活跃的，这意味着你的代码正在频繁地使用它们。未标记的对象是垃圾对象，意味着 Ruby 可以释放或者回收它们的内存。代码仍然在用已标记的对象，所以必须保留它们的内存。

12.2.3　MRI 如何标记存活对象

How Does MRI Mark Live Objects?

MRI 使用一种叫位图标记（bitmap marking）的技术来保存已标记和未标记对象的相关信息。位图标记使用一种叫空闲位图（free bitmap）的数据结构，在其中用一串比特位存储活跃对象的标记（见图 12-6）。MRI 使用了一种独立的内存结构来保存空闲位图，而非就近保存标记[1]。

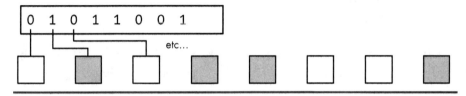

图 12-6　MRI 使用空闲位图保存 GC 标记

标记位图使用独立内存结构是因为 Unix 的写时复制（copy-on-write）内存优化技术（见第 10.2.2 节）。与 Ruby 在包含相同字母的不同字符串对象之间共享内存的方式类似，写时复制也允许 Unix 进程共享包含相同值的内存。通过独立保存标记位图，MRI 会最大化地包含相同值的进程间的内存数量。（在 Ruby 1.9 及早期版本中，标记位图被保存在每个 RVALUE 结构体中，导致垃圾回收器在标记存活对象时修改了几乎所有的 Ruby 共享内存，从而导致写时复制优化无效。）

12.2.4　清除

Sweeping

识别垃圾对象后，就该回收它们了。Ruby 的 GC 算法把未标记对象放回到空闲列表中，如图 12-7 所示。

---

[1]译注：比如保存在 VALUE 结构中。

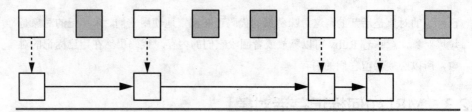

图 12-7 清除时，MRI 把未使用的 RVALUE 结构体放回空闲列表里

把未使用对象移回空闲列表的过程称为清除对象。通常这个过程的运行速度非常快，因为 MRI 实际上并不复制对象，它只是调整每个 RVALUE 中的指针来创建空闲链表（见图 12-7 中的实线箭头。）

12.2.5 延迟清除
Lazy Sweeping

从 1.9.3 版本开始，MRI 引入了一种叫延迟清除（lazy sweep）的优化。延迟清除算法降低了由垃圾回收器带来的程序停顿时间（别忘了，在正常的标记和清除期间，MRI 会停止执行代码）。

延迟清除仅清除少许垃圾对象到空闲列表中，足以提供 Ruby 去创建少量的新对象了，而后程序继续执行，因此降低了清除所需的时间量。Ruby 仅清除在 MRI 的内部堆结构体上发现的所有垃圾 RVALUE 对象，如果在当前堆没有发现垃圾对象，Ruby 就会试图在下个堆上进行延迟清除，并以这种方式遍历其余堆（会在实验 12-1 中看到这种算法的工作情况）。

延迟清除能缩短程序为了等待垃圾回收而暂停的时间，然而，它并没有减少整个垃圾回收的工作总量。延迟清除是把不变的清除工作总量分摊在多次 GC 暂停上面。

RVALUE 结构体

你可以在 MRI 源码文件 **gc.c** 中找到 RVALUE C 结构体的定义，该源文件中包含了 MRI 的垃圾回收器的实现。示例 12-1 展示了 RVALUE 的部分定义。

```
typedef struct RVALUE {
❶  union {
❷    struct {
       VALUE flags; /* always 0 for freed obj */
       struct RVALUE *next;
     } free;
❸    struct RBasic basic;
     struct RObject object;
     struct RClass klass;
     struct RFloat flonum;
     struct RString string;
     struct RArray array;
     struct RRegexp regexp;

--snip--

   } as;
#ifdef GC_DEBUG
   const char *file;
   int line;
#endif
} RVALUE;
```

示例 12-1 gc.c 文件中的部分 RVALUE 定义

注意，❶RVALUE 内部使用了 union 来保存许多不同类型的值。第一个可能的值是 free 结构体，定义于位置❷，表示 RVALUE 仍然在空闲列表上。MRI 在 union 中包含了所有可能的 Ruby 对象类型❸: RObject、RString 等。

12.2.6 标记-清除的缺点

Disadvantages of Mark and Sweep

标记和清除的主要缺点: 在标记和清除过程发生时, 程序要停止并等待。从 1.9.3 版本开始, MRI 的延迟清除技术在某种程度上缩短了等待时间。

标记和清除的另一个缺点: 执行标记和清除垃圾回收所需的时间是跟堆的总大小成正比的。在标记阶段, Ruby 需要访问程序中每个活跃对象。在清除阶段, Ruby 需要遍历所有留在堆中未被使用的垃圾对象。随着程序创建的对象数量和堆总大小的增长, 标记-清除就会变得更加耗时。

标记-清除的第三个问题是所有的空闲列表元素, 即可供程序使用的所有未被使用的对象, 一定是大小相同的。当你分配新对象的时候, MRI 不会提前知道该对象是字符串、数组还是简单的数字。这就是为什么 MRI 在空闲列表中用的 RVALUE 结构体一定要包含任何可能的对象类型。

实验 12-1：观察实际的 MRI 垃圾回收

你已经学习了 MRI GC 算法的原理。让我们换个角度，来看看 MRI 如何执行实际的垃圾回收。示例 12-2 的脚本创建了 10 个 Ruby 对象。

```
10.times do
  obj = Object.new
end
```

示例 12-2　用 Object.new 创建 10 个 Ruby 对象

如果 MRI 真的会从空闲列表中分配未被使用的空间给新对象，那么运行示例 12-2，Ruby 应该从空闲列表中移除 10 个 RVALUE 结构体，并把它们分配给那 10 个新的对象。现在使用 ObjectSpace#count_objects 方法看看实际是否如此，如示例 12-3 所示。

```
def display_count
❶  data = ObjectSpace.count_objects
❷  puts "Total: #{data[:TOTAL]} Free: #{data[:FREE]} Object:
     #{data[:T_OBJECT]}"
end
10.times do
  obj = Object.new
❸  display_count
end
```

示例 12-3　用 ObjectSpace#count_objects 显示 MRI 的堆信息

现在的每次循环都调用 display_count❸。display_count 使用 ObjectSpace#count_objects❶来显示❷关于对象总数、空闲对象总数，以及每次循环中活动的 RObject 结构体的数量信息。

运行示例 12-3 的输出结果显示在示例 12-4 中。

```
Total: 17491 Free: 171 Object: 85
Total: 17491 Free: 139 Object: 86
Total: 17491 Free: 132 Object: 87
Total: 17491 Free: 125 Object: 88
Total: 17491 Free: 118 Object: 89
Total: 17491 Free: 111 Object: 90
Total: 17491 Free: 104 Object: 91
```

```
Total: 17491 Free: 97 Object: 92
Total: 17491 Free: 90 Object: 93
Total: 17491 Free: 83 Object: 94
```

示例 12-4　示例 12-3 的输出结果

　　Total:字段显示的是 MRI 为 ObjectSpace .count_objects[:TOTAL]返回的值。这个值（17491）是当前 Ruby 里现存对象的总数。它包含由我们创建的对象，以及 Ruby 在解析、编译和执行程序过程中创建的内部对象，还有在空闲列表中的对象。这个数字不会在创建新对象的时候更改，因为它已经包含了整个空闲列表。

　　Free:字段显示的是由 ObjectSpace.count_ objects[:FREE] 返回的空闲列表的长度值。注意该值在每次循环后都会减 7。每次迭代时仅创建一个对象，但是当每次循环执行 display_count 方法中代码的时候 Ruby 创建了 6 个其他对象。

　　Object:字段显示的是当前 Ruby 中现存的 RObject 结构体的数量。注意该值在每次循环的时候增加 1 个值，即使没有为新对象保持引用。也就是说，不在任何地方保存被 Object.new 返回的值。RObject 数量包含了活跃对象和垃圾对象。

12.2.7　观察 MRI 执行延迟清除

Seeing MRI Perform a Lazy Sweep

　　现在，如果把迭代次数从 10 增加到 30，重新运行示例 12-3，从下面的示例 12-5 中可以看到输出结果。

```
Total: 17493 Free: 166 Object: 85
Total: 17493 Free: 134 Object: 86
Total: 17493 Free: 127 Object: 87
Total: 17493 Free: 120 Object: 88

--snip--

Total: 17493 Free: 29 Object: 101
Total: 17493 Free: 22 Object: 102
Total: 17493 Free: 15 Object: 103
304 Chapter 12
❶ Total: 17493 Free: 8 Object: 104
❷ Total: 17493 Free: 246 Object: 104
Total: 17493 Free: 239 Object: 105
Total: 17493 Free: 232 Object: 106
Total: 17493 Free: 225 Object: 107
```

示例 12-5　用 30 次迭代来运行示例 12-3

　　这次位置❶处的空闲列表数下降到 8 个。然后位置❷处的空闲列表数增加到

246 个，但是对象数量仍然是 104 个。这一定是全垃圾回收（full garbage collection）吗？实际上不是！如果 Ruby 回收了全部垃圾对象，当它增加空闲对象数量的同时会减少 RObject 的数量，因为所有的对象会立即变成垃圾。这是怎么回事呢？

这是延迟清除。Ruby 首先会标记所有的活跃对象，间接识别垃圾对象。它不是把所有的垃圾对象移动到空闲列表中，而是仅清除其中的一部分：在其中一个堆结构上发现的垃圾对象。空闲数量增加，而 RObject 数量仍然保存不变，因为 MRI 重用了被前一个迭代创建的 RObject 结构体来创建新的对象。

12.2.8　观察 MRI 执行全回收
Seeing MRI Perform a Full Collection

可以通过使用 GC.start 方法手工触发全回收来观察其效果（见示例 12-6）。

```
def display_count
  data = ObjectSpace.count_objects
  puts "Total: #{data[:TOTAL]} Free: #{data[:FREE]} Object:
  #{data[:T_OBJECT]}"
end

30.times do
  obj = Object.new
  display_count
end
❶ GC.start
❷ display_count
```

示例 12-6　触发全垃圾回收

这里还是迭代 30 次，创建新对象并调用 display_count。然后调用 GC.start❶，它会触发 MRI 去运行全垃圾回收。最后，位置❷处再次调用 display_count 去显示相同的技术信息。示例 12-7 展示了新的输出结果。

```
--snip--

  Total: 17491 Free: 26 Object: 101
  Total: 17491 Free: 19 Object: 102
  Total: 17491 Free: 12 Object: 103
❶ Total: 17491 Free: 251 Object: 103
  Total: 17491 Free: 244 Object: 104
  Total: 17491 Free: 237 Object: 105
  Total: 17491 Free: 230 Object: 106
  Total: 17491 Free: 223 Object: 107
  Total: 17491 Free: 216 Object: 108
  Total: 17491 Free: 209 Object: 109
```

```
  Total: 17491 Free: 202 Object: 110
  Total: 17491 Free: 195 Object: 111
  Total: 17491 Free: 188 Object: 112
  Total: 17491 Free: 181 Object: 113
❷ Total: 17491 Free: 9527 Object: 43
```

示例 12-7　由示例 12-6 生成的输出结果

示例 12-7 展示的输出结果跟示例 12-5 的大部分相似。总数是相同的，而空闲数量逐渐减少。在位置❶处，我们再次看到延迟清除发生，增加空闲数量到 251。但是在位置❷处，却有了巨大的变化。对象总数仍然是 17491，但是空闲数量暴涨到了 9527，并且对象数量急剧下降至 43！

根据这次观察，了解了以下几方面内容。

- 空闲数量巨大的增长❷是因为 Ruby 执行了一次大型的操作，清除了空闲列表上所有的垃圾对象。这些垃圾对象包含先前迭代中代码创建的对象，以及 Ruby 在解析和编译阶段内部创建的对象。

- RObject 的数量降至 43，是因为在前面的迭代中创建的都是垃圾对象（因为我们没有在任何地方保存它们）。数量 43 只包含 Ruby 内部创建的对象，并没有我们创建的对象。如果我们在某些地方保存了代码创建的新对象，RObject 的数量将保存不变（接下来会这样尝试）。

12.2.9　解读 GC 分析报告

Interpreting a GC Profile Report

目前为止，此次实验中我们仅从空闲列表中分配了少数几个对象。当然，Ruby 程序通常创建的对象远多于 30 个。当创建成千甚至成百万对象的时候，MRI 的垃圾回收器会如何呢？如何测量一个复杂 Ruby 应用的垃圾回收时间开销呢？

答案是用 GC::Profiler 类。如果你启用它，MRI 内部的 GC 代码就会收集每次 GC 运行的统计数据。示例 12-8 展示了如何使用 GC::Profiler。

```
❶ GC::Profiler.enable

  10000000.times do
    obj = Object.new
  end

❷ GC::Profiler.report
```

示例 12-8　使用 GC::Profiler 显示 GC 的使用情况（gc-profile.rb）

首先通过调用 GC::Profiler.enable 来启用分析器。后面的代码创建了 1000 万个 Ruby 对象。❷通过调用 GC::Profiler.report 显示 GC 分析报告。示例 12-9 展示了示例 12-8 生成的报告。

```
ruby gc-profile.rb
❶ GC 1046 invokes.
Invoke Time(sec)   Use Size(byte)   Total Size(byte)   Total Object   GC Time(ms)
            0.036          690920             700040          17501       0.694000
            0.039          695200             700040          17501       0.433999
            0.041          695200             700040          17501       0.585000
            0.046          695200             700040          17501       0.577000
            0.049          695200             700040          17501       0.466000
            0.051          695200             700040          17501       0.516999
            0.054          695200             700040          17501       0.419000
            0.056          695200             700040          17501       0.535000
            0.059          695200             700040          17501       0.410000
            0.062          695200             700040          17501       0.426999
--snip--
```

示例 12-9　示例 12-8 生成的 GC 分析报告片段

为了节省空间，这里移除了报告的第一列，该列只是计数器。下面是其他列代表的含义。

- 调用时间（invoke time）显示的是在 Ruby 脚本开始运行之后按秒测量的垃圾回收发生的时间。

- 使用大小（use size ）展示了每次收集完成之后，堆内存中所有存活的 Ruby 对象的使用量。

- 总大小（total size）展示了回收之后堆的总大小，换句话说，是存活对象加上空闲列表的内存大小。

- 对象总数（total object）展示了 Ruby 对象的总数，无论是存活的还是空闲列表上的。

- GC 时间（GC time）展示了每次回收的时间开销。

注意本次实验中，除了调用时间，其他值几乎没有变化。存活 Ruby 对象使用的内存数量、堆的总大小及对象的总数都是保持不变的。这是因为我们没有在任何地方保存新的 Ruby 对象，它们会全部立即变成垃圾对象。GC 时间的值有所波动，但还是或多或少保持不变的。由回收器把所有的新的对象清除并返回到空闲列表所需的时间量大致保持不变，因为回收器每次都回收大约相同数量的对象。

然而，如果把全部的新对象保存在数组中，它们将依旧存活而不会变成垃圾。示例 12-10 展示的代码把全部对象都保存到同一个巨型数组中。

```
GC::Profiler.enable

❶ arr = []
10000000.times do
❷   arr << Object.new
end

GC.start

GC::Profiler.report
```

示例 12-10 在数组中保存 1000 万个 Ruby 对象 (gc-profile-array.rb)

这里，我们创建了一个空数组❶，并且把每个对象都保存在它里面❷。因为数组保存了所有新对象的引用，所以它们仍然是活跃的，垃圾回收器不能回收其中任意一个的内存。示例 12-11 展示了由示例 12-10 产生的 GC 分析报告。

```
$ ruby gc-profile-array.rb
❶ GC 17 invokes.
Invoke Time(sec)   Use Size(byte)   Total Size(byte)   Total Object   GC Time(ms)
         0.031          690920            700040            17501        0.575000
         0.034          708480            716320            17908        0.689000
         0.037         1261680           1269840            31746        1.077000
         0.043         2254280           2262920            56573        1.994999
         0.054         4044200           4053720           101343        3.454999
         0.074         7266080           7277160           181929        5.288000
         0.108        13058920          13072840           326821        9.417000
         0.170        23489240          23508320           587708       14.465000
         0.279        42267080          42311720          1057793       26.015999
         0.478        76096560          76157840          1903946       45.910000
```

示例 12-11 Ruby 不得不增加堆容量来容纳所有新的存活对象

这次的分析报告跟之前的有很大不同! 垃圾回收器不能释放任何新的对象，因为这些对象仍然活跃于数组中。这意味着 Ruby 没有选择，只能分配更多的内存来容纳它们。当你阅读示例 12-11 的时候，要注意三个重要的值——使用大小（use size）、总大小（total size）和对象总数（total object）——是呈指数增长的。之所以看到❶垃圾回收器仅被调用了 17 次，就是因为这些迅猛的增长。（Ruby 在调用 GC::Profiler.enable 之前也会执行一些回收，因为它要解析和编译我们的脚本。）回收器每次都会或多或少地成倍增长堆的大小，让脚本持续运行越来越长的时间，而不是快速运行许多垃圾回收操作，如示例 12-9 所示，Ruby 只是运行少量的慢回收。

如果为每次回收的时间开销（GC 时间）与堆的总大小（总的堆大小）画一幅图，如图 12-8 所示，那么可能得出另一个有趣的结论。

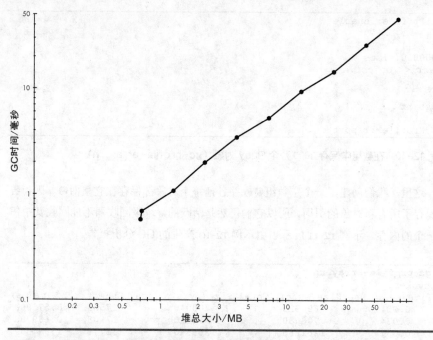

图 12-8 　执行标记和清除所需的时间随着堆尺寸呈线性增长

图 12-8 的 X 轴（总堆大小）和 Y 轴（GC 时间）都使用了对数刻度。因为 Ruby 在每次回收期间都会让堆大小成倍增长，数据点几乎在 X 轴对数刻度上平均分布。它们也在 Y 轴对数刻度上平均分布，因为时间是呈指数增长的。

最重要的是，注意数据点形成了一条直线：该直线意味着执行垃圾回收所需要的时间是按总堆大小的线性增长的。当创建的 Ruby 对象越多时，它就会花费越多的时间来标记它们。当有更多的垃圾对象时，清除也会花费更多的时间。然而，在本例中，我们没有看到任何清除的时间，因为所有的对象都是存活的。

12.3 　JRuby 和 Rubinius 中的垃圾回收
Garbage Collection in JRuby and Rubinius

因为 JRuby 使用了 Java 虚拟机（JVM）来实现 Ruby，它能使用 JVM 的精密高效的 GC 系统来为 Ruby 对象管理内存。事实上，垃圾回收是使用 JVM 平台的主要好处之一：JVM 的垃圾收集器已经完善了很多年。

Rubinius 的 C++虚拟机也包含精密高效的垃圾收集器，底层的算法跟 JVM 是相同的。选择 Rubinius 作为你的 Ruby 平台的好处之一就是其成熟的 GC 系统。

JRuby 和 Rubinius 使用的垃圾收集器与 MRI 的垃圾收集器的不同之处体现在以下三个方面。

- 为新对象分配内存、为垃圾对象回收内存使用的是复制垃圾回收（copying garbage collection）算法，而不是用空闲列表。
- 使用分代垃圾回收（generational garbage collection）来区分新老对象。
- 使用并发垃圾回收（concurrent garbage collection）让应用代码在执行的同时运行一些 GC 任务。

NOTE 虽然 JRuby 和 Rubinius 使用的 GC 系统跟 MRI 的标记-清除垃圾收集器有明显的不同，但是 MRI 也开始吸收它们的一些思想。具体来说，Ruby 2.1 的 GC 系统已经开始使用分代和并发垃圾回收。

后面的章节将探索支撑复制、分代和并发垃圾回收的基础算法，同时将学习更多关于 Rubinius 和 JRuby 垃圾回收的工作原理。

12.4 复制垃圾回收
Copying Garbage Collection

1963 年，也就是 John McCarthy 建立了第一个 Lisp 垃圾收集器的三年后，Marvin Minsky 开发了另一种不同的内存分配回收方式，被称为复制垃圾回收（copying garbage collection）。Minsky 的研究原本也是用于 Lisp 的。该算法先在 1969 年被 Fenichel 与 Yochelson 改进，后又在 1978 年被 Baker 改进。复制垃圾收集器从单个巨大的堆或内存段为新对象分配内存，而不是用空闲列表去跟踪可用对象。当内存段被用尽时，这些收集器仅把存活的对象复制到第二个内存段中，而留下垃圾对象。然后两个内存段进行交换，立即回收所有垃圾对象的内存（Rubinius 和 JRuby 都使用了基于这种原始理念的复杂算法）。

12.4.1 碰撞分配
bump allocation

当使用复制垃圾收集器为新对象分配内存的时候，比如 JVM 和 Rubinius 中的收集器，使用了叫做碰撞分配（bump allocation）算法的垃圾回收器。碰撞分配通过碰撞或递增指针来跟踪下次分配发生的地方来从大块连续的堆中分配相邻的内存段。图 12-9 展示了三次重复分配发生过程的工作原理（大矩形表示 Rubinius 或

JVM 堆）。

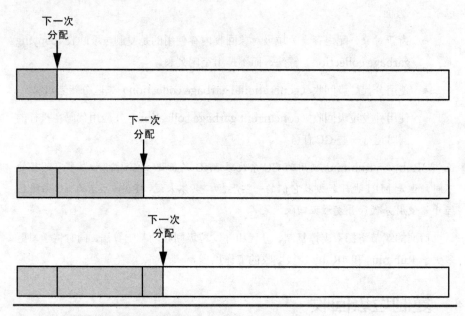

图 12-9　使用碰撞分配来分配三个对象

　　复制收集器持有一个指针，用来跟踪堆中下次分配的地方。每次收集器为新对象分配内存，它就会从堆中返回一些内存并把指针往右移动。随着越来越多的对象被创建，从堆中分配的内存也会移到右边。也要注意，新的对象大小并不相同，每个对象都使用了不同的字节数。结果，对象便不会在堆中平均分布。

　　这种技术的优点是，它非常快并且实现简单，此外，它还有良好的引用局部性，意味着程序中引用的值应该在内存中的位置彼此靠近。位置是非常重要的，因为如果代码重复访问同一片内存区，CPU 可以缓存那个内存区来提升访问速度。如果程序经常访问不同的内存区域，那么 CPU 一定会持续不断地重新加载内存缓存，以降低程序的性能。

　　复制垃圾回收的另一个好处是能创建不同大小的对象。不像 MRI 中的 RVALUE 结构体，JRuby 和 Rubinius 能分配任意大小的新对象。

12.4.2　半空间算法
The Semi-Space Algorithm

　　当初始堆用尽和垃圾回收发生的时候，复制垃圾回收器的真正好处和优雅才会变得明显。复制垃圾回收器识别存活对象和垃圾对象的方式跟标记清除回收器做的一样——沿着对象引用（指针）来遍历对象图。一旦垃圾对象被识别，复制垃圾回收器所做的工作就完全不同了。

　　复制垃圾回收器实际上使用了两个堆：一个使用碰撞分配来创建新的对象，另一个是空堆，如图 12-10 所示。

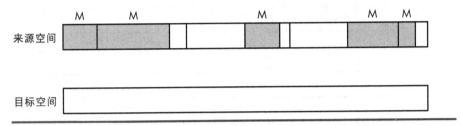

图 12-10　半空间算法使用两个堆，一个初始为空

　　顶部的堆包含已经被创建的对象，称为来源空间[1]（from-space）。注意，在来源空间中的对象已经被标记为存活（带 M 的灰色）或者垃圾（白色）。底部的堆是目标空间（to-space），它被初始化为空。即将描述的算法被称为半空间算法，因为整个可用内存被划分为来源空间和目标空间两部分。

　　当来源空间变得完全充满，复制垃圾回收器会复制所有的存活对象到目标空间，把垃圾对象留下。图 12-11 展示了复制过程。

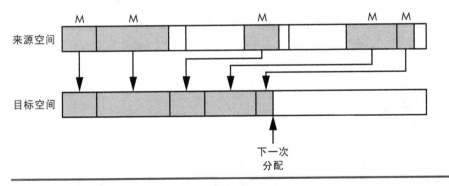

图 12-11　半空间算法仅把存活对象复制到第二个堆

　　图的顶部依然是来源空间，下面是目标空间。注意存活对象被复制到目标空间的方式。那些向下的箭头表示复制过程。有一个类似于碰撞分配的指针记录着下一

---

[1]译注：from-space 和 to-space，有的书将其翻译为 A 空间和 B 空间。

个存活对象应该被复制的位置。

一旦复制过程完成，半空间算法就会交换堆，如图 **12-12** 所示。

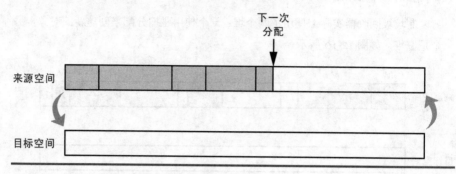

图 12-12　复制存活对象之后，半空间算法交换了堆

在图 **12-12** 中，目标空间变成了新的来源空间，并且已经准备好使用碰撞分配为新的对象分配更多的内存。你可能认为此算法很慢，有这么多的复制被执行，但是它并非如此，因为仅有活跃的、存活的对象被复制。垃圾对象则被留下来等待回收。

NOTE 所有的存活对象都被复制到了堆的左侧，这让垃圾回收器可以更有效地分配剩余未使用的内存。堆的这种压缩是半空间算法的自然结果。

虽然半空间算法是一种优雅的内存管理方式，但是它稍微有点内存低效。当它实际使用的时候，需要收集器分配两倍内存，因为所有的对象都可能保持活跃状态，并且可能复制第二个堆。该算法也许有些难以实现，因为当收集器移动存活对象时，它也不得不更新它们内部的引用和指针。

12.4.3　伊甸堆

The Eden Heap

事实证明，无论是 Rubinius 还是 JVM 都使用了半空间算法的一种变体，用第三个堆结构来分配新的对象，该堆结构被称为伊甸园，或者称为伊甸堆。图 **12-13** 展示了这三种内存结构。

伊甸堆是 JVM 和 Rubinius 为新对象分配内存的地方，来源空间继续按之前的垃圾回收过程来复制所有的存活对象，目标空间仍然为空直到执行下一个垃圾回收。每次执行垃圾回收过程，收集器会从伊甸堆和来源空间中复制对象到目标空间，从而允许更多的内存可用于新的对象，因为伊甸堆在每次半空间复制操作之后总是空的。

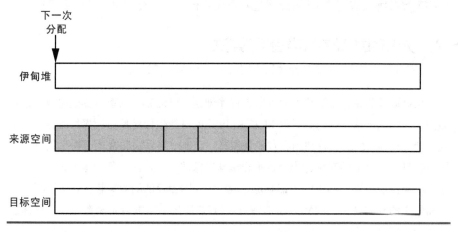

图 12-13　伊甸堆为全新对象分配内存

12.5　分代垃圾回收
Generational Garbage Collection

许多现代的垃圾回收器，包括 JVM 和 Rubinius VM 中的收集器，都使用了分代 GC 算法，即把新老对象区别对待的技术。新对象，或者叫新生代（young），是指程序中刚刚被创建的对象；而旧对象，或者叫成熟代（mature），是指程序中一直被使用的对象。通常通过垃圾回收系统运行多次后还依旧保持活跃的对象就可以认为是成熟代。

12.5.1　弱代假说
The Weak Generational Hypothesis

对象被分类为新生代或成熟代的原因是基于大多数新生代对象都有短暂的生命周期的假设，而成熟代对象可能会持续存活很长时间。这种假设被称为弱代假说。简单来说，新对象可能夭折。因为新生代对象和成熟代对象都有不同的生命周期，适用于每一种（代）的 GC 算法也各不相同。

拿 Ruby on Rails 的网站举例。为了给每个客户端请求生成 Web 页面，Rails 应用会创建许多新的对象。然而，一旦 Web 页面被生成并且返回给了客户端，所有这些 Ruby 对象就不再需要，接着 GC 系统能回收它们的内存。同时，该应用也可能会创建少量存活于多次请求之间的 Ruby 对象，比如表示控制器的对象、一些配置数据或者用户 session。这几个成熟代对象将会有更长的生命周期。

12.5.2 为新生代使用半空间算法
Using the Semi-Space Algorithm for Young Objects

根据弱代假说，新生代对象不断被程序创建，但也非常频繁地变成垃圾。正因为如此，相比于成熟代对象，JVM 和 Rubinius 对新生代对象更频繁地运行 GC 过程（会在实验 12-2 中看到到底有多么频繁）。半空间算法非常适合新生代对象，因为它只复制存活的对象。当伊甸堆充满新对象的时候，因为新对象通常会夭折，垃圾收集器能识别它们中的大部分是垃圾对象。因为存活的对象较少，所以回收器只需较少的复制动作。JVM 会将这些对象当做"幸存者"，并且把来源空间和目标空间叫做"生存空间"（survivor space）。

12.5.3 晋升对象
Promot Objects

当新的对象变老（也就是说，它已经在多次 GC 系统运行中存活了下来）时，它在半空间复制过程期间被晋升，也可说被复制到成熟代堆中，如图 12-14 所示。

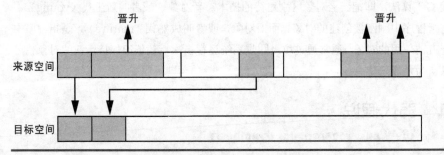

图 12-14　分代垃圾回收器将老对象从新生代堆晋升到成熟代堆中

注意，来源空间包括五个活跃对象，由灰色矩形表示。其中有两个被半空间算法复制到目标空间，而其他的三个被晋升了。它们的年龄已经超过了新对象的生命周期，因为它们在 GC 运行一定次数之后依然保持活跃状态。

在 Rubinius 中，新对象生命周期被默认设置为 2，意味着新生代对象一旦在 GC 系统运行两次之后代码依然还持有它的引用，那么它就会变为成熟代对象。（这意味着 Rubinius 将会使用半空间算法在来源空间和目标空间之间复制存活对象两次。）在此期间，Rubinius 会基于各种统计数据来调整对象的生命周期值，尽可能地优化垃圾回收。

JVM 内部试图通过调整新对象的生命周期，来保持来源和目标堆各占一半。如果这些堆开始被填满，新对象的生命周期将会降低，对象也将被很快晋升。如果大部分空间是空的，JVM 将会增加新对象的生命周期，让它们在来源（目标）堆中待更长时间。

12.5.4　成熟代对象垃圾回收
Garbage Collection for Mature Objects

一旦对象被晋升到成熟代，按弱代假说，它们将会存活很长一段时间。因此，JVM 和 Rubinius 对成熟代运行垃圾回收的频率很低。一旦成熟对象填满了堆，成熟代的垃圾回收就会运行。因为大多数新对象存活的时间都不会超过新对象生命周期，所以成熟代集合填补得更慢。

JVM 提供了许多命令行选项配置新生代和成熟代堆的相对大小或绝对大小（JVM 文档中与这里成熟代对应的是终生代 tenured generation）。JVM 也为其自身创建的内部对象维护着第三代：永久代（permanent generation）。新生代上的垃圾回收称为次（minor）收集，而终生代上的垃圾回收则称为主（major）收集。

Rubinius 对成熟代的对象使用了叫做 Immix 的复杂 GC 算法。Immix 试图通过把活动对象收集到连续区域来降低总内存的使用量和内存碎片的数量。对于非常大的对象，Rubinius 使用了标准的标记-清除垃圾回收来收集它们。

NOTE MRI 的 Ruby 2.1 版本已经为标准 Ruby 实现了被 JVM 和 Rubinius 使用了很多年的分代 GC 算法。其主要的挑战也是检测哪个成熟代对象引用了新生代（见"隔代引用"）。MRI 通过使用写屏障（write barriers）来跟踪成熟代对象对新生代对象的每一次引用，尽管 MRI 中实现写屏障是复杂的，因为现有的 C 扩展并没有包含这些内容。

隔代引用

除了新对象的生命周期，分代垃圾回收器也必须跟踪另一个重要细节：新生代对象是因为被老对象引用才活跃的。因为新生代上的收集不会标记为成熟代对象，这种情况发生的时候，收集器可能会认为某些新生对象是垃圾。图 12-15 展示了该问题的示例。

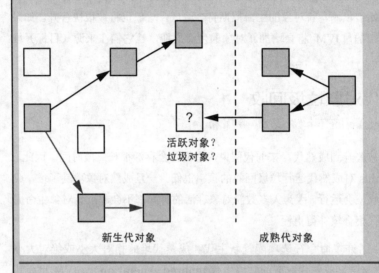

图 12-15　分代垃圾回收器需要查找引用了新生代对象的成熟代对象

新生代收集了多个存活对象（灰色）和垃圾对象（白）。通常，在新生代对象标记阶段，分代垃圾回收器为了加速收集过程，仅沿着新生代对象的引用去标记。然而，注意中间被问号标记的对象：它是活跃对象还是垃圾对象呢？那里没有其他新生代对象对它的引用，但是它有一个来自于成熟代对象的引用。如果 Rubinius 和 JVM 在标记它们之后要在左侧的新生代对象上运行半空间算法，中心的对象将会被误认为是垃圾，它的内容也会被覆盖！

写屏障（Write Barriers）

分代垃圾回收器可以用写屏障来解决这个问题。写屏障是一种码位，它的作用是记录程序中成熟代对象对新生代对象的引用。当垃圾回收器遇到这样的引用时，它会把那个成熟代对象认为是标记新生代对象的另一个根（root），从而允许打问号的那个对象存活，并且被半空间算法正确地复制。

12.6 并发垃圾回收
Concurrent Garbage Collection

Rubinius 和 JVM 都使用了另一种复杂的技术来缩短应用花在等待垃圾回收的时间：并发垃圾回收（concurrent garbage collection）。当使用并发垃圾回收时，垃圾回收器可以与应用代码同时运行。这消除了或者至少是降低了应用程序由于垃圾回收导致的暂停，因为应用并没有停下来等待垃圾回收的执行。

并发垃圾回收器运行独立于主应用程序之外的线程中。虽然在理论上这意味着应用程序的执行速度可能会有点慢，因为 CPU 的部分时间将花费在运行线程上面，但如今大部分的微处理器都是多核的，允许不同的线程并行运行。这意味着多核心中其中的一核可以专用于运行 GC 线程，而其他的核心去运行主应用程序（实际上，这仍然可能减慢应用程序的执行速度，因为使用了更少的内核）。

NOTE MRI Ruby 2.1 也支持一种形式的并发垃圾回收，就是通过以并行方式来执行标记和清除算法的清除部分，而 Ruby 代码并没有停止运行。这对于垃圾回收运行的时候减少应用程序暂停的时间量是有帮助的。

12.6.1 当对象图改变时进行标记
Marking While the Object Graph Changes

对并发垃圾回收器而言，在应用程序运行时标记对象巨大的阻碍是：如果应用程序在收集器标记对象的时候改变对象图会发生什么呢？为了更好地理解这个问题，来看看图 12-16 的对象图示例。

图 12-16 展示了被并发垃圾收集器标记的少数几个对象。左侧是根对象，右侧是被根对象引用的各种子对象。所有的存活对象都被用 M 标记并用灰色显示。由大箭头表示的垃圾回收器，已经标记出了活跃对象，并且现在正在处理底部附近的对象。收集器即将标记底部右侧剩下的两个白色对象。

现在假设应用程序在标记过程正在进行的时候也在运行，创建新的对象并且把它增加为前面已标记对象的子对象。图 12-17 展示了新的情形。

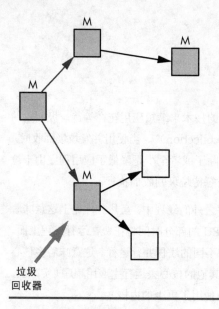

图 12-16 垃圾回收器标记对象图

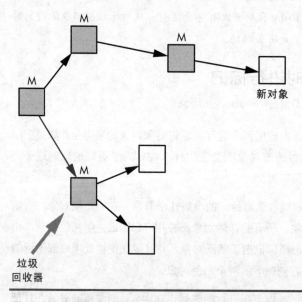

图 12-17 应用程序在标记过程正在进行的时候创建新对象

　　注意其中一个已标记的存活对象指向了一个还未被标记的新对象。现在假设垃圾回收器完成了对象图的标记。它已经标记了所有的活跃对象，意味着任何余留对象都被假设为垃圾。图 **12-18** 展示了标记过程结束之后的对象图概貌。

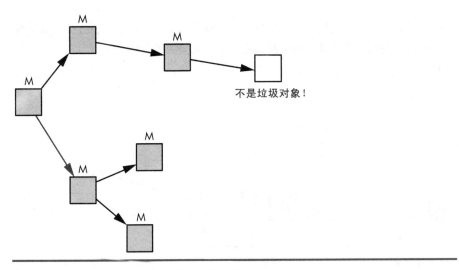

图 12-18　收集器错误地认为新的存活对象是垃圾

　　垃圾回收器已经完成了标记所有活跃对象的工作，但是它错过了新对象。收集器现在将回收它的内存，但是应用程序会丢失有效数据或者将垃圾数据引入它的某个对象中去。

12.6.2　三色标记

Tricolor Marking

　　这个问题的解决方案是维护一个标记栈（mark stack），也就是需要被标记过程检查的对象列表，如图 12-19 所示。

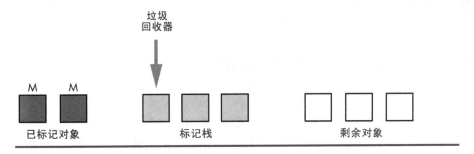

图 12-19　通过标记栈来进行对象的标记工作

　　最初所有的根对象都被放置在标记栈。当开始标记对象的时候，垃圾回收器从标记栈中把它们移动到左边的已标记对象列表中，并且往标记栈中添加它发现的任何子对象。当标记栈耗尽，垃圾回收器也完成了，它识别出了所有的活跃对象以及在右侧的垃圾对象。但是在该方案中，如果应用程序在标记期间修改了其中某个对象，收集器就能把修改的对象移回标记栈，即使它先前被标记过，如图12-20 所示。

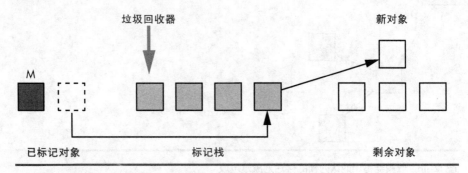

图 12-20　收集器把已标记对象移回了标记栈，因为应用程序修改过它

　　应用程序已经给系统里增加了新的对象，如图12-20右侧的余留对象列表所示。然而这次，收集器注意到现有的对象被修改过，因为它现在包含了对新对象的引用，并且它把修改过的对象移回了标记栈的中间位置。这样，收集器将最终找到和标记新对象，因为它是通过标记栈来工作的。

　　这个改进过的标记算法称为三色标记（ tricolor marking）：已经被处理的对象认为是"黑色"，在标记栈上的对象是"灰色"，而其余的对象是"白色"，如图 12-19 和图 12-20 所示。

NOTE 当应用程序改变对象图的时候，并发垃圾收集器能用写屏障来检测。分代和并发垃圾收集器都使用了写屏障。

12.6.3　JVM 中的三种垃圾收集器
Three Garbage Collectors in the JVM

　　为了支持不同类型的应用和服务器硬件，JVM 包含三种不同的垃圾收集器来实现不同的并发垃圾回收。你可以使用命令行参数来选择 JRuby 程序去用哪个收集器。这三种收集器如下。

　　串行（Serial）　此收集器会停止应用程序来执行垃圾回收，而应用程序需要等待。它完全不用并发垃圾回收。

并行（Parallel） 此收集器在独立的线程中执行许多 GC 任务，包括次收集，而应用程序正在运行（无需等待）。

并发（Concurrent） 此收集器以与应用程序并行的方式来执行大部分 GC 任务。它会使用优化来尽可能地减少 GC 暂停，但是使用它可能会减慢你应用程序的总体吞吐量。

NOTE 除了这三种收集器，各种新的、实验性的垃圾回收器也可用于 JVM。其中之一是 garbage-first(G1) 收集器，另一个是连续并发压缩（C4）收集器。

除非直接指定，否则 JVM 会根据硬件的类型自动选择使用哪种垃圾回收器。对于大多数计算机来说，JVM 会默认使用并行垃圾回收器；对于服务级的机器，使用并发垃圾回收器代替。你可以使用命令行参数在启动 JRuby 程序的时候改变 JVM 的默认垃圾回收器。请参阅文章 "Java SE6 HotSpot 虚拟机垃圾回收调优" （http://www.oracle .com/technetwork/java/javase/gc-tuning-6- 140523.html） 了解更多详情。

能选择不同的 GC 算法，并可以进一步使用很多其他配置选项来调整垃圾回收器的行为是使用 JRuby 的好处之一。垃圾回收器的效率和性能取决于应用程序的行为，以及底层使用的算法。

为了帮助了解由 JVM 提供的各种 GC 相关参数的意义，Charles Nutter，JRuby 项目的开发者之一，建议使用如下经验规则。

- 如果有疑问，就坚持使用 JVM 的默认设置。这个设置在大多数情况下工作良好。

- 如果有大量的数据需要频繁或定期收集，并发收集器或实验性 G1 收集器可能比并行收集器更好一些。

- 在调整垃圾回收器之前尽量优化代码让它少占用内存。当分配太多内存的时候才调整 JVM 的垃圾回收器只能事倍功半。

实验 12-2：在 JRuby 中使用 Verbose GC 模式

实验 12-1 探索了 MRI 中的垃圾回收。在本次实验中，将通过让 JVM 去显示 JVM 垃圾回收器的相关技术信息来观察 JRuby 中的垃圾回收原理。示例 12-12 展示了实验 12-1 中创建 10 个 Ruby 对象的代码。

```
10.times do
  obj = Object.new
end
```

示例 12-12　使用 Object.new 创建 10 个 Ruby 对象（jruby-gc.rb）

当使用 J-verbose:gc 选项来运行这个简单程序的时候，JVM 会显示垃圾回收相关的内部调试信息。下面是使用的命令：

```
$ jruby -J-verbose:gc jruby-gc.rb
```

但是这个命令不会产生任何输出信息。也许我们没有创建出足够触发垃圾回收的对象。

下面把新对象的数量增加到 1000 万，如示例 12-13 所示。

```
10000000.times do
  obj = Object.new
end
```

示例 12-13　使用 Object.new 创建 1000 万个 Ruby 对象（jruby-gc.rb）

示例 12-14 展示了新的输出结果。

```
$ jruby -J-verbose:gc jruby-gc.rb
[GC 17024K->1292K(83008K), 0.0072491 secs]
[GC 18316K->1538K(83008K), 0.0091344 secs]
[GC 18562K->1349K(83008K), 0.0006953 secs]
[GC 18373K->1301K(83008K), 0.0006876 secs]
[GC 18325K->1289K(83008K), 0.0004180 secs]
[GC 18313K->1285K(83008K), 0.0006950 secs]
[GC 18309K->1285K(83008K), 0.0006597 secs]
[GC 18309K->1285K(83008K), 0.0007186 secs]
[GC 18309K->1285K(83008K), 0.0005617 secs]
[GC 18309K->1285K(83008K), 0.0006873 secs]
[GC 18309K->1285K(83008K), 0.0004944 secs]
[GC 18309K->1285K(83008K), 0.0006644 secs]
[GC 18309K->1285K(83008K), 0.0006448 secs]
[GC 18309K->1285K(83008K), 0.0007203 secs]
```

示例 12-14　通过使用 -J-verbose:gc 运行示例 12-13 产生的输出结果

JVM 在运行此 Ruby 程序的时候，每次执行垃圾回收就会显示一行信息。这里展示了 14 次 GC 事件。每一行都包含如下信息：

[GC…　GC 前缀是指这次事件是一个次收集（minor collection）。JVM 仅清

理伊甸堆中的新对象，或者是幸存区的新生代对象。

17024K->1292K 这些值显示了之前存活对象使用的数据量（箭头左侧）和垃圾回收之后的数据量（箭头右侧）。在本例中，每次垃圾回收由存活对象占用的空间量从 17MB 或 18MB 下降到了 1.3MB。

(83008K) 括号中的值展示了这一过程中 JVM 堆的总大小。此值没有什么变化。

0.0072491 secs 该值展示了每次执行垃圾回收所花费的时间量。

示例 12-14 展示了在我们创建更多 Ruby 对象的过程中，JVM 的新生代堆反复被填满。注意，通常每次花费不到 1 毫秒，JVM 垃圾回收器就可清理成千上万的垃圾对象。

也要注意，这里没有主垃圾回收（major garbage collection）。为什么呢？因为我们没有保存这些 Ruby 对象。示例 12-13 创建了 1000 万个 Ruby 对象，但是并没有使用它们，所以 JVM 的垃圾回收器确定它们全是垃圾，并且在它们晋升为成熟对象之前立即回收了它们的内存。

12.6.4 触发主收集
Triggering Major Collections

为了触发主收集，需要创建一些成熟对象，这就需要创建一些不夭折但又能存活一段时间的 Ruby 对象。可以通过在数组中保存新对象来实现这点，就像我们在实验 12-1 中做的那样。为了方便，示例 12-15 再次复用了同样的脚本。

```
❶ arr = []
10000000.times do
❷  arr << Object.new
end
```

示例 12-15 在数组中保存 1000 万个 Ruby 对象

注意，❶我们创建了一个空数组，然后插入 1000 万个新对象❷。因为数组包含了所有对象的引用，所以对象将全部存活。

现在使用 -J-verbose:gc 命令重新运行实验代码。示例 12-16 展示了输出结果。

```
$ jruby -J-verbose:gc jruby-gc.rb
❶ [GC 16196K->8571K(83008K), 0.0873137 secs]
[GC 25595K->20319K(83008K), 0.0480336 secs]
```

```
[GC 37343K->37342K(83008K), 0.0611792 secs]
[GC 37586K(83008K), 0.0029985 secs]
[GC 54366K->54365K(83008K), 0.0617091 secs]
[GC 65553K->65360K(83008K), 0.0586615 secs]
[GC 82384K->82384K(100040K), 0.0479422 secs]
[GC 89491K(100040K), 0.0124503 secs]
[GC 95890K->95888K(147060K), 0.0795343 secs]
[GC 96144K(147060K), 0.0030345 secs]
[GC 130683K->130682K(148020K), 0.0941640 secs]
[GC 147706K->147704K(165108K), 0.0925857 secs]
[GC 150767K->151226K(168564K), 0.0226121 secs]
❷ [Full GC 151226K->125676K(168564K), 0.5317203 secs]
[GC 176397K->176404K(236472K), 0.0999831 secs]

--snip--
```

示例 12-16　使用-J-verbose:gc 运行示例 12-15 产生输出的起始部分

注意，❷[Full GC...]输出第一次出现在 13 次新生代收集之后（示例 12-16 会继续输出）。这就告诉我们，很多 Ruby 对象得到了晋升，填满了成熟代，并且强制成熟代垃圾回收运行。

我们能从这些输出中得出另外一些有趣的结论。首先，从第一次 GC 运行❶到成熟收集❷，新生代集合的大小在逐渐增长。这些告诉我们，当更多的对象被创建的时候，JVM 在自动增长总堆大小的值。注意，括号中总堆尺寸值开始约为 83MB，增加到超过 200MB，如粗体部分显示。此外，每个新生代收集速度尽管比我们在示例 12-14 中看到的不超过 1 毫秒的结果要慢得多，但相对来说依然比较快，不超过 0.1 秒。请记住，半空间算法仅复制活跃对象。这次所有的 Ruby 对象仍然存活，JVM 不得不重复地复制它们。最后，注意成熟收集，也就是全收集❷，耗时 0.53 秒，这比任何一次新生代收集都要更耗时。

12.7　延伸阅读
Further Reading

对于垃圾回收这个主题，有大量可用的资料。要学习更多关于 John McCarthy 的最初的空闲列表实现，可以阅读他的关于 Lisp 的文章："Recursive Functions of Symbolic Expressions and Their Computation by Machine, Part 1"（Communications of the ACM, 1960）。

想要了解现代 GC 的研究，可以查阅被 Rubinius 使用的 Immix 算法，该算法记录在 Stephen M.Blackburn 和 Kathryn S. McKinley 的论文 "A Mark-Region Garbage Collector with Space Efficiency, Fast Collection, and Mutator

Performance"（*ACM SIGPLAN Notices*, 2008）中。下面的文章来自于甲骨文，介绍了 JVM 的整体 GC 算法，并且它是一个很好的命令行选项参考，你可以用它来定制和调整 JVM 的垃圾回收器行为："Java SE 6 HotSpot Virtual Machine Garbage Collection Tuning"（http://www.oracle.com/technetwork/java/javase/gc-tuning-6-140523.html）。

最后是两个权威的经历了多年演进的通用 GC 算法资源。Jones 和 Lins 的垃圾回收："Algorithms for Automatic Dynamic Memory Management (Wiley, 1996)"和 Jones、Hosking 与 Moss 的"The Garbage Collection Handbook: The Art of Automatic Memory Management (CRC Press, 2012)"

12.8 总结
Summary

本章涵盖了 Ruby 内部最重要但是我们最难理解的领域之一：垃圾回收。我们了解到垃圾回收器会为新对象分配内存，把未被使用的垃圾对象进行清理。同时研究了用于 MRI、Rubinius 和 JRuby 中的基本垃圾回收算法，并发现 MRI 使用的是空闲列表分配和回收内存，而 Rubinius 和 JVM 使用的是半空间算法。我们也看到了 Rubinius 和 JRuby 使用并发和分代 GC 技术，这也是 MRI 在 Ruby 2.1 中开始启用的技术。

但是，我们仅接触了垃圾回收的皮毛而已。自 1960 年它被发明之后，已经有很多复杂的算法被开发了出来，事实上，垃圾回收仍然是计算机科学研究的一个活跃领域。MRI、Rubinius 和 JRuby 中的 GC 实现，都可能随着时间的推移而继续发展和改进。

索引
Index

Symbols

& operator, 47
$& special variable, 76
* (splat) operator, 47

A

abstract syntax tree (AST), 23–29, 32–44.
　　　　See also AST nodes
algorithm
　　constant lookup, 162, 163–164
　　Immix, 315
　　LALR parse, 13–19
　　method lookup, 138–151
　　semi-space, 311–312
allocator pointer, 126
ancestors method, 259
Appleby, Austin, 183
args_add_block AST node, 25
arguments
　　to a block, 96
　　default values for, 47
　　keyword
　　　　compiling, 49
　　　　exploring how Ruby implements,
　　　　　　99–103
　　method, 70–71
　　optional, 48, 96
　　preparing, for normal Ruby
　　　　methods, 95
　　unnamed, 47, 96
ARGV array, 65, 75, 79, 262
Array (C++ class), 287
Array class, 294–291
arrays, in Rubinius and MRI, 284–287
Array#sample method, 260–263
Array#shift method, 288–291
AST (abstract syntax tree), 23–29, 32–44.
　　　　See also AST nodes
AST nodes, 23–29, 32–44
　　args_add_block, 25
　　binary, 27–28
　　NEW_CALL, 22–23

NODE_CALL, 23, 26, 35–43
NODE_DVAR, 41
NODE_FCALL, 34–38, 41–43
NODE_ITER, 39–41
NODE_SCOPE, 34–44, 46
attr_accessor method, 98–99, 116
attribute get and set methods, 94, 98–99
attribute names, 116–119
attribute names table, 125, 127
attr_reader method
　　calling, 97–98
　　optimization by method dispatch,
　　　　98–99
ATTRSET methods, 94, 98–99
attr_writer method
　　calling, 97–98
　　optimization by method dispatch,
　　　　98–99
autoload keyword, 164

B

backtraces, in Rubinius and MRI,
　　　　281–284
Baker, Henry, 309
BasicObject class, 259
benchmarking Ruby versions, 65–67
binary AST node, 27–28
bin density (in a hash table), 175
Binding class, 208
binding keyword, 238
bins (in a hash table), 169
Bison, 12, 22–23
bitmap marking, 299–300
Blackburn, Stephen M., 324
block arguments, 96
blocks
　　calling a method with, 71–72
　　as closures, 192–198
　　calling, 61–62, 194–196
　　compiling calls to, 38–44
　　lexical scope for, representation by
　　　　Ruby, 244–245
　　vs. while loops, speed of, 200–203

BMETHOD methods, 94
brace_block grammar rule, 21
branchunless YARV instruction, 85
built-in Ruby methods, calling, 97–99
bump allocation, 310
bytecode, 33
--bytecode (JRuby option), 256
bytecode instructions
    Java, 254
    Rubinius, 277, 278–279
ByteList (Java object), 264

C

C++, working together with Ruby,
      279–280
C4 (continuously concurrent
      compacting) collector, 320
caches, clearing Ruby's method, 143–144
calling
    attr_reader, 97–98
    attr_writer, 97–98
    blocks, 61–62, 194–196
    built-in Ruby methods, 97–99
    eval with binding, 238–240
    lambda more than once in the same
      scope, 216–217
    lambdas, 209–211
    methods with blocks, 71–72
    normal Ruby methods, 95–97
call stack, 56
catch tables, 88–90
CFP (current frame pointer), 57, 88, 95
CFUNC methods, 61, 94, 97
child grammar rule, 15
Class (C++ class), 280
Class (Ruby class), 117
class << metaprogramming syntax, 225
class_alloc C function, 155
classes
    Array, 284–291
    BasicObject, 259
    Binding, 208
    Enumerator, 284
    Fixnum, 110
    Hash, 169
    included, 137, 152–154
    Integer, 62, 72, 97, 142–143, 282–284
    Object, 133, 157–158, 231–232
    origin, 150
    Proc, 211–213
    Ripper, 9–12, 22–29
    Ruby, implementing with Java classes,
      257–259
    RubyVM::InstructionSequence, 44–45,
      51–53
    seeing methods and submodules,
      152–153

singleton, 130, 226–227
    String, 263–271
class_eval method, 244
class instance variables, 120–122
class keyword, 221
class method, 111
class methods, 127–130
    defining
      using a new lexical scope, 224
      using an object prefix, 223
    scope of, 236
Class.new method, 113
class pointers, 106, 107, 109
class scope, 232–234
class variables, 120–124
clearing, Ruby's method caches, 143–144
climbing, environment pointer ladder
      in C, 74–75
closures, 191, 197
    blocks as, 192–198
    and current value of self, 241–242
    defining methods with, 246–248
    and metaprogramming, 236–244
code
    how JRuby executes, 255–257
    how JRuby parses and compiles,
      254–255
    that writes code, 236–238
codeloader.rb file, 283
compilation, 31
compile.c file, 42
compiling
    calls to blocks, 38–44
    keyword arguments, 49
    optional arguments, 48
    simple scripts, 34–38
compilers
    introduced in Ruby 1.9 and 2.0,
      33–34
    Rubinius, 277, 290
compstmt grammar rule, 21
concurrent collector (in the JVM), 320
concurrent garbage collection, 205, 317
    in the JVM, 320–321
    marking objects, 317–318
    tricolor marking, 319–320
constants, 124–125
    creating, for a new class or module,
      159–160
    finding, 156–158, 160–161
    lookup algorithm, 162, 163–164
    table, 125
const_missing method, 164
const_tbl pointer, 126
continuously concurrent compacting
      (C4) collector, 320
copying, a stack frame to the heap,
      208, 209

copying garbage collection, 205, 309
    bump allocation, 310–311
    Eden heap, 312–313
    and semi-space algorithm, 311–312
copy-on-write
    for strings, 265–271
    in Unix, 300
core#define_method method, 53
count_objects method, 129
creating
    constants, for a new class or module,
        159–160
    lambdas, 207–209
    refinements, 228
    unique and nonshared strings, 267
cref (C structure), 244, 245
cref pointer, 68, 78
current frame pointer (CFP), 57, 88, 95

D

default values, for arguments, 47
define_method method, 246
defining
    class methods
        using a new lexical scope, 224
        using an object prefix, 223
    methods
        alternative ways of, 223–231
        normal process of, 221–223
        using singleton classes, 226–227
        using singleton classes in a lexical
            scope, 227–228
def keyword, 221–223
defs/keywords file, 8
density (in a hash table), 175
disadvantages of mark and sweep, 302
displaying the local table, 51–53
--dump parsetree (Ruby option), 29
dup method, 265–266
dynamic variable access, 71–74

E

each method, 91
Eden heap, 312–313
ensure keyword, 90
Enumerator class, 284
environment, 197, 198
environment pointer (EP), 68, 194, 197
environment pointer ladder, 74–75
EP (environment pointer), 68, 194, 197
eql? method, 175
eval method, 78, 236–240
examples
    grammar rule, 14
    instance_eval, 240–241
    method lookup, 139–140
    Module#prepend, 146

executing
    calls to blocks, 61–62, 194–196
    if statements, 84–86
    simple scripts, 58–60
expanding hash tables, 174–175
experiments
    Array#shift, Rubinius implementa-
        tion of, 288–291
    backtraces, comparing in MRI and
        Rubinius, 281–284
    class methods, where Ruby saves,
        127–130
    closures, defining methods with,
        246–248
    constant, which Ruby finds first,
        162–164
    copy-on-write performance,
        measuring, 267–271
    for loops, how Ruby implements,
        90–92
    garbage collection (MRI), seeing in
        action, 302–308
    hashes
        inserting new element into,
            177–179
        retrieving values from, 172–173
        using with object keys, 183–189
    instance variable, time required
        to save, 113–115
    JIT compiler, monitoring, 260–263
    keyword arguments, how Ruby
        implements, 99–103
    local table, displaying, 51–53
    local variables, changing after calling
        lambda, 214–217
    modules, modifying after including,
        151–154
    Ruby scripts
        parsing, 9–12
        tokenizing, 9–12
    Ruby versions, benchmarking, 65–67
    self, how it changes with lexical
        scope, 231–236
    special variables, exploring, 75–78
    verbose GC mode in JRuby, using,
        321–324
    while loops vs. passing blocks,
        speed of, 200–203
    YARV instructions, displaying, 44–45
extend method, 138

F

false value, 110
Fenichel, Robert R., 309
finding constants, 156–158, 160–161
first-class citizen, treating a function as,
    203–213

Fixnum class, 110
FIXNUM_FLAG value, 110
for loops, 90–92
free bitmap, 300
free lists, 297–298
from-space, 311
function, as a first-class citizen, 203–213
function call, 36
further reading (on garbage
        collection), 324

G

G1 (garbage-first) collector, 320
garbage collection (GC), 205, 207,
    295–296
  concurrent, 205, 317
    in the JVM, 320–321
    marking objects, 317–318
    tricolor marking, 319–320
  copying, 205, 309
    bump allocation, 310–311
    Eden heap, 312–313
    and semi-space algorithm,
      311–312
  further reading, 324
  garbage objects, 297
  generational. *See* generational
      garbage collection
  in JRuby, 309
    verbose mode, 321–324
  in the JVM, 320–321
  live objects, 297
  mark-and-sweep. *See* mark-and-sweep
      garbage collection
  in MRI, 297–302
    full collection, 304–305
    interpreting GC profile report,
      305–308
    lazy sweeping, 303–304
    RVALUE (C structure), 301
    seeing in action, 302–303
  purpose of, 207
  in Rubinius, 309
  in Ruby 2.1, 309, 315
garbage-first (G1) collector, 320
garbage objects, 297, 299
Garden of Eden, 312–313
GC. *See* garbage collection
GC.disable, 113
GC::Profiler, 306
GC.start, 304
generational garbage collection, 205, 313
  and mature objects, 315
  promoting objects, 314–315
  and references, 316
  and semi-space algorithm, 314
  weak generational hypothesis, 313–314

generic_iv_tbl (C structure), 113
generic objects, 109–110, 111, 113
GET_EP (C macro), 74
getlocal YARV instruction,
    C implementation of, 74–75
GET_PREV_EP (C macro), 75
getting class variables, 122
global method cache, 142
global variable names, 7
goto statement, 43
gperf, 8
grammar rules, 14, 20, 22
  Bison, 22
  brace_block, 21
  child , 15
  compstmt, 21
  example, 14
  keyword_do, 21
  method_call, 22
  opt_block_param, 21
  primary value, 21
  top_compstmt, 20
grammar rule file, 8
grammar rule stack, 16

H

Hash class, 169
Hash#key?, 100
hash method, 182
hash tables
  bin density, 175
  bins, 169
  collisions, 174
  expanding, 174–175
  functions, 170, 181–183
  inserting new element into, 177–179
  key? method, 100
  optimization in Ruby 2.0, 187–189
  packed, 188
  prime numbers for, 180–181
  rehashing entries, 175–176
  retrieving values from, 171, 172–173
  saving values in, 169–172
  using with object keys, 183–189
heap, 204, 297
Hosking, Antony, 324
hot spots, 261

I

identifiers, 7
if...else statements, 84–86
Immix algorithm, 315
implementing
  hash functions, 181–183
  Module#prepend, 150–151
  modules, 135–138

Ruby classes with Java classes,
257–259
Ruby objects with C++ objects,
280–281
included classes, 137, 153–154
include method, 136
include_modules_at (C function), 155
including
a module into a class, 136–138
one module into another, 145–146
two modules into one class, 144–145
inheritance, 118
multiple, 141–142
inline method cache, 143
insns.def file, 63
inspecting klass and ivptr, 107–108
instance_eval method, 78, 240, 244, 245
creating a singleton class for a new
lexical scope, 243–244
example, 240–241
and lexical scope, 243–245
and self, 242
instance-level attribute names, 118
instance variable arrays, 107, 108
instance variable counts, 107
instance variable methods, 94
instance variable names, 7
instance variables
for generic objects, 111, 113
time required to save, 113–115
instance_variable_set method, 111
instance_variables method, 111
instructions, YARV. *See* YARV instructions
instruction sequence (ISEQ) methods,
93–94, 95
Integer class, 62, 72, 97, 142–143, 282–284
integer.rb file, 283
Integer#times method, 97, 283
internal heap structure, 298
interpreting a GC profile report,
305–308
ISEQ (instruction sequence) methods,
93–94, 95
iseq_compile_each (C function), 42
iterating through the AST, 42–43
IVAR methods, 94, 98–99
iv_index_tbl pointer, 125, 126
ivptr pointer, 107, 109, 114
iv_tbl pointer, 126

J

Java bytecode instructions, 254
java command, to launch JRuby, 253
Java Virtual Machine (JVM), 253, 256
garbage collection, 309, 320–321
Jay parser, 254

JIT (just-in-time) compiler, 255, 260,
262–263
Jones, Richard, 324
JRuby, 251
code execution, 255–257
code parsing and compiling, 254–255
garbage collection, 309, 321–324
and MRI, saving string data with,
264–265
vs. MRI performance, 263
jruby.jar file, 253
jumping from one scope to another, 86–90
jump YARV instruction, 85
just-in-time (JIT) compiler, 255, 260,
262–263
-J-verbose:gc (JRuby option), 321
JVM (Java Virtual Machine), 253, 256
garbage collection, 309, 320–321
-J-XX:+PrintCompilation (JRuby
option), 261

K

key? method, 100
keyword arguments
compiling, 49
exploring how Ruby implements,
99–103
keyword_do
grammar rule, 21
token, 7
keyword_end token, 21
keywords
autoload, 164
binding, 238
class, 221
def, 221–223
ensure, 90
lamdbda
calling more than once in the
same scope, 216–217
changing local variables after
calling, 214–217
next, 90
redo, 90
rescue, 90
retry, 90
return, 90
TOPLEVEL_BINDING, 194
unless, 85
klass pointer, 106, 107, 109, 199

L

ladder, environment pointer, 74–75
LALR (Look-Ahead Left Reversed
Rightmost Derivation)
parse algorithm, 13–19
state table, 18

lambda keyword
    calling more than once in the same
        scope, 216–217
    changing local variables after calling,
        214–217
lambdas, 197, 198, 203–213
    calling, 209–211
    creating, 207–209
Landin, Peter J., 191
lazy sweeping, 300–301, 303–304
leave YARV instruction, 45, 60
Lex, 8
lexical scope, 68, 78, 158
    for blocks, 244–245
    and instance_eval, 243–245
    and self, 231–236
Lins, Rafael D., 324
Lisp, 191–192, 197–198, 295, 297, 324
live objects, 297, 299
LLVM (Low-Level Virtual Machine), 277
loader.rb file, 283
locality of reference, 310
local table, 46–53
local variable access, 67–70
local variables, changing after calling
        lambda, 214–217
look ahead, 18
Look-Ahead Left Reversed Rightmost
        Derivation (LALR)
    parse algorithm, 13–19
    state table, 18
lookup algorithm, for constants, 162,
        163–164
Low-Level Virtual Machine (LLVM), 277

M

m_tbl pointer, 125, 126
major collections, 315, 323–324
mark-and-sweep garbage collection, 205,
        297–302
    disadvantages of, 302
    free list, 297–298
    and JRuby, 309
    lazy sweeping, 300–301
    marking objects, 299–300
    and Rubinius, 309
    seeing in action, 302–308
    sweeping, 300
marking objects, 299–300
    tricolor, 319–320
    while the object graph changes,
        317–319
mark stack, 319
Matsumoto, Yukihiro "Matz", 4, 251
Matz's Ruby Interpreter. *See* MRI
McCarthy, John, 191, 295, 324
McKinley, Kathryn S., 324

metaclass, 129, 226
metaclass scope, 235
metaprogramming, and closures,
        236–244
method arguments, 70–71
method caches
    clearing Ruby's, 143–144
    global, 142
    inline, 143
method_call grammar rule, 22
method dispatch, 84, 92–93
    optimizing attr_reader and
        attr_writer, 98–99
method lookup, 92–93, 138
    algorithm, 138–151
    example, 139–140
methods
    acting as closures, 247–248
    ancestors, 259
    Array#sample, 260–263
    Array#shift, 288–291
    attr_accessor, 98–99, 116
    attribute get and set, 94, 98–99
    attr_reader
        calling, 97–98
        optimization by method dispatch,
            98–99
    attr_writer
        calling, 97–98
        optimization by method dispatch,
            98–99
    calling
        with blocks, 71–72
        built-in, 97–99
        normal, 95–97
    class, 111
    class_eval, 244
    class methods, 127–130
        scope of, 236
    Class.new, 113
    const_missing, 164
    core#define_method, 53
    count_objects, 129
    def, 221–223
    define_method, 246
    definition process
        alternative, 221–231
        normal, 221–223
    dup, 265–266
    each, 91
    eql?, 175
    eval, 78, 236–240
    extend, 138
    hash, 182
    include, 136
    instance_eval. *See* instance_eval
        method

instance_variables, 111
instance_variable_set, 111
Integer#times, 97, 283
key?, 100
module_eval, 244
Module.nesting, 231
Module#prepend, 146
ObjectSpace#count_objects, 129, 302
Ripper.lex, 9
Ripper.sexp, 23
Rubinius.primitive, 280
set_trace_func, 45, 58
source_location, 288
String#[], 280
String#upcase, 97
Struct#each, 97
using, 229
method tables, 116, 117, 125, 126, 153
method types, 93–95
    ATTRSET, 94, 98–99
    BMETHOD, 94
    CFUNC, 61, 94, 97
    ISEQ, 93–94, 95
    IVAR, 94, 98–99
    MISSING, 95
    normal, 95–97
    NOTIMPLEMENTED, 94
    OPTIMIZED, 94
    REFINED, 95
    UNDEF, 94
    ZSUPER, 94
Miniruby, 63
minor collections, 315, 322
Minsky, Marvin, 309
MISSING methods, 95
modifying
    Array#shift, 289–291
    modules, after including, 151–154
    shared strings, 270–271
module_eval method, 244
Module.nesting method, 231
Module#prepend method, 146, 150–151
modules
    constants, creating for, 159–160
    how Ruby copies, 154–155
    implementing as classes, 135–138
    including
        into a class, 136–138
        one into another, 145–146
        two into one class, 144–145
    modifying after including, 151–154
Moore, Peter, 172
Moss, Eliot, 324
MRI (Matz's Ruby Interpreter), 4, 251
    arrays in Rubinius and, 284–287
    backtraces, 281–282
    free lists, use of multiple, 298
    garbage collection, 297–308

running programs, with JRuby,
        252–259
    strings, in JRuby and, 263–267
multiple inheritance, 141–142
MurmurHash, 183

N
nd_clss pointer, 159, 221
nd_next pointer, 159
nd_refinements pointer, 230
new object lifetime, 314
NEW_CALL AST node, 22–23
next keyword, 90
nil value, 110
NODE_CALL AST node, 23, 26, 35–43
NODE_DVAR AST node, 41
NODE_FCALL AST node, 34–38, 41–43
NODE_ITER AST node, 39–41
NODE_SCOPE AST node, 34–44, 46
Noria, Xavier, 151
normal methods, calling, 95–97
NOTIMPLEMENTED methods, 94
nth back reference, special variables, 80
numiv (C structure value), 107, 109
Nutter, Charles, 321

O
Object (C++ class), 281
Object class, 133, 157–158, 231–232
object graph, 299
object prefix, metaprogramming
        syntax, 223
objects, 106–113
    generic, 109–110, 111, 113
    as hash keys, 183
    Ruby, implementing with C++
        objects, 280–281
ObjectSpace#count_objects method,
        129, 302
:on_ident (Ripper output value), 10
:on_int (Ripper output value), 10
operand optimization, 69
opt_block_param grammar rule, 21
OPTIMIZED methods, 94
optional arguments, 48, 96
opt_lt YARV instruction, 85
opt_plus YARV instruction, 38, 60
opt_send_simple YARV instruction, 38, 60
origin class, 150
origin pointer, 126

P
packed hashes, 188
parallel collector (in the JVM), 320
parent namespace, finding a constant in,
        157–158

parse.c file, 13
parse.y file, 8, 12, 19, 20, 22, 79
parser generator, 12
parser_yylex (C function), 8, 79
parsetree (Ruby option), 29
parsing, 3, 4, 9–12
passing a block to each, 200
PC (program counter), 57
permanent generation, 315
pointers
    class, 106, 107, 109
    CFP, 57, 88, 95
    climbing the environment pointer
        ladder in C, 74–75
    const_tbl, 126
    cref, 68, 78
    EP, 68, 194, 197
    iv_index_tbl, 125, 126
    ivptr, 107, 109, 114
    iv_tbl, 126
    klass, 106, 107, 109, 199
    m_tbl, 125, 126
    nd_clss, 159, 221
    nd_next, 159
    nd_refinements, 230
    origin, 126
    PC, 57
    refined_class, 126
    self, 36, 57, 199, 231
    SP, 57
    super, 119, 125, 126
    svar, 75
    svar/cref, 68
    VALUE, 106, 107, 110, 204
preparing arguments for normal Ruby
    methods, 95
primary value grammar rule, 21
prime numbers, for hash tables, 180–181
problems, solved by garbage collectors,
    297
Proc class, 211–213
procs, 203, 208, 211–213
program counter (PC), 57
program grammar rule, 20
programs, running with MRI and JRuby,
    252–259
promoting objects, 314
putobject YARV instruction, 59
putself YARV instruction, 36, 58, 63

R

RArray (C structure), 109, 110, 285, 286
RBasic (C structure), 106, 107, 109,
    110, 112
rb_binding_t (C structure), 239
rb_block_t (C structure), 72, 192, 196,
    197, 198–199

rb_classext_struct (C structure), 125, 126
rb_control_frame_t (C structure), 57, 194,
    198–199
rb_env_t (C structure), 208, 209, 239
rb_include_class_new (C function), 154
rb_proc_t (C structure), 208, 209, 212
rb_reserved_word (C function), 8
rbx command, 274, 278
RClass (C structure), 108, 115,
    125–126, 127
RCLASS_CONST_TBL (C macro), 155
RCLASS_IV_TBL (C macro), 155
RCLASS_M_TBL (C macro), 155
RCLASS_ORIGIN (C macro), 155
reading
    Array#shift, 288
    a Bison grammar rule, 22
    the RBasic and RObject definitions, 112
    the RClass definition, 127
receiver-arguments-message pattern, 36,
    37, 42, 59
redo keyword, 90
reduce (parsing operation), 17
references between generations, 316
referencing environment, 197, 198
refined_class pointer, 126
REFINED methods, 95
refinements, 228–231
regular expressions, for special
    variables, 80
rehash (C function), 176
rehashing hash table entries, 175–176
rescue keyword, 90
reserved word, 7
retrieving a value, from a hash table, 171
retry keyword, 90
return keyword, 90
RHash (C structure), 169
Ripper, 9–12, 22–29
Ripper class, 9–12, 22–29
Ripper.lex method, 9
Ripper.sexp method, 23
RObject (C structure), 106, 107, 109, 112
root object, 299
RRegExp (C structure), 109, 110
RString (C structure), 109, 110, 205,
    206, 264
RTypedData (C structure), 212
Rubinius, 273
    backtraces, 282–284
    bytecode instructions, 277, 278–279
    compiler, 277, 290
    garbage collection, 309
    kernel and virtual machine, 274–281
Rubinius.primitive method, 280
Ruby, working together with C++,
    279–280
Ruby 2.1, garbage collection, 309, 315

RubyBasicObject (Java class), 259
RubyClass (Java class), 258
ruby --dump parsetree option, 29
RubyFixnum (Java class), 257
Ruby hash (RHash), C structure, 169
RubyIO (Java class), 257
RubyModule (Java class), 259
RubyObject (Java class), 258
ruby_sourceline variable, 23
RubyString (Java class), 264
Ruby versions, benchmarking, 65–67
RubyVM::InstructionSequence class, 44–45,
        51–53
ruby -y option, 19
running programs, with MRI and JRuby,
        252–259
RVALUE (C structure), 298, 301

S

Sasada, Koichi, 33, 55
saving
        array data, with Rubinius and MRI,
                285–291
        instance variables for generic
                objects, 113
        string data, with JRuby and MRI,
                264–265
        string values, 204–207
        values in a hash table, 169–171
Scheme, 192, 197
scope, 35. *See also* lexical scope
        jumping from one to another,
                86–90
scripts
        compiling simple, 34–38
        executing, 58–60
        parsing, 9–12
self object
        in a class method, 234
        in a class scope, 232
        and closures, 241–242
        and lexical scope, 231–236
        in a metaclass scope, 233
        in the top scope, 231
self pointer, 36, 57, 199, 231
semi-space algorithm, 311–312
send YARV instruction, 92–95, 247
serial collector (in the JVM), 320
setting class variables, 122
set_trace_func method, 45, 58
setlocal YARV instruction, 69
shift (parsing operation), 16
simple values, 37, 110–111
singleton classes, 130, 226–227
source_location method, 288
SP (stack pointer), 57
specialized instructions, 38

special value, 71
special variables, 68, 75–80
        $&, 76
        definitive list of Ruby's, 79
        nth back reference, 80
        for regular expressions, 80
speed
        of JRuby programs with JIT, 262–263
        of Ruby versions, 65–67
        of while loops vs. passing blocks,
                200–203
splat (*) operator, 47
splat argument array, 96
st_table (C structure), 169
st_table_entry (C structure), 169
stack, 204
stack frame, copying to the heap,
                205, 209
stack-oriented virtual machines, 35
stack pointer (SP), 57
state table, 18
Steele, Guy, 192, 197
String#[] method, 280
String class, 263–271
string.rb file, 280
strings
        creating unique and nonshared, 267
        in JRuby and MRI, 263–267
String#upcase method, 97
string values, how Ruby saves, 204–207
Struct#each method, 97
submodules, 152
super pointer, 119, 125, 126
SUPPORT_JOKE (C source code value), 43
survivor spaces, 314
Sussman, Gerald, 192, 197
svar pointer, 75
svar/cref pointers, 68
sweeping, 300–301

T

tenured generation, 315
throw YARV instruction, 87
tIDENTIFIER token, 7
time (Unix command), 65
tINTEGER token, 6
tokenization, 3, 9–12
tokens, 4–9
top scope, 233
top self object, 36, 59, 232
top_compstmt grammar rule, 20
TOPLEVEL_BINDING keyword, 194
to-space, 311
trace YARV instruction, 45
tricolor marking, 319–320
triggering major collections, 323–324
true value, 110

Tuple (C++ class), 287
types of Ruby methods, 93–95

U

UNDEF methods, 94
unless keyword, 85
unnamed arguments, 47, 96
until...end loop, 85
using method, 229

V

VALUE pointer, 106, 107, 110, 204
values
    array, how Ruby saves, 285–291
    default, for arguments, 47
    expanding hash tables to
        accommodate more, 174–175
    false, 110
    FIXNUM_FLAG, 110
    nil, 110
    simple, 110–111
    special, 71
    string, how Ruby saves, 204–207,
        263–271
    true, 110
variable access
    dynamic, 71–74
    local, 67–70
variables, 67–74
    class, 120–124
    class instance, 120–122
    instance
        for generic objects, 111, 113
        time required to save, 113–115
    local, changing after calling lambda,
        214–217
    special. *See* special variables
visualizing copy-on-write, 269–270
visualizing two instances of one class, 108
vm_core.h file, 198
vm_exec.c file, 64
vm_getivar (C function), 99
vm.inc file, 63
vm_insnhelper.h file, 74
VM_METHOD_TYPE_ISEQ (C source code
        value), 95
VM_METHOD_TYPE_CFUNC (C source code
        value), 97
VM_METHOD_TYPE_REFINED (C source code
        value), 229
vm_setivar (C function), 98

W

weak generational hypothesis, 313–314
while...end loop, 85, 200–203
write barriers, 316

X

-Xbootclasspath (Java option), 253

Y

Yacc (Yet Another Compiler
        Compiler), 12
YARV (Yet Another Ruby Virtual
        Machine), 33, 56–62
YARV instructions, 34, 63–64
    branchunless, 85
    displaying, 44–45
    getlocal, 74–75
    jump, 85
    leave, 45, 60
    opt_lt, 85
    opt_plus, 38, 60
    opt_send_simple, 38, 60
    putobject, 59
    putself, 36, 58, 63
    send, 92–95, 247
    setlocal, 69
    taking a close look at, 63–64
    throw, 87
    trace, 45
Yet Another Compiler Compiler
        (Yacc), 12
Yet Another Ruby Virtual Machine
        (YARV), 33, 56–62
Yochelson, Jerome C., 309
-y (Ruby option), 19

Z

ZSUPER methods, 94